天津市科协资助出版

偏差分方程及其应用

张　广　徐　立　李新服
崔皓月　杜永强　王　颖　著

科　学　出　版　社
北　京

内 容 简 介

本书以作者及其研究团队多年的研究成果为主线，并结合合作者近年来取得的偏差分方程的理论和应用研究成果，以偏差分系统的正解和周期解的存在性、稳定性以及非线性代数系统解的存在性等方面为主要内容.

本书内容具有自封闭性，可以作为大学数学专业高年级学生和研究生以及相关研究者的参考书.

图书在版编目(CIP)数据

偏差分方程及其应用/张广等著. —北京：科学出版社，2018.6

ISBN 978-7-03-057671-2

Ⅰ. ①偏… Ⅱ. ①张… Ⅲ. ①差分方程-研究 Ⅳ. ①O241.3

中国版本图书馆 CIP 数据核字(2018) 第 121696 号

责任编辑：胡庆家／责任校对：邹慧卿

责任印制：赵　博／封面设计：无极书装

科学出版社 出版

北京东黄城根北街 16 号

邮政编码：100717

http://www.sciencep.com

北京厚诚则铭印刷科技有限公司 印刷

科学出版社发行　各地新华书店经销

*

2018 年 6 月第 一 版　开本: 720 × 1000 B5

2024 年 3 月第四次印刷　印张: 14 1/2

字数: 280 000

定价: 98.00 元

(如有印装质量问题，我社负责调换)

前　言

近年来, 随着计算机运算性能的高速提升, 有关离散反应扩散方程或偏差分方程的研究成果层出不穷, 内容涉及生命科学、化学、物理学、力学、医学、通信、信号处理、图像处理、经济等众多领域, 该领域的理论成果也是硕果累累. 然而, 多数研究成果以研究论文为主, 国内外专门的著作并不多见.

本书的作者将以研究团队多年的研究成果为主线, 并结合合作者近年来专注于偏差分方程的理论和应用研究成果, 以偏差分系统的正解和周期解的存在性、稳定性以及非线性代数系统解的存在性等方面内容为主要题材完成本书. 本书力求内容的完整性与自封闭性, 然而偏差分系统的研究所涉及的领域很多, 一些学者的研究成果难以包含其中, 敬请谅解. 作者以所做工作抛砖引玉, 希望能激发更多研究者的研究兴趣, 使其在研究相关领域问题时, 能够从本书中得到一些启示, 此为本书之目的.

本书力求内容深入浅出, 理论与应用兼顾, 注重创新. 从本书的结构上看, 全书共九章, 可分为如下几部分：第 1 章综述了偏差分系统研究的重要意义, 较为详细地介绍了作者所感兴趣前沿领域的研究现状和我们所做的工作. 第 2 章主要罗列了在作者研究中所需要的基本定义和定理及相关的线性算子谱理论. 第 3 章从模型构造入手, 提出要研究的问题, 从应用模型中提出了离散三点和多点边值问题, 并对其解的存在性给予了研究, 进而将众多应用问题的稳态方程归结为三类非线性代数系统, 所获得的结果既包含了很多特殊情况, 又改进了已有结论, 该内容为算子方程提供了一个实例. 第 4 章讨论了非线性离散椭圆方程解的存在性. 第 5 章中讨论了三类非线性代数系统解的存在性. 第 6 章对满足两分布规律的离散扩散模型给出定义, 对一些基本概念给出了明确的讨论, 建立了线性两分布模型的一些等价性结果. 第 7 章中定义了离散反应扩散模型行波解, 并给出了合理的物理解释, 理论上证明了行波解的表达形式, 对线性和非线性耦合映射格模型获得了一些精确行波解；第 8 章讨论了同宿轨问题. 在第 9 章中主要考虑了离散系统的 Turing 不稳定的条件, 在 Turing 不稳定区域内可以找到有趣的斑图.

偏差分系统作为一门快速发展的学科, 所涉及的前沿研究领域非常丰富. 限于作者的研究兴趣和水平, 在书中难以全面反映学科前沿的研究全貌. 本书的出版也是一种尝试, 期待着不久的将来, 会有更全面的、更深刻的偏差分方程方面的著作出版.

湖南大学郭上江教授、长沙理工大学黄立宏教授、山西大学靳祯教授、大同大学康淑瑰教授、天津大学李德生教授、兰州大学李万同教授、西北师范大学马如云教授、南开大学马世旺教授、杭州师范大学申建华教授、山东大学司建国教授、中南大学唐先华教授、中山大学王其如教授、北京师范大学袁荣教授、清华大学章梅荣教授、四川大学张伟年教授、台湾“清华大学”郑穗生教授、广州大学周展教授(注：按照姓氏字母排序) 抽出宝贵时间认真阅读了书稿, 并从科学性、结构和文字表述方面提出了许多非常有益的修改建议. 作者在从事偏差分方程的研究工作中, 得到了国家自然科学基金和天津商业大学应用数学重点学科的资助, 本书的出版得到了天津市自然科学学术著作出版基金 (TJSKX2017-XSZZ-03) 的支持; 本书在写作过程中, 得到了科学出版社尤其是胡庆家编辑热情而且细致的帮助, 在此一并表示感谢.

限于作者水平, 书中定有诸多不当之处, 望读者批评指正.

作 者

2017 年 8 月于天津

目录

第 1 章 绪　　论

1.1 概　　述

自然科学、社会科学和工程技术 (如物理、化学、生物、经济、金融、电子、通信和控制) 等不同领域的大量实际问题都可以用反应扩散方程来描述. 有关反应扩散方程的建立, 可参见 Fife [1], Murray [2], Wu [3] 和叶其孝、李正元 [4] 的文献等. 众所周知, 对于大多数可用反应扩散方程来处理的应用问题, 稳态解的存在性及相关的控制问题是头等重要的事情. 目前对稳态解的存在性及多解性、稳定性等问题的研究, 国内外已经有了大量的工作, 相关的论文数以万计; 优秀的专著也不少, 如 Stakgold [5], Debnath 和 Mikusiński [6] 的著作等. 对反应扩散方程控制问题的研究也已发展得十分成熟, 感兴趣的读者可以参见 Lasiecka 和 Triggiani [7], Lions [8], Fursikov 和 Imanuvilov [9] 的文献等. 另外, 对行波解、同宿轨等问题的研究也举足轻重, 有关这方面的工作可参见文献 [10], [11] 等.

反应扩散方程是一类最具有代表性的发展方程, 此类方程主要用于描述线性和非线性系统的时空延伸演变过程. 由于系统是完全确定性的, 历史上, 对反应扩散方程的研究长期以来主要集中在稳态解的解析表达式、存在性及稳定性等方面. 但在很多实际问题中, 系统内部的非线性结构往往导致非常复杂的动力学行为, 从而使得人们很难在局部上准确描述系统的演化. 混沌的发现和吸引子概念的提出为我们提供了一个全新的从整体上把握系统复杂行为的途径, 也为反应扩散方程的研究开启了另一扇门. 人们可以通过研究吸引子的拓扑结构、空间维数等有效地了解系统的时空复杂性. 与此同时, 计算机的模拟实验研究已逐渐成熟并迅速发展为研究复杂动力系统的有效工具.

利用计算机辅助技术研究系统的动力学行为需要将原系统进行时间和空间的离散化. 主要的方法有三种：① 将时间变量离散化; ② 将空间变量离散化; ③ 将时间和空间变量都离散化. 偏微分方程经空间变量离散化得到的常微分方程称为格微分方程, 而经时间和空间变量都离散化得到的模型则称为耦合映射格, 二者都是格动力系统的特殊形式. 格动力系统的严格数学研究起始于 Bunimovich 和 Sinai 1999 年的文章 [12], 此研究领域现已十分活跃, 模型涉及离散 Nagumo 方程、离散 Chafee-Infante 问题、离散 sine-Gordon 方程、离散 NLS 方程、半离散反应扩散方程、Allen-Cahn 问题等. 主要研究离散发展系统的时空复杂性, 如时空模式、行波解、同宿轨道、符号动力系统、时空混沌等. 参见 Chow 等 [13]、Mallet-Paret [14~16]、Li 等 [17,18] 的文献.

1.1.1 离散反应扩散模型

至今所见关于耦合映射格动力系统的多数模型均为已知的偏微分方程经过离散化获得, 如文献 [12]~[18] 等. 这样一来, 在离散过程中必然会产生误差, 这由一般的计算数学方面的书籍所见. 请看文献 [19]~[23]. 因此, 本书的第 3 章受郑穗生教授专著 [24] 的启发将直接从模型入手, 建立耦合映射格动力系统模型或离散反应扩散方程, 有时也称为离散动力系统, 然后从中提出问题并给予解决. 要强调的是, 模型的建立纯属理论且仅从热扩散入手. 事实上, 从其他扩散问题入手也可以建立类似的模型, 如贸易问题、生物种群、神经网络、电子电路等 [24~34]. 所构造的一些模型尽管从形式上同反应扩散方程经过离散化所得模型类似, 但这里主要提供一种思路, 同时为问题给出一个合理的解释. 特别地, 从中可以知道所研究问题的目的性.

由于本书的研究直接从模型入手, 所以导致有些概念、问题和研究内容首次提出. 如离散三点边值问题、广义初边值问题、满足两分布规律的反应扩散问题等.

1.1.2 模型稳态解的存在性

反应扩散最终要进入稳态 (模型的极限状态, 一般与时间没有关系), 反应扩散偏微分方程平衡解的存在性, 特别是正解的存在性, 是偏微分方程和常微分方程研究的核心问题, 即所谓的边值问题. 请看 Stakgold [5], Debnath 和 Mikusinski [6] 及其相关参考文献.

近年来关于差分方程或偏差分方程的边值问题也得了大量的成果. 关于二阶差分方程边值问题解的存在性已经有大量的工作, 最早可追溯到 Sturm-Liouville, 请看 Kelley 和 Peterson 的专著 [34]. 二阶差分方程的边值问题可以看成是对应二阶常微分方程的离散形式, 参看文献 [19]~[23]. 研究者利用类似二阶常微分方程边值问题的研究方法解决了大量的问题, 也就是将边值问题通过构造 Green 函数转化为对应的和方程, 然后利用非线性泛函分析的知识达到求解的目的. 这方面的工作参看文献 [35]~[50]. 特征值问题参看文献 [37], [39], [41], [42], 解的存在唯一性参见文献 [35], 奇异边值问题参看文献 [37], [39], 多个正解的存在性参看文献 [45], [46] 等. 四阶差分方程的 Dirichlet 问题参见文献 [51], [52]. 另外, 偶数阶边值问题参看文献 [53]~[58]. 利用特征值方法、压缩映射原理和上下解技巧, 文献 [24], [35], [58]~[60] 研究了偏差分方程边值问题正解的存在性, 对应的连续模型参看文献 [61]~[63]. 二阶微分方程反周期解的存在问题已经有大量的研究工作 [64~67]. 作者在文献 [68] 中研究了对应离散模型的反周期解.

上述所研究的各式各样离散边值问题都可以划归为一类非线性代数方程系统来研究. 这类非线性代数系统的线性部分的系数矩阵是一个正定矩阵或者是可化为正定矩阵 [22]. 称这类非线性代数系统为第一类的. 另外, 此系统不只包含如上模型的稳态解情况, 也包含了复杂性神经网络的稳态解情况. 关于子网络为 Hopfield 网络的情形请参看文献 [69]~[76].

另外, 关于二阶微分方程周期解的存在性也有大量的研究工作 [77~80]. 文献 [81] 的作者通过利用山路引理 [82] 等理论研究了对应二阶差分方程非退化次调和解的存在性. 该工作是十分重要的, 它不仅确保了方程解的振动性 [25,31,32,39,83~85], 而且解是周期振动的. 经过研究发现这样的问题也可以划归为一类非线性代数系统. 这类系统的线性部分的系数矩阵是非负定的或者是可化为非负定矩阵 [22], 称其为第二类非线性代数系统, 它也包含了复杂性神经网络的稳态, 请参看文献 [69]~[76]. 特别地, 很多物理系统的稳态方程也满足该系统. 例如, 环上热扩散问题、四阶或偶数阶差分方程的周期边值问题, 物理上称作间隔系统的平衡方程问题, 请看参考文献 [86]~[88].

关于连续模型的三点边值问题或多点边值问题自从 20 世纪 80 年代以来已经得到广泛的研究, 例如, 可以参看文献 [89]~[97]. 然而, 关于差分方程的三点边值问题, 作者在文献 [98] 中给予了研究, 然而, 在文献 [98] 之前未见到任何结果. 非线性特征值问题与非线性边值问题也有待研究. 在这些问题的研究中, 将会用到文献 [99]~[106] 中的非线性泛函分析知识.

最后, Hammerstein 积分方程的离散形式 [89~97]、二阶 Dirichlet 问题 [19~50]、三阶边值问题 [107~109]、四阶差分方程的 Dirichlet 问题 [24,51,52,110]、偶数阶 Dirichlet 问题 [53~58]、偏差分方程边值问题 [24,35,58~60]、一阶差分方程周期解的存在性 [111~116]、动力系统的复杂性研究 [117~133] 等可以划归为一类新的非线性代数系统. 这样的系统非线性部分前有一个正的系数矩阵, 称其为第三类非线性代数系统.

通过上面分析, 我们发现有两大类问题值得研究. 三点或多点边值问题, 这方面研究将安排在第 3 章; 第 4 章讨论非线性离散椭圆方程解的存在性; 三类非线性代数系统将在第 5 章研究. 这里将会用到一些矩阵论的知识, 请看文献 [134], [135].

1.1.3　满足两分布规律的模型

脉冲在反应扩散模型中经常出现. 因此, 脉冲泛函微分方程或偏微分方程已经得到众多学者的关注, 请参考文献 [136]~[145]. 最近魏耿平等在文献 [146]~[150] 中研究了脉冲差分方程的振动性. 本书的第 6 章通过模型解释提出两分布扩散模型, 同时对其基本概念和解的一些性质给予了研究. 另外, 也从控制论的角度对其给予了解释.

1.1.4　离散模型的精确行波解

反应扩散方程理论行波解的主要研究方法有相平面技术 [4]、Conley 指标及相关的方法 [151~153]、度理论 [3,154]、奇异扰动方法 [155~158]、打靶法结合稳定流形及不稳定流形定理 [159~161]、单调迭代及上、下解方法和挤压方法 [162] 等.

精确解由于对物理背景解释的十分清楚, 寻找偏微分方程的精确解是相当重要的研究课题. 自从 1895 年 KdV 方程被提出以来, 在很多领域人们获得了大量的具有实际意义的非线性演化方程, 如 sine-Gordon 方程、复合 KdV-Burgers 方程、WBK 方程、Boussinesq 方程、BK 方程、DLW 方程、Kupershmidt 方程等. 许多数学家和物理学家对这些方程的精确解做了大量的工作, 所用的方法各有千秋, 但没有一种方法包罗万象. 一般来说, 直接寻找非线性演化方程的精确解是非常困难的事情. 研究者在研究精确解的同时也创立了许多方法, 如 Backlund 变换、Darboux 变换、Miura 变换、Cole-Hopf 变换、变量分离法、Poisson 法、Fourier 级数法、齐次平衡法、吴代数消元法等, 所获得的解有孤立解、周期解、有理解、Dromion 解、类孤子解、类多孤子解等. 请看夏铁成博士论文 [163] 及其参考文献.

然而, 当模型离散后精确行波解的结果较少. 当空间变量离散后, 偏微分方程变成微分格动力系统. 这方面有关行波解的理论研究工作近年来也受到数学家和物理学家的重视, 参看黄建华的博士学位论文 [164] 及其参考文献, 但未看到任何精确解结果. 当空间和时间变量全部离散后, 其理论结果也不多, 精确解结果见文献 [207], [208] 及所引文献. 因此, 本书的第 7 章将对离散模型行波解的定义给出合理的解释, 同时就一类线性方程和一类非线性方程的精确行波解给予了研究, 并利用隐函数定理, 研究了一类耦合映射格周期行波解的存在性.

1.1.5　同宿轨

同宿轨的研究始于 Poincaré [165], 证明了若稳定与不稳定流形横截相交, 则有无穷多个同宿轨存在. 由于这种轨道在许多非线性动力系统模型中被发现, 它们对整个系统的性质有着极大的影响 [166~168], 因而吸引了许多数学家的关注. 同宿轨的研究主要有反连续性原理 [169~171]、中心流形方法 [172]、Nehari 流形方法 [173]、变分方法 [174~177] 等. 在这些研究中, 正同宿轨的存在性研究较少, 唯一性研究就更少, 因此在 8.1 节研究一类出生率可正可负的离散 Logistic 模型的正同宿轨的存在性及唯一性. 变分法在同宿轨的存在性研究中已经起了重要的作用, 并不断改进与完善. 在这些研究中, 要么要求线性算子是正定的 [178,179], 要么要求非线性项满足 Ambrosetti-Rabinowitz 条件 [180,181] 或满足周期性假设 [182~184]. 在 8.2 节, 研究一类离散波动方程, 并不满足上述三个条件, 利用推广的环绕定理, 得到了同宿轨的存在性. 此外在利用变分法研究差分方程同宿轨时, 大多要求非线性项是正的,

文献 [185]~[189] 考虑了变号的情况. 在 8.3 节, 把文献 [189] 中的研究推广到了更一般的系统, 得到了同宿轨的存在性.

1.1.6 稳定性

众所周知, 非线性离散模型会产生强烈的复杂性. 微分方程经离散后的系统会产生强烈的复杂性, 著名的 Li-Yorke 定理 [121] 就是一个很典型的例子. Marotto [122] 将其扩展到了 n 维情形, 但遗憾的是定理的证明中有一些错误 [123]. 针对 Marotto 出现的错误, 最近几年人们试图给出更正 [123~125]. 最近, 史玉明与陈关荣分别在文献 [132] 和 [133] 讨论了完备距离空间和 Banach 空间上的混沌问题. 由文献 [133] 的观点, 可知系统存在一个扩张不动点是重要的, 而判别扩张则依赖于范数的选择; 另外, 选择合适的球半径也是十分重要的. 同时, 合适的范数与合适的球半径也是判别具体混沌现象的难点. 因此, 文献 [133] 仅仅给出了存在混沌行为的理论结果, 在众多的应用模型中还需要给出具体的判别. 另外, 动力系统的混沌行为可广泛应用于通信、保密、航天技术等领域, 问题是如何有效地利用混沌? 这是一个十分重要的课题 [117~131]. 然而, 直接研究偏微分方程离散形式的工作并不多见, 因此有关它的混沌行为、混沌控制与混沌反控制的研究是很有意义的. 本书仅仅针对离散反应扩散系统, 讨论其产生 Turing 分支的条件, 这一部分内容安排在第 9 章.

1.2 本书的结构

第 1 章综述了偏差分系统研究的重要意义, 较为详细地介绍了作者所感兴趣的前沿领域的研究现状及所做的工作.

第 2 章主要罗列了作者在研究中所需要的基本定义和定理、线性离散系统的基本概括及相关线性系统谱理论.

第 3 章通过热扩散问题建立了离散扩散模型, 合理地提出了要解决的问题. 通过利用非线性泛函分析知识, 讨论三点或多点边值问题正解的存在性.

第 4 章讨论了两类非线性离散椭圆方程边值问题解的存在性.

利用矩阵理论和非线性泛函分析知识, 在第 5 章考虑了三类非线性代数方程组解的存在性. 所获得的结果, 即使退化到它们的特殊情形, 结论不确定.

满足两分布规律的反应扩散问题将在第 6 章考虑, 这里特别要给出一些基本事实的论证.

在第 7 章将给出离散行波解的概念, 形象地解释了行波的物理意义. 同时, 就一类线性方程和一类非线性方程获得了精确周期行波解, 并利用隐函数定理, 研究了一类耦合映射格周期行波解的存在性.

第 8 章主要讨论离散系统 (正) 同宿轨的存在性问题.

第 9 章主要考虑离散反应扩散系统产生 Turing 不稳定的条件.

1.3　注　记

毫无疑问, 一个离散反应扩散方程或系统是一个特殊的离散动力系统. 然而, 这方面的工作相对较少, 有待进一步完善, 如 Morse-Smale 性、不变流形、吸引子问题、双曲性和部分双曲性等. 不过, 这些问题极具挑战性, 有兴趣的读者可以结合本书的内容及相关文献提出自己的问题并给予研究. 这里仅仅给出一些相关文献, 如 [190]~[195].

第2章 预备知识

为方便读者阅读并顾及全书结构的完整性, 在本章介绍了一些基本定义和定理, 因而引用了很多专家学者的研究成果, 尤其是 S. S. Cheng 教授的工作.

2.1 定义与定理

2.1.1 记号与定义

一个实数集合, 将记为 $\mathbf{R}$; 而 $\mathbf{R}^n$ 表示 n 维实数空间; $\mathbf{R}^+$ 表示所有非负实数; $\mathbf{Z}^+$ 表示所有正整数构成的集合; 而所有正整数集合将用字母 $\mathbf{N}$ 表示; 对于一个整数, 将利用小写字母 t, s, k, i, j, n, m 等表示; 对于整数集合 $\{k, k+1, \cdots, s\}$ 将被记为 $[k, s]$; 对于一个有限维或无限维的列向量, 将采用 u, v, x, y 等字母; u^t, v^t, x^t, y^t 等将表示依赖于时间 t 的向量; 而大写字母 A, B, C, D 等一般表示矩阵, 有时候为了反映其中的元素或阶数也表示成 (a_{ij}) 或 $(a_{ij})_{n\times n}$; 字母 T 表示转置; 一个算子一般利用 T, S 等表示; 字母 E, X 等一般表示 Banach 空间; P, Q, K 等一般表示 Banach 空间上的一个锥; Ω 表示 Banach 空间中的一个开集; 而 $\partial\Omega$ 表示 Ω 的边界; $\overline{\Omega}$ 表示 Ω 所对应的闭集; 小写字母 a, b, c, d 或者 α, β, γ 等一般表示 $\mathbf{R}$ 上的实数; 一个向量空间或 Banach 空间的零元素, 记为 0.

定义 2.1.1 设 $S \subset l^\infty$, 若对任意的 $\varepsilon > 0$, 存在一个自然数 $\mathbf{N} = \mathbf{N}(\varepsilon)$, 使得对任意的 $i, j \geqslant \mathbf{N}(\varepsilon)$, $x = \{x_n\} \in S$ 均有 $|x_i - x_j| < \varepsilon$, 则称序列 S 是 Cauchy 一致的.

定义 2.1.2 称一个 Banach 空间 X 是偏序的, 如果 X 含有一个其内部是非空的锥 K, X 中的序定义如下: $x \leqslant y$ 当且仅当 $x - y \in K$.

定义 2.1.3 设 M 是偏序 Banach 空间 X 的一个子集. 令

$$\overline{M} = \{x \in X : y \leqslant x, y \in M\},$$

如果 $x_0 \in \overline{M}$ 且对每个 $x \in \overline{M}$ 有 $x_0 \leqslant x$, 则称 x_0 是 $\overline{M}$ 的下界. $\overline{M}$ 的上界定义类似.

定义 2.1.4 设 E 是一个实 Banach 空间, $P \subset E$ 是一个非空凸闭集, 并且满足下面两个条件:

(1) $x \in P, \lambda \geqslant 0 \Rightarrow \lambda x \in P$;

(2) $x \in P, -x \in P \Rightarrow x = 0$,

则称 P 是 E 的一个锥.

定义 2.1.5 设 E_1 和 E_2 是两个 Banach 空间, $D \subset E_1$. 若算子 $T : D \to E_2$ 是连续的, 而且又是紧的, 则称 T 是映 D 入 E_2 的全连续算子.

定义 2.1.6 设 P 是 E 的一个锥, 定义在 P 上的一个连续泛函 $\varphi : P \to \mathbf{R}^+$, 如果对任意的 $x, y \in P$ 和 $t \in [0,1]$ 满足条件 $\varphi(tx + (1-t)y) \geqslant t\varphi(x) + (1-t)\varphi(y)$, 将被称作凹泛函. 类似地, 如果不等式方向相反, 将被称作凸泛函.

定义 2.1.7 一个 n 维向量的每个分量是正的, 称其为正的; 负向量可类似定义. 当一个向量的某个分量非零时, 称其为非零向量. 如果它们是一个方程的解, 将其分别称为正解、负解和非零解.

2.1.2 基本原理

定理 2.1.1 (离散情形的中值定理) 假设 u_n 定义在 $N(a,b)$ 上, 那么, 存在一个 $c \in N(a+1, b-1)$, 使得

$$\Delta u_c \leqslant \frac{u_b - u_a}{b-a} \leqslant \Delta u_{c-1},$$

或

$$\Delta u_{c-1} \leqslant \frac{u_b - u_a}{b-a} \leqslant \Delta u_c.$$

定理 2.1.2 (离散情形的乘法公式) 令 u_n 及 v_n 定义在 $N(a)$ 上, 则对所有的 $n \in N(a)$, 有

$$\Delta(u_n v_n) = u_{n+1}\Delta v_n + \Delta u_n v_n = \Delta u_n v_{n+1} + \Delta v_n u_n,$$

且

$$\sum_{i=a}^{n-1} u_i \Delta v_i = u_i v_i|_{i=a}^{n} - \sum_{i=a}^{n-1} \Delta u_i v_{i+1}.$$

定理 2.1.3 (离散的 L′ Hospital 法则) 令 u_n 及 v_n 定义在 $N(a)$ 上, 则对任意大的 $n \in N(a)$, 有 $v_k > 0$, $\Delta v_k > 0$, 若 $\lim\limits_{k\to\infty} v_k = \infty$, 且 $\lim\limits_{k\to\infty} \dfrac{\Delta u_k}{\Delta v_k} = c$, 则 $\lim\limits_{k\to\infty} \dfrac{u_k}{v_k} = c$.

定理 2.1.4 (离散的 Kneser 定理) 令 u_n 定义在 $\mathbf{N}$ 上, u_n 和 $\Delta^m u_n$ 是定号的, 且在 $\mathbf{N}$ 中的任意子集 $\{n_1, n_1+1, \cdots\}$ 上, $\Delta^m u_n$ 不恒为 0. 若 $u_n \Delta^m u_n \leqslant 0$, 则存在一个数 $m^* \in \{0, 1, \cdots, m-1\}$ 满足 $(-1)^{m-m^*} = 1$, 使得

$$u_n \Delta^j u_n > 0, \quad j = 0, 1, 2, \cdots, m^*, n \geqslant n_2 \geqslant n_1,$$

$$(-1)^{j-m^*}u_n\Delta^j u_n > 0, \quad j = m^*+1, \cdots, m-1, n \geqslant n_2 \geqslant n_1.$$

推论 2.1.1 令 u_n 定义在 $\mathbf{N}$ 上, 且对任意的 $n \geqslant n_1$, 有 $u_n > 0$, $\Delta^m u_n \leqslant 0$ 且不恒等于 0, 进一步, 如果 u_n 单调递增, 则有下式成立:

$$u_n \geqslant \frac{1}{(m+1)!}\left(\frac{n}{2^{m-1}}\right)^{m-1}\Delta^{m-1}u_n.$$

定理 2.1.5 (离散的 Arzela-Ascoli 定理) l^∞ 中的有界且一致 Cauchy 的子集 Ω 是相对紧的.

注 2.1.1 上述离散情形的相关定理结论参见文献 [24],[196], 或相关差分方程理论以及偏差分方程理论的文献书籍. 下面将给出一些不动点定理, 它在一般的非线性泛函分析书中可以找到, 如文献 [100]~[106].

定理 2.1.6 (Schauder 不动点定理) 设 Ω 是 Banach 空间 X 中的一个非空闭凸子集. 算子 $T:\Omega \to \Omega$ 是连续映射且 $T\Omega$ 相对紧, 则 T 在 Ω 上必有一个不动点, 即存在一个 $x \in \Omega$, 使得 $Tx = x$.

定理 2.1.7 (Banach 压缩映像定理) 设 (X,d) 是一个完备的距离空间, T 是 (X,d) 到其自身的一个压缩映射, 则 T 在 X 上存在唯一的不动点.

定理 2.1.8 (Knaster 不动点定理) 设 X 是一个具有偏序的 Banach 空间. M 是 X 的一个子集且满足: M 的下界属于 M 且 M 的每个非空子集有一个属于 M 的上界. 设 $T:M \to M$ 是一个递增的映射, 即 $x \leqslant y$ 蕴涵 $Tx \leqslant Ty$, 则 T 在 M 中有一个不动点.

下面将给出 Krasnoselskii 不动点定理, 它在一般的非线性泛函分析书中可以找到, 如文献 [100]~[106].

定理 2.1.9 设 E 是一个 Banach 空间, $P \subset B$ 是一个锥, 设 Ω_1, Ω_2 是 E 的有界开集, 满足 $0 \in \Omega_1 \subset \Omega_2$, 假设算子 $T: P \cap (\overline{\Omega}_2 \backslash \Omega_1) \to P$ 是一个全连续算子且满足如下两条件之一:

(1) $\|Tu\| \leqslant \|u\|, u \in P \cap \partial\Omega_1, \|Tu\| \geqslant \|u\|, u \in P \cap \partial\Omega_2$;

(2) $\|Tu\| \geqslant \|u\|, u \in P \cap \partial\Omega_1, \|Tu\| \leqslant \|u\|, u \in P \cap \partial\Omega_2$,

那么 T 在 $P \cap (\overline{\Omega}_2 \backslash \Omega_1)$ 中有一个不动点.

定理 2.1.10 假设 Ω 是 $\mathbf{R}^n$ 一个有界闭凸集合, 连续映射 T 使得 $T\Omega \subset \Omega$, 那么 T 在 Ω 中有一个不动点.

下面是 Leggett-Williams 不动点定理 [197].

定理 2.1.11 假设 P 是 Banach 空间 E 的一个锥, $R > 0$ 是一个常数, 存在 $\psi: P \to \mathbf{R}^+$ 是凸泛函并对于 $y \in \overline{P}_R$ 满足 $\psi(y) \leqslant \|y\|$, $T: \overline{P}_R \to \overline{P}_R$ 是全连续算子, 存在正常数 r, L, K, 满足 $0 < r < L < K \leqslant R$ 且

(1) 集合 $\{y \in P(\psi, L, K) : \psi(y) > L\}$ 非空, 且当 $y \in P(\psi, L, K)$ 时, $\psi(Ty) > L$;

(2) 对于 $y \in \overline{P}_r$, $\|Ty\| < r$;

(3) 对于 $y \in P(\psi, L, K)$ 并满足 $\|Ty\| > K$ 时, $\psi(Ty) > L$,

那么, 算子 T 在 $\overline{P}_R$ 有三个不动点 y_1, y_2 和 y_3, 其中 $y_1 \in P_r$, $y_2 \in \{y \in P(\psi, L, K) : \psi(y) > L\}$, $y_3 \in \overline{P}_R \backslash \left(P(\psi, L, R) \cup \overline{P}_r\right)$.

定理 2.1.12 $A \in \mathbf{R}^{n\times n}$ 是非负不可约矩阵, 则有结论:

(1) A 有一个正特征值等于它的谱半径 $\rho(A)$;

(2) 属于 A 特征值 $\rho(A)$ 有一个正特征向量;

(3) 当 A 的任意元素增加时, 谱半径 $\rho(A)$ 不减.

定理 2.1.12 的证明在文献 [133], [134], [197] 中可以找到.

2.2 离散线性系统

2.2.1 离散热传导方程

首先, 讨论由偏差分方程描述温度分布的实际模型. 假定温度分布于一根足够长的杆上, 记 $u_m^{(n)}$ 为在整数时刻 n 且整数位置 m 处的温度. 在时刻 n, 如果 $m-1$ 处的温度 $u_{m-1}^{(n)}$ 比 m 处的温度 $u_m^{(n)}$ 高, 则温度会从 $m-1$ 处传导到 m 处. 温度的增量 $u_m^{(n+1)} - u_m^{(n)}$ 与差分 $u_{m-1}^{(n)} - u_m^{(n)}$ 成比例, 即

$$u_m^{(n+1)} - u_m^{(n)} = r(u_{m-1}^{(n)} - u_m^{(n)}), \quad r > 0,$$

其中, r 为正的扩散比例常数.

类似地, 如果 $u_{m+1}^{(n)} > u_m^{(n)}$, 则温度会从 $m+1$ 处传导到 m 处. 因此, 总的热效应方程如下:

$$u_m^{(n+1)} - u_m^{(n)} = r(u_{m-1}^{(n)} - u_m^{(n)}) + r(u_{m+1}^{(n)} - u_m^{(n)}), \quad r > 0, m \in \mathbf{Z}, n \in \mathbf{N}.$$

这种假设可以看作是离散的牛顿冷却定律.

2.2.2 二层级方程

对于给定的连通的坐标或状态的离散图, 每个坐标都有实数与之对应. 这些值根据一个确定的规则, 可以将时间离散化. 这一规则确定了一个坐标或某个邻域的新值, 而这些邻域包括与要研究的坐标点间距离在一定范围内的点的全体. 反映这些特征的偏差分方程称为 (时间离散的) 格动力系统.

例 2.2.1 回顾阶乘多项式 $x^{[n]}$, 定义为

$$x^{[0]} = 1, \text{ 且 } x^{[n]} = x(x-1)(x-2)\cdots(x-n+1), \quad n \in \mathbf{Z}^+.$$

由于 $x^{[1]}=x$, $x^{[2]}=x^2-x$, $x^{[3]}=x^3-3x^2+2x$ 等, 可以得到

$$x^{[n]}=\sum_{k=1}^{n} s_k^{(n)} x^k,$$

其中系数 $s_k^{(n)}$ 称为第一类斯特林数 (Stirling numbers), 且系数之间具有如下关系:

$$s_k^{(n+1)}=s_{k-1}^{(n)}-ns_k^{(n)}, \quad 1\leqslant k\leqslant n,$$

其中 $s_n^{(n)}=1, n\in\mathbf{Z}^+$ 以及 $s_k^{(0)}=0, k\in\mathbf{N}$.

进一步可得

$$x^n=\sum_{k=1}^{n} S_k^{(n)} x^k,$$

其中 $S_k^{(n)}$ 称为第二类斯特林数. 对应于这种数的偏差分方程为

$$S_k^{(n)}=S_{k-1}^{(n)}+kS_k^{(n)}, \quad 1\leqslant k\leqslant n,$$

这里取 $S_n^{(n)}=1, n\in\mathbf{Z}^+$, 以及 $S_k^{(0)}=0, k\in\mathbf{N}$.

需要注意的是, $x^{[n]}$ 只定义非负整数 n. 对于负整数 n 的情况, 可以用如下方式定义:

$$x^{[-n]}=-\frac{1}{x(x+1)(x+2)\cdots(x+n-1)}, \quad n\in\mathbf{Z}^+, x\neq -1,-2,\cdots,-n.$$

进一步, 可以定义一个对应于任意函数 $f(x)$ 更一般的阶乘,

$$f^{[0]}(x)=1, \quad f^{[n]}(x)=f(x)f(x-1)\cdots f(x-n+1), \quad n\in\mathbf{Z}^+,$$

以及

$$f^{[-m]}(x)=\frac{1}{f(x+1)f(x+2)\cdots f(x+m)}, \quad m\in\mathbf{Z}^+,$$

假定分母中的所有因式均不为零. 注意到, $\{u_{nm}\}=\{m^{[n]}\}$ 是一个定义在 $\mathbf{Z}^2\backslash\{(m,n)\in\mathbf{Z}^2|n\leqslant m\leqslant -1\}$ 上的双指标序列.

例 2.2.2 考虑热方程的初值问题:

$$\begin{cases} u_t=u_{xx}, & t>0, \\ u(x,0)=f(x), & -\infty<x<+\infty. \end{cases}$$

利用标准有限差分方法, 建立 x,t 平面上的网格, 网格步长为 $\Delta x, \Delta t$, 二阶导数项 u_{xx} 用中心差分方法离散, 时间的一阶导数 u_t 用向前差分方法进行离散.

记 $x_m = m\Delta x, t_n = n\Delta t, f_m = f(x_m)$, 在 $u_m^{(n)} \approx u(x_m, t_n)$ 的假设下, 可利用有限差分方法得到离散的热方程:

$$\frac{u_m^{(n+1)} - u_m^{(n)}}{\Delta t} = \frac{1}{(\Delta x)^2}(u_{m-1}^{(n)} - 2u_m^{(n)} + u_{m+1}^{(n)}),$$

或者

$$u_m^{(n+1)} = ru_{m-1}^{(n)} + (1-2r)u_m^{(n)} + ru_{m+1}^{(n)}, \quad m \in \mathbf{Z}, n \in \mathbf{N},$$

其中 $r = \dfrac{\Delta t}{(\Delta x)^2} > 0$, 初值条件为 $u_m^{(0)} = f_m$.

2.2.3　多层级方程

尽管格动力系统可以用于描述很多实际系统, 但是并不详细. 第一部分中, 假定热通量的速度无穷大, 然而实际问题中热传导是需要时间的, 也就是说, 具有一定的时间延迟. 因此相应的离散时滞热传导方程可以描述为

$$u_m^{(n+1)} - u_m^{(n)} = r(u_{m-1}^{(n-\delta)} - 2u_m^{(n-\delta)} + u_{m+1}^{(n-\delta)}).$$

另一方面, 即使假设条件是热通量的速度无穷大, 引入一个具有 $du_m^{(n-1)}$ 形式的时滞控制, 相应的方程具有如下形式:

$$u_m^{(n+1)} = au_{m-1}^{(n)} + bu_m^{(n)} + cu_{m+1}^{(n)} + du_m^{(n-1)} + p_m^{(n)},$$

其中 $p_m^{(n)}$ 反映的是附加的热源或散热器.

1. *隐式反应扩散方程*

例 2.2.3　如果将 $u_m^{(n)}$ 看作是某种商品在时刻 n, 地点 m 的价格, 则对这种商品的投资买卖可以使得变量 $u_m^{(n+1)} - u_m^{(n)}$ 与 $u_{m-1}^{(n+1)} - u_m^{(n+1)}$ 和 $u_{m+1}^{(n+1)} - u_m^{(n+1)}$ 是成比例的. 如此可得二层级隐式扩散方程:

$$u_m^{(n+1)} - u_m^{(n)} = r(u_{m-1}^{(n+1)} - 2u_m^{(n+1)} + u_{m+1}^{(n+1)}).$$

进一步, 预防性控制可以施加到系统上, 则要处理的方程变为

$$u_m^{(n+1)} - u_m^{(n)} = r(u_{m-1}^{(n+1)} - 2u_m^{(n+1)} + u_{m+1}^{(n+1)}) + f(u_m^{(n+2)}),$$

或者

$$\alpha u_{m-1}^{(n+1)} + \beta u_m^{(n)} + \gamma u_{m+1}^{(n+1)} = au_{m-1}^{(n)} + bu_m^{(n)} + cu_{m+1}^{(n)},$$

或者其他形式.

例 2.2.4 考虑热方程 $u_t = u_{xx}, t > 0$, 如果建立 x, t 平面上的网格, 网格步长为 $\Delta x, \Delta t$, 二阶导数项 u_{xx} 用中心差分方法离散, 时间的一阶导数 u_t 用向后差分方法进行离散. 记 $x_m = m\Delta x, t_n = n\Delta t, f_m = f(x_m)$, 在 $u_m^{(n)} \approx u(x_m, t_n)$ 的假设下, 利用有限差分方法得到离散的热传导方程:

$$\frac{u_m^{(n)} - u_m^{(n-1)}}{\Delta t} = \frac{1}{(\Delta x)^2}(u_{m-1}^{(n)} - 2u_m^{(n)} + u_{m+1}^{(n)}),$$

这也是一个离散隐式反应扩散方程.

2. 与时间无关的方程的离散

在一定时间后, 传热棒上每一点的温度都不变时, 此时传热棒上的温度分布称为一个平衡态. 在这种情况下, 温度函数满足 $u_m^{(n+1)}=u_m^{(n)}$, 因此方程满足:

$$u_{m+1} - 2u_m + u_{m-1} + f(u_m) = 0.$$

离散的与时间无关的方程可能会以很多方式出现, 下面以荷载振动网络来说明变量分离法.

例 2.2.5 记 Ω 为平面所有格点的集合. 对 Ω 上的每一对格点 $w = (m, n)$ 和 $z = (i, j)$, 用一个实值 $f(w, z)$ 与之建立联系. 因此, 可以得到一个函数 f, 称其为流. 在网络流理论中, 对于如下定态转换方程:

$$f(w, w) = f(w, w + e) + f(w, w - e) + p(w)f(w, w - \delta),$$

其中 $e = (0, 1)$, $p(w)$ 是一个定义在 Ω 上的函数. $p(w)$ 的值可以看作是一个在 w 处的扩大因子. 大体而言, 方程要求在每一点处, 剩余流 $f(w, w)$ 是与总体流量平衡的, 即 $f(w, w)$ 与在 w 处流出的与从 $w + e$, $w - e$ 及 $w - \delta$ 处流入的量守恒, 并满足流向 $w - \delta$ 的量可以通过标量因子进行 $p(w)$ 调节.

2.2.4 定解条件

解偏差分方程也需要附加定解条件, 而这些定解条件依赖于物理背景. 例如, 热方程中的初始温度是已知的, 可以表示为 $u_m^{(0)} = f_m, m \in \mathbf{Z}$. 还有一些其他的附属条件, 这些条件均依赖于物理原理. 例如, 对于有限区间上的反应扩散方程, 定义域可以写作

$$\Omega = \{(m, n) | m = 1, 2, \cdots, M; n \in \mathbf{N}\},$$

对应的 Dirichlet 边界条件为 $u_0^{(n)} = \alpha, n \in \mathbf{N}$. 这种边界条件的物理意义为传热棒的一端温度是一个确定值或者混合边界条件, 例如,

$$u_0^{(n)} + \beta u_1^{(n)} = \gamma_n, \quad n \in \mathbf{N},$$
$$G(u_0^{(n)}, u_1^{(n)}, \cdots, u_k^{(n)}) = 0, \quad n \in \mathbf{N}.$$

而 Neumann 型边界条件是一个特殊情况:

$$u_1^{(n)} - u_0^{(n)} = \gamma, \quad n \in \mathbf{N}.$$

还有周期边界条件

$$u_M^{(n)} - u_0^{(n)} = 0, \quad u_{M+1}^{(n)} - u_1^{(n)} = 0, \quad n \in \mathbf{N}$$

及其他类型的边界条件, 例如,

$$u_0^{(0)} = \mu,$$
$$u_0^{(n+1)} = \lambda u_0^{(n)}(1 - u_0^{(n)}), \quad n \in \mathbf{N},$$

这种边界条件采用了一种循环的类似于混沌的形式. 假设热传导方程右端点的传播速度是无穷大, 此时的边界条件满足

$$\lim_{m\to\infty} u_m^{(n)} = 0, \quad n \in \mathbf{N}.$$

2.3 Jacobi 算子谱理论

2.3.1 基本形式、基本方法和基本理论

首先, 从一些基本记号开始, 对于集合 $I \subseteq \mathbf{Z}$, 定义 M 值序列 $(f(n))_{n\in I}$ 构成的集合 $l(I, M)$. 根据通常的记法, 序列 $f = f(\cdot) = (f(n))_{n\in I}$, 这里 n 是指标. 这里只讨论 $M = \mathbf{R},\mathbf{R}^2, \mathbf{C},\mathbf{C}^2$ 的情况. 如果 $M = \mathbf{C}$ 时, 则记为 $l(I) = l(I, \mathbf{C})$. 对于 $N_1, N_2 \in \mathbf{Z}$ 的情况, 简记为

$$l(N_1, N_2) = l(\{n \in \mathbf{Z}|N_1 < n < N_2\}), \quad l(N_1, \infty) = l(\{n \in \mathbf{Z}|N_1 < n\}),$$

以及

$$l(-\infty, N_2) = l(\{n \in \mathbf{Z}|n < N_2\}),$$

为了保证形式统一, 有时也将 $l(-\infty, N_2)$ 记为 $l(N_2, -\infty)$. 如果 M 是 Banach 空间, 其上范数为 $|\cdot|$, 定义

$$l^p(I, M) = \left\{ f \in l(I, M) \left| \sum_{n\in I} |f(n)|^p < \infty \right.\right\}, \quad 1 < p < \infty,$$

$$l^\infty(I,M)=\{f\in l(I,M)\|f(n)|<\infty\}.$$

引入以下范数

$$\|f(n)\|_p=\left(\sum_{n\in I}|f(n)|^p\right)^{\frac{1}{p}},\quad 1<p<\infty,\quad \|f(n)\|_\infty=\sup_{n\in I}|f(n)|,$$

使得 $l^p(I,M),1<p<\infty$ 成为一个 Banach 空间.

进一步, $l_0(I,M)$ 表示只有有限个非零元的序列构成的集合. $l^p_\pm(\mathbf{Z},M)$ 表示 $l^p(\mathbf{Z},M)$ 中的序列是 l^p 的, 并分别在 $\pm\infty$ 附近的序列构成的集合.

根据上述定义可知

$$l_0(I,M)\subseteq l^p(I,M)\subseteq l^q(I,M)\subseteq l^\infty(I,M),\quad p<q,$$

只有在指标集 I 是有限维的情况下等号关系成立. 此外, 如果 M 是一个 (可分的) Hilbert 空间, $l^2(I,M)$ 空间中标量积定义为

$$\langle f,g\rangle=\sum_{n\in I}\langle f(n),g(n)\rangle_M,$$

$$\|f\|=\|f\|_2=\sqrt{\langle f,f\rangle},\quad f,g\in l^2(I,M).$$

对于 $I=\mathbf{Z}$ 的情况, 空间简写为 $l(\mathbf{Z}),l^2(\mathbf{Z})$.

与 τ 有关的特征值问题 $\tau u=zu$. 空间取作 Hilbert 空间 $l^2(\mathbf{Z})$. 考虑 Jacobi 差分方程:

$$\tau u=zu,\quad u\in l(\mathbf{Z}),z\in\mathbf{C}.$$

假设 $a,b\in l^\infty(\mathbf{Z},\mathbf{R}),a(n)\neq 0$, 则与 a,b 相关的 Jacobi 算子为

$$\begin{aligned}H:l^2(\mathbf{Z})&\to l^2(\mathbf{Z}),\\ f&\mapsto\tau f,\end{aligned}$$

并且相关结论如下.

定理 2.3.1 如果假设条件成立, 则 H 是一个有界自伴算子. 不仅如此, a,b 的有界性与 H 的有界性等价, 因此有 $\|a\|_\infty\leqslant\|H\|,\|b\|_\infty\leqslant\|H\|$ 且 $\|H\|\leqslant 2\|a\|_\infty+\|b\|_\infty$, 其中 $\|H\|$ 是 H 的算子范数.

例 2.3.1 关于常数列 $a(n)=a,b(n)=b$ 的自由 Jacobi 算子 H_0, 变换 $z\to 2az+b$, 将这个问题变化到 $a_0(n)=\dfrac{1}{2},b_0(n)=0$. 因此考虑方程 $\dfrac{1}{2}(u(n+1)+u(n-1))=zu(n)$. 为了不受限制, 选择 $n_0=0$. 通过文献 [196] 发现 $u_\pm(z,\cdot)$ 的形式为 $u_\pm(z,n)=(z\pm R_2^{1/2}(z))^n$, 其中 $R_2^{1/2}(z)=-\sqrt{z-1}\sqrt{z+1}$. 这里的平方根指的是复

数域上的开方运算. 由于 $W(u_-,u_+)=R_2^{1/2}(z)$, 需要一个 $R_2^{1/2}(z)=-\sqrt{z-1}\sqrt{z+1}$ 的二次解, 由 $z^2=1$ 给出, 从基本解系得

$$s(z,n)=\frac{(z+R_2^{1/2}(z))^n-(z-R_2^{1/2}(z))^n}{2R_2^{1/2}(z)}\quad 和\quad c(z,n)=\frac{s(z,n-1)}{s(z,-1)}=-s(z,n-1).$$

注意到, $s(z,n-1)=(-1)^{n+1}s(z,n)$. 对于 $R_2^{1/2}(z)=-\sqrt{z-1}\sqrt{z+1}$ 可得以下展开式:

$$\begin{aligned}s(z,n)&=\sum_{j=0}^{[n/2]}\begin{pmatrix}n\\2j+1\end{pmatrix}(z^2-1)^jz^{n-2j-1}\\&=\sum_{j=0}^{[n/2]}\left((-1)^k\sum_{j=k}^{[n/2]}\begin{pmatrix}n\\2k+1\end{pmatrix}\begin{pmatrix}j\\k\end{pmatrix}\right)z^{n-2j-1},\end{aligned}$$

其中 $[x]=\sup\{n\in\mathbf{Z}|n<x\}$. 易证 $\|H_0\|=1$, 进一步有 $\sigma(H_0)=[-1,1]$.

特例, 利用傅里叶变换的酉性质

$$\begin{aligned}U:l^2(\mathbf{Z})&\to l^2(-\pi,\pi),\\u(n)&\mapsto\sum_{n\in\mathbf{Z}}u(n)\mathrm{e}^{inx},\end{aligned}$$

它将 H_0 映射为乘以 $\cos(x)$ 后的乘法算子.

下面考虑差分表达式

$$\hat{\tau}f(n)=\frac{1}{w(n)}\left(f(n+1)+f(n-1)+d(n)f(n)\right),$$

其中 $w(n)>0,d(n)\in\mathbf{R}$ 且 $w(n)$ 为有界序列. 这就引出了加权 Hilbert 空间 $l^2(\mathbf{Z};w)$ 中的 Helmholtz(亥姆霍兹) 算子 $\hat{H}$, 空间内积定义为

$$\langle f,g\rangle=\sum_{n\in\mathbf{Z}}w(n)\overline{f(n)}g(n),\quad f,g\in l^2(\mathbf{Z},w).$$

易证算子 $\hat{H}$ 是有界的自伴算子. Jacobi 算子与 Helmholtz 算子之间有着有趣的联系, 可以通过如下定理说明.

定理 2.3.2 记 H 为与 $a(n)>0,b(n)$ 有关的 Jacobi 算子, $\hat{H}$ 为与 $w(n)>0,d(n)$ 有关的 Helmholtz 算子. 如果定义序列具有如下关系:

$$\begin{aligned}w(2m)=w(0)\prod_{j=0}^{m-1}\frac{a(2j)^2}{a(2j+1)^2},\quad d(n)=w(n)b(n),\quad b(n)=\frac{d(n)}{w(n)},\\w(2m+1)=\frac{1}{a(2m)^2w(2m)},\quad a(n)=\frac{1}{\sqrt{w(n)w(n+1)}},\end{aligned}$$

则算子 H 和 $\hat{H}$ 是酉等价的, 即 $H = U\hat{H}U^{-1}$, 其中 $\hat{H}$ 为酉变换.

$$\begin{aligned} U &: l^2(\mathbf{Z}, w) \to l^2(\mathbf{Z}), \\ u(n) &\mapsto \sqrt{w(n)}u(n). \end{aligned}$$

注 2.3.1 最一般的 3-项递归关系:

$$\begin{aligned} U &: l^2(\mathbf{Z}) \to l^2(-\pi, \pi), \\ u(n) &\mapsto \sum_{n\in\mathbf{Z}} u(n)\mathrm{e}^{inx}. \end{aligned}$$

2.3.2 谱理论

首先, 定义 Weyl m-函数

$$m_\pm(z, n_0) = \left\langle \delta_{n_0\pm1}, (H_{\pm,n_0} - z)^{-1}\delta_{n_0\pm1}\right\rangle = G_{\pm,n_0}(z, n_0 \pm 1, n_0 \pm 1),$$

或者写为更精确的形式:

$$m_+(z, n_0) = -\frac{u_+(z, n_0+1)}{a(n_0)u_+(z, n_0)}, \quad m_-(z, n_0) = -\frac{u_-(z, n_0-1)}{a(n_0-1)u_-(z, n_0)}.$$

特别地, $m_\pm(z, 0) = m_\pm(z)$.

根据定义可知 $m_\pm(z)$ 是 $\mathbf{C}\backslash\sigma(H_\pm)$ 上的全纯函数, 并且满足

$$m_\pm(\bar{z}) = \overline{m_\pm(z)}, \quad |m_\pm(z)| \leqslant \|(H_\pm - z)^{-1}\| \leqslant \frac{1}{|\mathrm{Im}(z)|}.$$

进一步, $m_\pm(z)$ 是 Herglotz 函数 (此函数将上半平面映射到它本身). 事实上, 它是第一预解恒等式的结论:

$$\begin{aligned} \mathrm{Im}(m_\pm(z)) &= \mathrm{Im}(z)\left\langle \delta_{\pm1}, (H_\pm - \bar{z})^{-1}(H_\pm - z)^{-1}\delta_{\pm1}\right\rangle \\ &= \mathrm{Im}(z)\|(H_\pm - z)^{-1}\delta_{\pm1}\|^2, \end{aligned}$$

并且 $m_\pm(z)$ 还有如下表达式:

$$m_\pm(z) = \int_{\mathbf{R}} \frac{\mathrm{d}\rho_\pm(\lambda)}{\lambda - z}, \quad z \in \mathbf{C}\backslash\mathbf{R},$$

其中 $\rho_\pm = \int_{(-\infty,\lambda]} \mathrm{d}\rho_\pm$ 是一个有界非减函数, 由 Stieltjes 公式给出

$$\rho_\pm(\lambda) = \frac{1}{\pi}\lim_{\delta\downarrow0}\lim_{\varepsilon\downarrow0}\int_{-\infty}^{\lambda+\delta} \mathrm{Im}(m_\pm(x + i\varepsilon))\mathrm{d}x.$$

因此, 将 $\rho_\pm$ 标准化, 使得其右连续并且满足关系 $\rho_\pm(\lambda)=0, \lambda<\sigma(H_\pm)$.

记 $P_\Lambda(H_\pm), \Lambda\in\mathbf{R}$ 为对于 $H_\pm$(谱的单位分解) 的谱投影算子族. 则 $\mathrm{d}\rho_\pm$ 可以通过谱映射定理给出

$$m_{\pm1}(z)=\left\langle\delta_{\pm1},(H_\pm-z)^{-1}\delta_{\pm1}\right\rangle=\int_{\mathbf{R}}\frac{\mathrm{d}\left\langle\delta_{\pm1},P_{(-\infty,\lambda]}(H_\pm)\delta_{\pm1}\right\rangle}{\lambda-z}.$$

可以将 $\mathrm{d}\rho_\pm=\mathrm{d}\left\langle\delta_{\pm1},P_{(-\infty,\lambda]}(H_\pm)\delta_{\pm1}\right\rangle$ 看作是关于序列 $\delta_{\pm1}$ 的 $H_\pm$ 的谱测度.

引理 2.3.1　Jacobi 方程 $\tau u=zu$ 的解 $u_\pm(z,n)$ 分别在 $\pm\infty$ 处对变量 $z\in\mathbf{C}\backslash\sigma_{\mathrm{ess}}(H_\pm)$ 而言是平方可和的. 如果选定 $u_\pm(z,n)=-\dfrac{c(z,n)}{a(0)}\mp\tilde{m}_\pm(z)s(z,n)$, 则当 $z\in\mathbf{C}\backslash\sigma(H_\pm)$ 时, $u_\pm(z,n)$ 是全纯函数, $u_\pm(z,\cdot)\neq0$ 且 $\overline{u_\pm(z,\cdot)}=u_\pm(z,\cdot)$. 此外, 可以在 $u_\pm(z,n)$ 的正则域中找到有限个孤立的本征值. 进一步, 两个和式

$$\sum_{j=n}^{\infty}u_+(z_1,j)u_+(z_2,j),\quad \sum_{j=-\infty}^{n}u_-(z_1,j)u_-(z_2,j)$$

分别关于 z_1 和 z_2 均是全纯的.

注 2.3.2　如果 $(\lambda_1,\lambda_2)\subset\rho(H)$, 可以定义 $u_\pm(\lambda,n),\lambda\in[\lambda_0,\lambda_1]$. 事实上, 由 $u_\pm(z,n)=-\dfrac{c(z,n)}{a(0)}\mp\tilde{m}_\pm(z)s(z,n)$ 足以证明 $m_\pm(\lambda)$ 趋近于一个极限 (在 $\mathbf{R}\cup\{\infty\}$ 中) 当 $\lambda\downarrow\lambda_0$ 或 $\lambda\uparrow\lambda_1$. 这是根据 $m_\pm(\lambda)$ 的单调性得到的, 即

$$m_\pm'(\lambda)=-\left\langle\delta_{\pm1},(H_\pm-\lambda)^{-2}\delta_{\pm1}\right\rangle<0,\quad \lambda\in(\lambda_0,\lambda_1).$$

式中 $m_\pm'(\lambda)$ 表示关于 λ 的导数. 但是, $u_\pm(\lambda_{0,1},n)$ 一般在 $\pm\infty$ 处可能不是平方可和的.

引理 2.3.2　记 Jacobi 方程 $\tau u=zu$ 的解为 $u_\pm(z,n)$. 则有

$$W_n\left(u_\pm(z),\frac{\mathrm{d}}{\mathrm{d}z}u_\pm(z)\right)=\begin{cases}-\sum\limits_{j=n+1}^{\infty}u_+(z,j)^2,\\ \sum\limits_{j=-\infty}^{n}u_-(z,j)^2.\end{cases}$$

引理 2.3.3　假设 $z\in\mathbf{C}\backslash\sigma_{\mathrm{ess}}(H_\pm)$, 则可以找到 $C_\pm,\gamma^\pm>0$ 使得 $|u_\pm(z,n)|\leqslant C_\pm\mathrm{e}^{-\gamma^\pm n},\pm n\in\mathbf{N}$. 对于 $\gamma^\pm$, 可令

$$\gamma^\pm=\ln\left(1+(1-\varepsilon)\frac{\sup\limits_{\beta\in\mathbf{R}\cup\{\infty\}}\mathrm{dist}(\sigma(H_\pm^\beta),z)}{2\sup\limits_{n\in\mathbf{N}}|a(\pm n)|}\right),\quad \varepsilon>0.$$

下面讨论 $\lambda \leqslant \sigma(H)$ 时方程 $\tau u = \lambda u$ 的解. 这部分的讨论均以 $a(n) < 0$ 为前提.

引理 2.3.4 假设 $a(n) < 0$, 令 $\lambda \leqslant \sigma(H)$. 则可假设 $u_{\pm}(\lambda, n) > 0, n \in \mathbf{Z}$, 且有 $(n - n_0)s(\lambda, n, n_0) > 0$, $n \in \mathbf{Z} \backslash \{n_0\}$.

引理 2.3.5 假设 $a(n) < 0$, 解 $\tau u = u$ 且 $u \neq 0$, 则由 $u(n) \geqslant 0$, $n \geqslant n_0$(或 $n \leqslant n_0$) 可得 $u(n) > 0$, $n > n_0$(或 $n < n_0$). 相似地, 由 $u(n) \geqslant 0$, $n \in \mathbf{Z}$ 可得 $u(n) > 0$, $n \in \mathbf{Z}$.

推论 2.3.1 假设 $u_j(\lambda, n), j = 1, 2$ 为 $\tau u = \lambda u$ 的解, $\lambda \leqslant \sigma(H)$, 对某一 $n_0 \in \mathbf{Z}$ 成立 $u_1(\lambda, n_0) = u_2(\lambda, n_0)$, 则如果存在一个 $n \in \mathbf{Z} \backslash \{n_0\}$, 使得 $(n - n_0)(u_1(\lambda, n) - u_2(\lambda, n)) > 0$ 成立, 则此式对所有的 n 成立. 如果存在一个 $n \in \mathbf{Z} \backslash \{n_0\}$ 有 $u_1(\lambda, n) = u_2(\lambda, n)$ 成立, 则 u_1 和 u_2 相等.

特别地, 这说明对于 $\lambda \leqslant \sigma(H)$, 解 $u_j(\lambda, n), j = 1, 2$ 至多变一次号.

对于序列

$$u_m(\lambda, n) = \frac{s(\lambda, n, m)}{s(\lambda, 0, m)}, \quad m \in \mathbf{N},$$

上述推论说明

$$\phi_m(\lambda) = u_m(\lambda, 1) = \frac{s(\lambda, 1, m)}{s(\lambda, 0, m)}$$

是随 m 的增加而增加的, 因此有 $u_{m+1}(\lambda, m) > 0 = u_m(\lambda, m)$. 由

$$a(0)s(\lambda, 1, m) + a(-1)s(\lambda, -1, m) = (\lambda - b(0))s(\lambda, 0, m)$$

可以推出 $\phi_m(\lambda) < \dfrac{\lambda - b(0)}{a(0)}$, 可以定义

$$\phi_+(\lambda) = \lim_{m \to \infty} \phi_m(\lambda), \quad u_+(\lambda, n) = \lim_{m \to \infty} u_m(\lambda, n) = c(\lambda, n) + \phi_+(\lambda)s(\lambda, n).$$

通过上述构造, 有 $u_+(\lambda, n) > u_m(\lambda, n), n \in \mathbf{N}$. 对于 $n < 0$, 由于 $u_m(\lambda, n) > 0$ 至少存在一个 $u_+(\lambda, n) \geqslant 0$, 因此, $u_+(\lambda, n) > 0, n \in \mathbf{Z}$.

令 $u(\lambda, n)$ 为一个解, 且 $u(\lambda, 0) = 1, u(\lambda, 1) = \phi(\lambda)$. 根据上述分析, 可知 $u(\lambda, n) > u_+(\lambda, n), n \in \mathbf{N}$ 与 $\phi(\lambda) \geqslant \phi_+(\lambda)$ 是等价的, 因此, $u(\lambda, n) > u_+(\lambda, n), n \in \mathbf{N}$. 在这种意义下, $u_+(\lambda)$ 是 $+\infty$ 处的极小正解.

引理 2.3.6 假设 $a(n) < 0$, $\lambda \leqslant \sigma(H)$, 并令 $u(\lambda, n)$ 是一个解且 $u(\lambda, n) > 0, \pm n \geqslant 0$. 则以下条件是等价的:

(1) $u(\lambda, n)$ 是 $\pm\infty$ 处的极小正解.

(2) 对任意满足 $v(\lambda, n) > 0, \pm n \geqslant 0$ 的解 $v(\lambda, n)$, 有 $\dfrac{u(\lambda, n)}{v(\lambda, n)} \leqslant \dfrac{v(\lambda, 0)}{u(\lambda, 0)}$.

(3) 对任意满足 $v(\lambda, n) > 0, \pm n \geqslant 0$ 的解 $v(\lambda, n)$, 有 $\displaystyle\lim_{n \to \pm\infty} \frac{u(\lambda, n)}{v(\lambda, n)} = 0$.

(4) 满足 $\sum_{j\in\pm\mathbf{N}}\frac{1}{-a(j)u(j)u(j+1)}=\infty$.

对于满足 $u(\lambda,0)=1,u(\lambda,1)=\phi(\lambda)\geqslant\phi_+(\lambda)$ 的解 $u(\lambda,n)$ 称作是 $\mathbf{N}$ 上的正解. 类似地, 满足 $\phi(\lambda)\leqslant\phi_-(\lambda)$ 的解 $u(\lambda,n)$ 称作是 $-\mathbf{N}$ 上的正解. 总之, $u(n)>0,n\in\mathbf{Z}$ 当且仅当 $\phi_+(\lambda)\leqslant\phi(\lambda)\leqslant\phi_-(\lambda)$, 因此, 任意的正解可以写作

$$u(\lambda,n)=\frac{1-\sigma}{2}u_-(\lambda,n)+\frac{1+\sigma}{2}u_+(\lambda,n),\quad \sigma\in[-1,1].$$

如下两种情况可能会出现:

(1) $u_+(\lambda,n),u_-(\lambda,n)$ 是线性相关的, 且只有一个正解. 此时 $H-\lambda$ 是临界的.

(2) $u_+(\lambda,n),u_-(\lambda,n)$ 是线性无关的, 且

$$u_\sigma(\lambda,n)=\frac{1-\sigma}{2}u_-(\lambda,n)+\frac{1+\sigma}{2}u_+(\lambda,n)$$

是正解当且仅当 $\sigma\in[-1,1]$. 此时, $H-\lambda$ 被称为是亚临界的.

如果 $H-\lambda>\sigma(H)$, 则 $H-\lambda$ 总是亚临界的. 为了强调这种情况, 如果 $H-\lambda>\sigma(H)$, 人们有时称 $H-\lambda$ 是超临界的.

注 2.3.3　假设 $a(n)<0$,$H-\lambda>0$ 是正解存在的一个必要条件. 事实上, 任意正解可以作为分解 $H-\lambda=A^*A\geqslant 0$ 的因子. 类似地, 如果 $a(n)>0$, 则条件 $H-\lambda\leqslant 0$ 是正解存在的充要条件. 如果 $a(n)$ 不是一个定号的函数, 则上述讨论均不成立. 以上引理和定理的证明见文献 [196], [236] 和 [250].

2.4　可化为 Toeplitz 矩阵的差分方程的谱分析

Toeplitz 矩阵是一类与差分方程的边值问题密切相关的矩阵, 一般具有矩阵中每条自左上至右下的斜线上的元素相同的特征. 本节主要讨论具有如下形式的 Toeplitz 矩阵:

$$A_n=\begin{pmatrix} b+\gamma & c & 0 & 0 & \cdots & 0 & \alpha\\ a & b & c & 0 & \cdots & 0 & 0\\ 0 & a & b & c & \cdots & 0 & 0\\ \vdots & \vdots & \vdots & \vdots & & \vdots & \vdots\\ \vdots & \vdots & \vdots & \vdots & \cdots & b & c\\ \beta & 0 & 0 & 0 & \cdots & a & b+\delta \end{pmatrix}_{n\times n},\tag{2-1}$$

这里, A_n 是三对角的 Toeplitz 矩阵且 $a,b,c\in\mathbf{C}$, $\alpha,\beta,\gamma,\delta\in\mathbf{C}$ 为四个角上的小扰动. 下面, 主要讨论 A_n 的特征值问题, 即 $A_nu=\lambda u$, λ 是特征值, $u=(u_1,u_2,\cdots,u_n)^{\mathrm{T}}$ 为对应的特征函数的转置形式. 为了避免特殊情况, 令 $n\geqslant 3$.

事实上, 有许多求解特征值和特征向量的计算方法, 其中不乏可以求出精确值的情况, 然而大多数情况只能求出数值解或者是形式复杂的公式. 这里, 将采用差分方程中的符号运算法, 可以精确推导出一系列形式简洁的特征值和特征函数, 将来可以用于其他领域的理论研究.

特征方程 $A_n u = \lambda u$ 可以写成如下形式:

$$\begin{aligned} bu_1 + cu_2 &= \lambda u_1 - (\alpha u_n + \gamma u_1), \\ au_1 + bu_2 + cu_3 &= \lambda u_2, \\ &\vdots \\ au_{n-2} + bu_{n-1} + cu_n &= \lambda u_{n-1}, \\ au_{n-1} + bu_n &= \lambda u_n - (\beta u_1 + \delta u_n), \end{aligned} \tag{2-2}$$

它与如下边值问题等价:

$$\begin{gathered} au_{k-1} + (b-\lambda)u_n + cu_{k+1} = 0, \quad k = 1, 2, \cdots, n, \\ au_0 = \alpha u_n + \gamma u_1, \\ cu_{n+1} = \beta u_1 + \delta u_n. \end{gathered}$$

注意到, 如果 $c \neq 0$, 则 u_1, u_n 同时也不为零, 否则 $u_2 = 0$, 进而 $u_3 = u_4 = \cdots = u_n = 0$, 这与特征向量的定义相违背. 类似地, 如果 $a \neq 0$, 则 u_1, u_n 也不同时为零.

2.4.1 $c = 0$ 且 $a \neq 0$ 情形

假设矩阵 A_n 中的元 $c = 0$, $a \neq 0$ 且 $\alpha = 0$, 则矩阵是三对角矩阵, 问题就变得很简单. 这里主要考虑 $c = 0$ 但 $a \neq 0$ 且 $\alpha \neq 0$ 的情况.

引理 2.4.1 若 $c = 0$, $a \neq 0$ 且 $\alpha \neq 0$, 则 b 不是 A_n 的特征值.

证明 根据 $c = 0$, 可得 $(b+\gamma)u_1 + \alpha u_n = \lambda u_1$. 如果 b 是一个特征值, 则由 (2-2) 中第二个方程知 $u_1 = 0$, 进而如果 $\alpha \neq 0$, 则 $u_n = 0$. 这与当 $a \neq 0$ 时 u_1 和 u_n 不为零的结论相矛盾, 因此假设不成立.

由于 $c = 0$ 且 $b - \lambda \neq 0$, 在方程 $[a\hbar^2 + (b-\lambda)\hbar + \bar{c}]u = (c\bar{u}_1 + f)\hbar$ 的两端除以 $a\hbar + (b-\lambda)$ 得到

$$\begin{aligned} u &= \frac{1}{a} \cdot \frac{f}{\hbar - \xi^{-1}} \\ &= -\frac{1}{a}\{\xi^{k+1}\} * \{0, -(\alpha u_n + \gamma u_1), 0, \cdots, 0, -(\beta u_1 + \delta u_n), 0, \cdots\}, \end{aligned}$$

其中 $\hbar = (0, 1, 0, \cdots)$, $\xi = \dfrac{a}{\lambda - b} \neq 0$. u 的第 j 项则是

$$u_j = \frac{1}{a}[\xi^j(\alpha u_n + \gamma u_1) + H_j^n \xi^{j+1-n}(\beta u_1 + \delta u_n)], \quad j \geqslant 1,$$

其中 H_j^n 是单位步长方程, 由 $H_j^n = 1, j \geqslant n$ 及 $H_j^n = 0, j < n$ 确定.

特别地,

$$au_1 = \xi(\alpha u_n + \gamma u_1),$$
$$au_n = \xi^n(\alpha u_n + \gamma u_1) + \xi(\beta u_1 + \delta u_n)$$

或等价地,

$$(a - \xi\gamma)u_1 - \xi\alpha u_n = 0,$$
$$(\xi\beta + \xi^n\gamma)u_1 + (\xi^n\alpha + \xi\delta - a)u_n = 0.$$

由于 u_1, u_n 均不能为零, 则有系数矩阵行列式为零, 即

$$a\alpha\xi^n + (\alpha\beta - \gamma\delta)\xi^2 + a(\gamma + \delta)\xi - a^2 = 0. \tag{2-3}$$

上述方程的每一个根, 可以由 $\xi = \dfrac{a}{\lambda - b} \neq 0$ 得到一个与之对应的特征值 $\lambda = b + \dfrac{a}{\xi}$. 进而可以得到对应的特征向量 $(u_1, u_2, \cdots, u_n)^{\mathrm{T}}$, 具有

$$\left(1, \xi, \xi^2, \cdots, \xi^{n-2}, \frac{1}{\beta\xi}(a - \gamma\xi)\right)^{\mathrm{T}} \tag{2-4}$$

的非平凡常重数. 因此, 可得如下定理.

定理 2.4.1 假定矩阵 A_n 中的元 $c = 0$, $a \neq 0$ 且 $\alpha \neq 0$. 如果 λ 是一个特征值, $(u_1, u_2, \cdots, u_n)^{\mathrm{T}}$ 为对应的特征向量, 则 $\lambda = b + \dfrac{a}{\xi}$, 其中 ξ 为 (2-3) 的根, 且 $(u_1, u_2, \cdots, u_n)^{\mathrm{T}}$ 为向量 $\left(1, \xi, \xi^2, \cdots, \xi^{n-2}, \dfrac{1}{\beta\xi}(a - \gamma\xi)\right)^{\mathrm{T}}$ 的非平凡重数.

还有几种特殊情况:

假设 $\alpha\beta = \gamma\delta$ 且 $\gamma + \delta = 0$, 则方程 (2-4) 可以化简为 $\xi^n = \dfrac{a}{\alpha}$, 因此

$$\xi_k = \left(\frac{a}{\alpha}\right)^{\frac{1}{n}} \exp\left(i\frac{2k\pi}{n}\right), \quad k = 1, 2, \cdots, n.$$

如果 $\alpha = a$, 则对应与 $\lambda_k = b + a\exp\left(-i\dfrac{2k\pi}{n}\right)$ 的特征向量是一个非平凡常重数

$$\left(1, \exp\left(i\frac{2k\pi}{n}\right), \exp\left(i\frac{4k\pi}{n}\right), \cdots, \exp\left(i\frac{2(n-2)k\pi}{n}\right), \exp\left(-i\frac{2k\pi}{n}\right) - \frac{\gamma}{a}\right).$$

由于 $\xi_n = 1$, 则存在一个特征值$\lambda_n = a + b$, 对应的具有非平凡重数特征向量 $\left(1, 1, \cdots, 1, 1 - \dfrac{\gamma}{a}\right)^{\mathrm{T}}$.

此外, 如果 $\alpha = a$ 且 n 为偶数, 则 $\xi_{n/2} = -1$, 因此, 存在一个特征值 $\lambda_{n/2} = b - a$,

对应的具有非平凡常重数特征向量 $\left(1,-1,1,\cdots,1,-1-\dfrac{\gamma}{a}\right)^{\mathrm{T}}$.

如果 $\alpha=-a$, 则方程 (2-3) 的根可以化简到 $\xi^n=-1$, 因此

$$\xi_k=\exp\left(i\frac{(2k-1)\pi}{n}\right),\quad k=1,2,\cdots,n.$$

对应于 $\lambda_k=b+a\exp\left(-i\dfrac{(2k-1)\pi}{n}\right)$ 的特征向量为

$$\left(1,\exp\left(i\frac{(2k-1)\pi}{n}\right),\cdots,\exp\left(i\frac{(n-2)(2k-1)\pi}{n}\right),\exp\left(-i\frac{(2k-1)\pi}{n}\right)+\frac{\gamma}{a}\right).$$

此外, 如果 $\alpha=-a$ 且 n 为奇数, 则 $\xi_{(n+1)/2}=-1$, 因此存在一个特征值 $\lambda_{(n+1)/2}=b-a$, 对应的具有非平凡常重数特征向量 $\left(1,-1,1,\cdots,1,1+\dfrac{\gamma}{a}\right)^{\mathrm{T}}$.

进一步, 如果 $n=4m+2, m=1,2,\cdots$, 则 $\xi_{m+1}=i$ 且 $\xi_{3m+2}=-i$. 因此, 存在两个特征值 $\lambda_{m+1}=b-ai$ 和 $\lambda_{3m+2}=b+ai$, 对应的特征向量分别为

$$\left(1,i,-1,-i,\cdots,1,i,-1,-i,1,i+\frac{\gamma}{a}\right)^{\mathrm{T}}$$

和

$$\left(1,-i,-1,i,\cdots,1,-i,-1,i,1,-i+\frac{\gamma}{a}\right)^{\mathrm{T}}.$$

具体证明见文献 [198].

例 2.4.1 考虑如下三阶矩阵

$$\begin{pmatrix}1&0&1\\1&1&0\\1&1&0\end{pmatrix},$$

其中 $\alpha=\beta=1,\gamma=0,\delta=-1,a=b=1$. 根据 (2-3) 可得 $\xi^3+\xi^2-\xi-1=0$, 解得 $\xi=1,1,-1$ 且 $\lambda=1+\dfrac{a}{\xi}=2,2,0$. 对应于二重特征值 $\lambda=2$ 的特征向量为 $u=\left(1,\xi,\dfrac{1}{\alpha\xi}(a-\gamma\xi)\right)=(1,1,1)$.

2.4.2 $ac\neq 0$ 情形

记 λ 为矩阵 A_n 的特征值, $(u_1,u_2,\cdots,u_n)^{\mathrm{T}}$ 为相应的特征向量. 这里要求矩阵元 $ac\neq 0$. 则 $(0,u_1,u_2,\cdots,u_n,\cdots)^{\mathrm{T}}$ 满足方程 $[a\hbar^2+(b-\lambda)\hbar+\bar{c}]u=(c\bar{u}_1+f)\hbar$.

由 $c\neq 0$ 可得

$$u=\frac{(c\bar{u}_1+f)\hbar}{a\hbar^2+(b-\lambda)\hbar+\bar{c}}.$$

令 $\gamma_{\pm} = \dfrac{-(b-\lambda) \pm \sqrt{\omega}}{2a}$ 为方程 $az^2 + (b-\lambda)z + c = 0$ 的两个根, 其中 $\omega = (b-\lambda)^2 - 4ac$. 由于 $\gamma_+\gamma_- = c/a \neq 0$, 则对带域 $\{z \in \mathbf{C} | 0 \leqslant \Re z < \pi\}$ 中的某一个特定 θ 有

$$\gamma_{\pm} = \frac{1}{\rho}\mathrm{e}^{\pm i\theta} = \frac{1}{\rho}(\cos\theta \pm i\sin\theta),$$

其中 $\rho = \sqrt{a/c}$.

根据 $\sin\theta = 0$ 或 $\sin\theta \neq 0$, 有以下两种情况需要考虑.

情况一 假设 $\sin\theta \neq 0$, 则γ_+ 与 γ_- 是相异的. 由于 $\dfrac{1}{\rho}\cos\theta = \dfrac{\lambda - b}{a}$ 及 $\dfrac{a}{\rho} = c\rho$, 则可得 $\lambda = b + 2c\rho\cos\theta$, 且通过部分分式分解法可将 $u = \dfrac{(c\bar{u}_1 + f)\hbar}{a\hbar^2 + (b-\lambda)\hbar + \bar{c}}$ 写成

$$u = \frac{1}{\sqrt{\omega}}\left(\frac{1}{\gamma_- - \hbar} - \frac{1}{\gamma_+ - \hbar}\right)(c\bar{u}_1 + f)\hbar = \frac{2i}{\sqrt{\omega}}\left\{\rho^j \sin j\theta\right\} * (c\bar{u}_1 + f).$$

通过计算卷积, 可得向量 u 的第 j 项

$$\begin{aligned} u_j = \frac{2i}{\sqrt{\omega}}\{&cu_1\rho^j \sin j\theta - (\alpha u_n + \gamma u_1)\rho^{j-1}\sin(j-1)\theta \\ &- H_j^n(\beta u_1 + \delta u_n)\rho^{j-n}\sin(j-n)\theta\}, \end{aligned} \tag{2-5}$$

其中 $j \geqslant 1$.

特别地, 有

$$c\rho\sin\theta u_n = cu_1\rho^n \sin n\theta - (\alpha u_n + \gamma u_1)\rho^{n-1}\sin(n-1)\theta$$

及

$$0 = cu_1\rho^{n+1}\sin(n+1)\theta - (\alpha u_n + \gamma u_1)\rho^n \sin n\theta - (\beta u_1 + \delta u_n)\rho\sin\theta.$$

以上两式是将 $\sqrt{\omega} = 2ic\rho\sin\theta$ 及 $u_{n+1} = 0$ 代入得到的, 它们可以写做

$$Au_1 + Bu_n = 0, \quad Cu_1 + Du_n = 0, \tag{2-6}$$

其中

$$\begin{aligned} A &= \gamma\rho^{n-1}\sin(n-1)\theta - c\rho^n \sin n\theta, \\ B &= c\rho\sin\theta + \alpha\rho^{n-1}\sin(n-1)\theta, \\ C &= \gamma\rho^n \sin n\theta + \beta\rho\sin\theta - c\rho^{n+1}\sin(n+1)\theta, \\ D &= \alpha\rho^n \sin n\theta + \delta\rho\sin\theta. \end{aligned}$$

由于 u_1 和 u_n 不能同时为零, 因此系数矩阵行列式必须为零, 即

$$\begin{vmatrix} A & B \\ C & D \end{vmatrix} = 0.$$

这也给出了一个必要条件:

$$\rho^n(ac\sin(n+1)\theta+(\gamma\delta-\alpha\beta)\sin(n-1)\theta-c\rho(\gamma+\delta)\sin n\theta)-(c\alpha\rho^{2n}+a\beta)\sin\theta=0. \quad (2\text{-}7)$$

只要找到满足 (2-7) 的 θ, 就可以根据 $\lambda=b+2c\rho\cos\theta$ 求出特征值 λ.

特征向量则可以由如下过程计算.

首先, 根据 (2-6), $Au_1=-Bu_n$, 假设 $B\neq 0$, 则将 $u_n=-Au_1/B$ 代入方程 (2-5) 有

$$u_j=-\frac{u_1}{c\rho B}\rho^{j-1}\left(ac\sin j\theta+\alpha c\rho^n\sin(n-j)\theta-c\rho\gamma\sin(j-1)\theta\right),\quad j=1,2,\cdots,n.$$

因此, 得到一个具有非平凡重数特征向量, 且

$$u_j=\rho^{j-1}\left(a\sin j\theta+\alpha c\rho^n\sin(n-j)\theta-\rho\gamma\sin(j-1)\theta\right),\quad j=1,2,\cdots,n. \quad (2\text{-}8)$$

如果 $A\neq 0$. 则将 $u_1=-Bu_n/A$ 代入方程 (2-5) 可得类似的结果.

另一方面, 根据 (2-6) 中的第二个式子知, $Cu_1=-Du_n$, 如果 $D\neq 0$, 则将 $u_n=-Cu_1/D$ 代入 (2-5) 可得

$$\begin{aligned}u_j=&-\frac{u_1}{c\rho D}\rho^j(c\alpha\rho^n\sin(n+1-j)\theta+c\delta\rho\sin j\theta\\&+(\alpha\beta-\gamma\delta)\sin(j-1)\theta),\quad j=1,2,\cdots,n,\end{aligned}$$

进一步

$$u_j=\rho^{j-1}\left(\alpha c\rho^n\sin(n+1-j)\theta+c\delta\rho\sin j\theta+(\alpha\beta-\gamma\delta)\sin(j-1)\theta\right),\quad j=1,2,\cdots,n. \quad (2\text{-}9)$$

如果 $C\neq 0$, 则 $u_1=-Du_n/C$ 代入 (2-5) 可得相同结果.

假设 $A=B=0$ 且 $C=D=0$, 则 u_1,u_n 可以是任意的, 除了 $u_1=u_n=0$ 的情况. 令 $u_1=0$, 则 $u_j=c\rho^j\sin j\theta-\gamma\rho^{j-1}\sin(j-1)\theta$. 因此, 从特征向量的线性性质来看, 可得特征向量的分量为

$$u_j=c_1\rho^j\sin j\theta-c_2\rho^{j-1}\sin(j-1)\theta,\quad c_1,c_2\in\mathbf{C}. \quad (2\text{-}10)$$

情况二 如果 $\sin\theta=0$, 则有

$$(b-\lambda)^2=4ac,$$

且

$$u=\frac{1}{\tilde{\rho}c}\frac{\tilde{\rho}\hbar}{(\bar{1}-\tilde{\rho}\hbar)^2}(f+c\bar{u}_1)=\frac{1}{\tilde{\rho}c}\left\{j\tilde{\rho}^j\right\}_{j\in\mathbf{N}}(f+c\bar{u}_1),$$

其中, $\tilde{\rho}=\dfrac{\lambda-b}{2c}=\pm\rho$. 此时, 特征向量 u 的第 j 项为

$$u_j=\frac{1}{c\tilde{\rho}}\left\{cu_1 j\tilde{\rho}^j-(\alpha u_n+\gamma u_1)(j-1)\tilde{\rho}^{j-1}-H_j^n(\beta u_1+\delta u_n)(j-n)\tilde{\rho}^{j-n}\right\}.$$

利用与前面类似的办法, 可得必要条件

$$\tilde{\rho}^n((ac(n+1)+(\gamma\delta-\alpha\beta)(n-1))-\tilde{\rho}c(\gamma+\delta)n)-(\alpha c\tilde{\rho}^{2n}+\beta a)=0. \tag{2-11}$$

一旦找到满足上述方程的 $\tilde{\rho}$, 则由 $\tilde{\rho}$ 的表达式可得 $\lambda=b+2c\tilde{\rho}$.

特征向量可以由类似的方式获得.

令

$$\begin{aligned}\tilde{A}&=\gamma(n-1)\tilde{\rho}^{n-1}-cn\tilde{\rho}^n,\\ \tilde{B}&=c\tilde{\rho}+\alpha(n-1)\tilde{\rho}^{n-1},\\ \tilde{C}&=\gamma n\tilde{\rho}^n+\beta\tilde{\rho}-c(n+1)\tilde{\rho}^{n+1},\\ \tilde{D}&=\alpha n\tilde{\rho}^n+\delta\tilde{\rho}.\end{aligned}$$

假设 $\tilde{A}\neq 0$ 或 $\tilde{B}\neq 0$, 则可得到特征函数的表达式为

$$u_j=\tilde{\rho}^{j-1}\left(aj+\tilde{\rho}^n\alpha(n-j)-\tilde{\rho}\gamma(j-1)\right),\quad j=1,2,\cdots,n. \tag{2-12}$$

假设 $\tilde{C}\neq 0$ 或 $\tilde{D}\neq 0$, 则可得到特征向量的表达式为

$$u_j=\tilde{\rho}^{j-1}\left(\tilde{\rho}^n c\alpha(n+1-j)+\tilde{\rho}c\delta j+(\alpha\beta-\gamma\delta)(j-1)\right),\quad j=1,2,\cdots,n. \tag{2-13}$$

如果 $\tilde{A}=\tilde{B}=0$ 且 $\tilde{C}=\tilde{D}=0$, 则特征向量为

$$u_j=c_1\tilde{\rho}^j j-c_2\tilde{\rho}^{j-1}(j-1),\quad j=1,2,\cdots,n. \tag{2-14}$$

定理 2.4.2　假设矩阵 A_n 中的 $ac\neq 0$. 记 λ 为矩阵 A_n 的特征值, 对应的特征向量为 $u=(u_1,u_2,\cdots,u_n)^{\mathrm{T}}$. 如果 $\sin\theta\neq 0$ 对于满足 (2-7) 的某一个 θ, 则特征值为 $\lambda=b+2c\rho\cos\theta$. 相应的特征向量为 (2-8)~(2-10). 如果 $\sin\theta=0$ 且存在某个 $\tilde{\rho}$ 满足方程 (2-11), 此时特征值为 $\lambda=b+2c\tilde{\rho}$. 相应的特征向量为 (2-12)~(2-14).

注 2.4.1　必要性条件 (2-7) 和 (2-11) 与 b 是独立的, 要么 (2-8)~(2-10) 包括因素 b, 要么 (2-12)~ (2-14) 包括因素 b. 则当 $ac\neq 0$ 时, 特征向量与 b 无关.

注 2.4.2　当 $\sin\theta=0$ 时, $\lambda=b+2c\tilde{\rho}=b\pm 2c\rho=b\pm 2c\rho\cos\theta,\theta=0(2\pi),\pi$, 其中 $\theta=0(2\pi)$ 对应于 $\tilde{\rho}=+\rho$, 且 $\theta=\pi$ 对应于 $\tilde{\rho}=-\rho$.

下面利用上述结果来寻找特征值和相应的特征向量, $ac\neq 0$ 具体分情况讨论.

情况一　当 $a=c\neq 0$ 且 $\alpha\beta-\gamma\delta=0$ 时.

首先考虑 $a=c\neq 0, \alpha\beta=\gamma\delta$ 且 $\alpha+\beta=\gamma+\delta=a$. 此时, 必要条件简化为

$$\sin(n+1)\theta-\sin n\theta=0$$

或者

$$\sin\frac{(n+1)}{2}\theta\sin\frac{n}{2}\theta=0,\quad \theta\notin\pi\mathbf{Z}.$$

因此 $\sin\frac{n}{2}\theta=0$ 或 $\sin\frac{(n+1)}{2}\theta=0$ 对于某个 $\theta\notin\pi\mathbf{Z}$. 当 $\sin\frac{n}{2}\theta=0$ 时, $\theta=\frac{2k\pi}{n},\theta\notin\pi\mathbf{Z}$, 使得特征值必须有如下形式:

$$\lambda_k=b+2a\cos\frac{2k\pi}{n},\quad k=1,2,\cdots,\left[\frac{n-1}{2}\right], \tag{2-15}$$

其中, $[x]$ 表示的是 x 的整数部分. 而当 $\sin\frac{(n+1)}{2}\theta=0$ 时, $\theta=\frac{2m\pi}{n+1},\theta\notin\pi\mathbf{Z}$, 使得特征值为

$$\lambda_{m+\left[\frac{(n-1)}{2}\right]}=b+2a\cos\frac{2m\pi}{n+1},\quad m=1,2,\cdots,\left[\frac{n}{2}\right]. \tag{2-16}$$

另一方面, 由于 $\tilde{\rho}=\pm\rho=\pm1$, 则必要条件简化为

$$\tilde{\rho}^n(n+1-\tilde{\rho}n)-1=0.$$

此式只有当 $\tilde{\rho}=+1$ 时成立. 且有 $\lambda=b+2a=b+2a\cos 0$. 因此, $\theta=0$ 的情况可以加到 (2-16) 中, 因此 (2-16) 变为

$$\lambda_{m+\left[\frac{(n-1)}{2}\right]}=b+2a\cos\frac{2(m-1)\pi}{n+1},\quad m=1,2,\cdots,\left[\frac{n}{2}+1\right].$$

注意到, $\left[\frac{n}{2}+1\right]+\left[\frac{n-1}{2}\right]=n$. 或者将 (2-15) 和 (2-16) 写为

$$\lambda_k=\begin{cases} b+2a\cos\dfrac{2k\pi}{n}, & k=1,2,\cdots,\left[\dfrac{n-1}{2}\right],\\ b+2a\cos\dfrac{2(k-[(n-1)/2]-1)\pi}{n+1}, & k=\left[\dfrac{n-1}{2}\right]+1,\cdots,n. \end{cases}$$

通过类似的方式, 可以找到其他情况下的特征值, 通过以下定理进行叙述.

定理 2.4.3 假设矩阵 A_n 中的元素 $a=c\neq 0$ 且 $\alpha\beta-\gamma\delta=0$, 则在 $\alpha+\beta$ 和 $\gamma+\delta$ 不同取值的情况下, 矩阵 A_n 的特征值分为以下九种情况:

(1) 如果 $\alpha+\beta=\gamma+\delta=a$, 则

$$\theta_k=\begin{cases}\dfrac{2k\pi}{n}, & k=1,2,\cdots,\left[\dfrac{n-1}{2}\right],\\ \dfrac{2(k-[(n-1)/2]-1)\pi}{n+1}, & k=\left[\dfrac{n-1}{2}\right]+1,\cdots,n;\end{cases}$$

(2) 如果 $\alpha+\beta=\gamma+\delta=-a$, 则

$$\theta_k=\begin{cases}\dfrac{(2k-1)\pi}{n}, & k=1,2,\cdots,\left[\dfrac{n}{2}\right],\\ \dfrac{2(k-[n/2]-1)\pi}{n+1}, & k=\left[\dfrac{n}{2}\right]+1,\cdots,n;\end{cases}$$

(3) 如果 $\alpha+\beta=a$ 且 $\gamma+\delta=-a$, 则

$$\theta_k=\begin{cases}\dfrac{2k\pi}{n}, & k=1,2,\cdots,\left[\dfrac{n-1}{2}\right],\\ \dfrac{2(k-[(n-1)/2]-1)\pi}{n+1}, & k=\left[\dfrac{n-1}{2}\right]+1,\cdots,n;\end{cases}$$

(4) 如果 $\alpha+\beta=-a$ 且 $\gamma+\delta=a$, 则

$$\theta_k=\begin{cases}\dfrac{2k-1}{n}\pi, & k=1,2,\cdots,\left[\dfrac{n}{2}\right],\\ \dfrac{2(k-[n/2]-1)\pi}{n+1}, & k=\left[\dfrac{n}{2}\right]+1,\cdots,n;\end{cases}$$

(5) 如果 $\alpha+\beta=\gamma+\delta=0$, 则

$$\theta_k=\frac{k\pi}{n+1},\quad k=1,2,\cdots,n;$$

(6) 如果 $\alpha+\beta=a$ 且 $\gamma+\delta=0$, 则

$$\theta_k=\begin{cases}\dfrac{2k}{n}\pi, & k=1,2,\cdots,\left[\dfrac{n-1}{2}\right],\\ \dfrac{(2k-1)\pi}{n+2}, & k=\left[\dfrac{n-1}{2}\right]+1,\cdots,n;\end{cases}$$

(7) 如果 $\alpha+\beta=-a$ 且 $\gamma+\delta=0$, 则

$$\theta_k=\begin{cases}\dfrac{2k-1}{n}\pi, & k=1,2,\cdots,\left[\dfrac{n}{2}\right],\\ \dfrac{2k\pi}{n+2}, & k=\left[\dfrac{n}{2}\right]+1,\cdots,n;\end{cases}$$

(8) 如果 $\alpha+\beta=0$ 且 $\gamma+\delta=a$, 则

$$\theta_k=\frac{2k-1}{2n+1}\pi,\quad k=1,2,\cdots,n;$$

(9) 如果 $\alpha+\beta=0$ 且 $\gamma+\delta=-a$, 则

$$\theta_k=\frac{2k}{2n+1}\pi,\quad k=1,2,\cdots,n.$$

相应的特征向量的形式, 可以通过如下定理给出阐述.

定理 2.4.4 假设矩阵的元素满足: $a=c\neq 0$, $\alpha\beta=\gamma\delta=0$, $\alpha+\beta=\pm a$ 且 $\gamma+\delta=\pm a$. 令

$$x^{(k)}=(x_1^{(k)},x_2^{(k)},\cdots,x_n^{(k)})^{\mathrm{T}},$$
$$y^{(k)}=(y_1^{(k)},y_2^{(k)},\cdots,y_n^{(k)})^{\mathrm{T}},$$
$$z^{(k)}=(z_1^{(k)},z_2^{(k)},\cdots,z_n^{(k)})^{\mathrm{T}},\quad k=1,2,\cdots,n.$$

其中,

$$x_j^{(k)}=\begin{cases}\sin j\theta_k, & \theta_k\neq 0,\theta_k\neq\pi,\\ j, & \theta_k=0, j=1,2,\cdots,n,\\ (-1)^{j-1}j, & \theta_k=\pi,\end{cases}$$

$$y_j^{(k)}=\cos\left(j-\frac{1}{2}\right)\theta_k,\quad \theta_k\neq\pi, j=1,2,\cdots,n,$$

$$z_j^{(k)}=\sin\left(j-\frac{1}{2}\right)\theta_k,\quad \theta_k\neq 0, j=1,2,\cdots,n.$$

因此, 在不同条件下对应于 λ_k 的特征向量 $u^{(k)}$, 矩阵元素见表 2.1.

表 2.1 矩阵元素表

	α	β	γ	δ	$u^{(k)}$
(i)	0	*	0	*	$x^{(k)}$
(ii)	0	*	a	0	$y^{(k)}$
(iii)	0	*	$-a$	0	$z^{(k)}$
(iv)	*	0	0	a	$R_n y^{(k)}$
(v)	*	0	0	$-a$	$R_n z^{(k)}$
(vi)	*	0	*	0	$R_n x^{(k)}$

注: * 表示取值为 a 和 $-a$ 均可.

例 2.4.2 令

$$A_4=\begin{pmatrix}4&3&0&3\\3&1&3&0\\0&3&1&3\\0&0&3&1\end{pmatrix},$$

这里, $n=4$, $a=c=\alpha=\gamma=3, b=1, \beta=\delta=0$. 因此, $\alpha+\beta=\gamma+\delta=a$. 根据定理 2.4.3 中的情况 (1) 有

$$\theta_k=\begin{cases}\dfrac{\pi}{2}, & k=1,\\[2mm] 0,\dfrac{2\pi}{5},\dfrac{4\pi}{5}, & k=2,3,4.\end{cases}$$

因此,

$$\lambda_1=1,\quad \lambda_2=7,\quad \lambda_3=-\frac{1}{2}+\frac{3}{2}\sqrt{5},\quad \lambda_4=-\frac{1}{2}-\frac{3}{2}\sqrt{5}.$$

根据定理 2.4.4 中的条件 (vi) 可知, 相应的特征向量为

$$u_j^{(k)}=u_{4+1-j}^{(k)}=\begin{cases}\sin(4+1-j)\theta_k, & \theta_k\neq 0,\theta_k\neq\pi,\\ 4+1-j, & \theta_k=0, j,k=1,2,3,4,\\ (-1)^{4+1-j}(4+1-j), & \theta_k=\pi,\end{cases}$$

或

$$u_j^{(1)}=\sin\frac{5-j}{2}\pi,\quad u_j^{(2)}=5-j,\quad u_j^{(3)}=\sin\frac{2(5-j)\pi}{5},\quad u_j^{(4)}=\sin\frac{4(5-j)\pi}{5}.$$

所以

$$\begin{aligned}u^{(1)}&=(0,-1,0,1)^{\mathrm{T}},\\ u^{(2)}&=(4,3,2,1)^{\mathrm{T}},\\ u^{(3)}&=\left(\sin\frac{8\pi}{5},\sin\frac{6\pi}{5},\sin\frac{4\pi}{5},\sin\frac{2\pi}{5}\right)^{\mathrm{T}}\approx\left(-1,\frac{1}{2}-\frac{\sqrt{5}}{2},-\frac{1}{2}+\frac{\sqrt{5}}{2},1\right)^{\mathrm{T}},\\ u^{(4)}&=\left(\sin\frac{16\pi}{5},\sin\frac{12\pi}{5},\sin\frac{8\pi}{5},\sin\frac{4\pi}{5}\right)^{\mathrm{T}}\approx\left(-1,\frac{1}{2}+\frac{\sqrt{5}}{2},-\frac{1}{2}-\frac{\sqrt{5}}{2},1\right)^{\mathrm{T}}.\end{aligned}$$

情况二 $a=c\neq 0$ 且 $\alpha\beta-\gamma\delta=\pm a^2$ 的情形.

与情况一处理思路相同, 当 $a=c\neq 0$ 且 $\alpha\beta-\gamma\delta=\pm a^2$ 时, 特征值的情况通过定理 2.4.5 进行阐述.

定理 2.4.5 假设 $a=c\neq 0$ 且 $\alpha\beta-\gamma\delta=\pm a^2$, 则针对 $\alpha+\beta$ 和 $\gamma+\delta$ 取值不同的情况, 矩阵 A_n 的特征值 $\lambda_k=b+2a\cos\theta_k$, 其中 θ_k 分为如下六种情况:

(1) 如果 $\gamma\delta-\alpha\beta=a^2, \alpha+\beta=\gamma+\delta=0$, 则

$$\theta_k=\begin{cases}\dfrac{k\pi}{n}, & k=1,2,\cdots,n-1,\\[2mm] \dfrac{\pi}{2}, & k=n;\end{cases}$$

(2) 如果 $\gamma\delta-\alpha\beta=a^2, \alpha+\beta=0, \gamma+\delta=2a$, 则

$$\theta_k=\frac{(k-1)\pi}{n}, \quad k=1,2,\cdots,n;$$

(3) 如果 $\gamma\delta-\alpha\beta=a^2, \alpha+\beta=0, \gamma+\delta=-2a$, 则

$$\theta_k=\frac{k\pi}{n}, \quad k=1,2,\cdots,n;$$

(4) 如果 $\gamma\delta-\alpha\beta=-a^2, \alpha+\beta=0, \gamma+\delta=-2a$, 则

$$\theta_k=\frac{(2k-1)\pi}{2n}, \quad k=1,2,\cdots,n;$$

(5) 如果 $\gamma\delta-\alpha\beta=-a^2, \alpha+\beta=2a, \gamma+\delta=0$, 则

$$\theta_k=\frac{2k\pi}{n}, \quad k=1,2,\cdots,n;$$

(6) 如果 $\gamma\delta-\alpha\beta=-a^2, \alpha+\beta=-2a, \gamma+\delta=0$, 则

$$\theta_k=\frac{(2k-1)\pi}{n}, \quad k=1,2,\cdots,n.$$

注 2.4.3 对应于 $\sin\theta\neq 0$ 的特征向量可以从 (2-8)~(2-10) 中求出, 对应于 $\sin\theta=0$ 的特征向量可以从 (2-12)~(2-14) 中求出.

2.4.3 逆矩阵存在的充要条件

下面, 讨论矩阵 A_n 的逆矩阵问题, 不妨假设逆矩阵存在, 且由矩阵 G_n 表示, 具体形式为

$$G_n=(g^{(1)}|g^{(2)}|\cdots|g^{(n)})=\begin{pmatrix} g_1^{(1)} & g_1^{(2)} & \cdots & g_1^{(n)} \\ g_2^{(1)} & g_2^{(2)} & \cdots & g_2^{(n)} \\ \vdots & \vdots & & \vdots \\ g_n^{(1)} & g_n^{(2)} & \cdots & g_n^{(n)} \end{pmatrix}_{n\times n}.$$

因此, A_nG_n 为单位矩阵 I_n. 通过对 $A_nG_n=I_n$ 进行展开可知, 对每一个 $k\in\{1,2,\cdots,n\}$, 有

$$ag_{j-1}^{(k)}+bg_j^{(k)}+cg_{j+1}^{(k)}=\hbar_j^k+f_j^{(k)}, \quad j,k=1,2,\cdots,n,$$

且 $ag_0^{(k)}=cg_{n+1}^{(k)}=0$, 其中 $f_1^{(k)}=-(\alpha g_n^{(k)}+\gamma g_1^{(k)}), f_n^{(k)}=-(\beta g_1^{(k)}+\delta g_n^{(k)})$ 及 $f_j^{(k)}=0, j=2,3,\cdots,n-1$.

不仅如此, 序列 $g^{(k)}=\{g_j^{(k)}\}_{j\in\mathbf{N}}$ 满足如下三项递推关系式:

$$c\{g_{j+2}^{(k)}\}_{j\in\mathbf{N}}+b\{g_{j+1}^{(k)}\}_{j\in\mathbf{N}}+a\{g_j^{(k)}\}_{j\in\mathbf{N}}=\{\hbar_{j+1}^{(k)}\}_{j\in\mathbf{N}}+\{f_{j+1}^{(k)}\}_{j\in\mathbf{N}},$$

且满足 $ag_0^{(k)}=cg_n^{(k)}=0$, 其中 $f^{(k)}=\{f_j^{(k)}\}_{j\in\mathbf{N}}$ 为无穷序列, 定义为如下形式:

$$f_j^{(k)}=\begin{cases}-(\alpha g_n^{(k)}+\gamma g_1^{(k)}), & j=1,\\ -(\beta g_1^{(k)}+\delta g_n^{(k)}), & j=n,\\ 0, & \text{其他情况}.\end{cases}$$

与本节开始时采用的办法相同, 可得

$$(a\hbar^2+b\hbar+\bar{c})g^{(k)}=(\bar{c}g_1^{(k)}+\hbar^k+f^{(k)})\hbar.$$

2.4.4 $c=0$ 且 $ab\neq 0$ 情形

这种情况的结论通过如下定理给出.

定理 2.4.6 如果 $c=0$ 且 $ab\neq 0$, 则矩阵 A_n 的逆矩阵 G_n 如果存在, 当且仅当

$$\Delta=b^2+b(\gamma+\delta)+(\gamma\delta-\alpha\beta)+b\alpha\psi^{n-1}\neq 0.$$

并且如果逆矩阵 G_n 存在, 则

$$g_j^{(1)}=\frac{1}{\Delta}\times\begin{cases}(b+\delta)\psi^{j-1}, & j<n,\\ b\psi^{n-1}-\beta, & j=n,\end{cases}$$

且

$$g_j^{(k)}=\frac{\psi^{j-k}}{\Delta}\times\begin{cases}-\alpha\psi^{n-1}, & j<k,\\ -\alpha\psi^{n-1}+\dfrac{\Delta}{b}, & n>j\geqslant k, \quad \text{对于} 2\leqslant k\leqslant n,\\ b+\gamma, & j=n,\end{cases}$$

其中 $\psi=-\dfrac{a}{b}$.

2.4.5 $a=c\neq 0$ 情形

定理 2.4.7 假设矩阵 A_n 中的元有 $ac\neq 0$, 且 $b^2-4ac\neq 0$, 则矩阵 A_n 的逆矩阵 G_n 存在当且仅当

$$\begin{aligned}\Delta=&\rho^n\sin\phi(ac\sin(n+1)\phi+(\gamma\delta-\alpha\beta)\sin(n-1)\phi\\ &-c\rho(\gamma+\delta)\sin n\phi)-(c\alpha\rho^{2n}+a\beta)\sin^2\phi\\ \neq&0\end{aligned}$$

其中, $\rho=\sqrt{a/c},\phi$ 是带域 $\{\phi\in\mathbf{C}|0\leqslant\Re\phi<\pi\}$ 中的唯一值使得 $\cos\phi=-b/2c\rho$ 成立.

不仅如此, 如果矩阵 G_n 存在, 则当 $j<k$ 时,

$$
\begin{aligned}
g_j^{(k)}=\frac{\rho^{n+j-k}}{\Delta}\times\bigg\{&\sin(n-k)\phi\left(\delta\sin j\phi+\frac{\alpha\beta-\gamma\delta}{c\rho}\sin(j-1)\phi\right)\\
&+\sin(n+1-k)(\gamma\sin(j-1)\phi-c\rho\sin j\phi)+\alpha\rho^{n-1}\sin(j-k)\phi\sin\phi\bigg\},
\end{aligned}
$$

当 $j\geqslant k$ 时,

$$
\begin{aligned}
g_j^{(k)}=\frac{\rho^{n+j-k}}{\Delta}\times\bigg\{&\sin(n-j)\phi\left(\delta\sin k\phi+\frac{\alpha\beta-\gamma\delta}{c\rho}\sin(k-1)\phi\right)\\
&+\sin(n+1-j)(\gamma\sin(k-1)\phi-c\rho\sin k\phi)+\beta\rho^{1-n}\sin(k-j)\phi\sin\phi\bigg\}.
\end{aligned}
$$

如果 $b^2-4ac=0$, 则矩阵 A_n 的逆矩阵 G_n 存在当且仅当

$$
\Delta=-c\alpha\rho^{2n}-a\beta+\rho^n(ac(n+1)+(\gamma\delta-\alpha\beta)(n-1)-c\rho(\gamma+\delta)n)\neq0,
$$

其中, $\rho=-b/2c$, 且如果矩阵 G_n 存在, 则当 $j<k$ 时,

$$
\begin{aligned}
g_j^{(k)}=\frac{\rho^{n+j-k}}{\Delta}\times\bigg\{&(n-k)\left(\delta j+\frac{\alpha\beta-\gamma\delta}{c\rho}(j-1)\right)\\
&+(n+1-k)(\gamma(j-1)-c\rho j)+\alpha\rho^{n-1}(j-k)\bigg\},
\end{aligned}
$$

当 $j\geqslant k$ 时,

$$
\begin{aligned}
g_j^{(k)}=\frac{\rho^{n+j-k}}{\Delta}\times\bigg\{&(n-j)\left(\delta k+\frac{\alpha\beta-\gamma\delta}{c\rho}(k-1)\right)\\
&+(n+1-j)(\gamma(k-1)-c\rho k)+\beta\rho^{1-n}(k-j)\bigg\}.
\end{aligned}
$$

如果矩阵 G_n 存在, 则

$$
\begin{aligned}
g_j^{(k)}=\frac{\rho^{n+j-k}}{\Delta}\times\bigg\{&\sin(n-k)\phi\left(\delta\sin j\phi+\frac{\alpha\beta-\gamma\delta}{c\rho}\sin(j-1)\phi\right)\\
&+\sin(n+1-k)(\gamma\sin(j-1)\phi-c\rho\sin j\phi)+\alpha\rho^{n-1}\sin(j-k)\phi\sin\phi\bigg\}.
\end{aligned}
$$

定理 2.4.7 证明见参考文献 [198] 和 [251].

2.4.6 举例与说明

令

$$A = A_n, \quad C = \begin{pmatrix} b & c & 0 & 0 & \cdots & 0 & 0 \\ a & b & c & 0 & \cdots & 0 & 0 \\ 0 & a & b & c & \cdots & 0 & 0 \\ \vdots & \vdots & \vdots & \vdots & & \vdots & \vdots \\ 0 & 0 & 0 & 0 & \cdots & a & b \end{pmatrix}_{n\times n},$$

$$A^{-1} = (g_{jk})_{j,k=1}^n, \quad C^{-1} = (h_{jk})_{j,k=1}^n,$$

则 $A = C + USV^{\mathrm{T}}$, 其中,

$$U = (e_1, e_2), \quad S = \begin{pmatrix} \gamma & \alpha \\ \beta & \delta \end{pmatrix}, \quad V = (e_1^{\mathrm{T}}, e_2^{\mathrm{T}}),$$

$$e_1^{\mathrm{T}} = (\ 1 \quad 0 \quad \cdots \quad 0 \quad 0\ )_{1\times n},$$
$$e_n^{\mathrm{T}} = (\ 0 \quad 0 \quad \cdots \quad 0 \quad 1\ )_{1\times n}.$$

如果 A, C 是可逆矩阵, 则 $A^{-1} = C^{-1} + C^{-1}UTV^{\mathrm{T}}C^{-1}$.

如果 $\alpha\beta - \gamma\delta \neq 0$, 则

$$T^{-1} = -S^{-1} - V^{\mathrm{T}}C^{-1}U = \frac{1}{\alpha\beta - \gamma\delta}\begin{pmatrix} \delta & -\alpha \\ -\beta & \gamma \end{pmatrix} - \begin{pmatrix} h_{11} & h_{12} \\ h_{21} & h_{22} \end{pmatrix}.$$

假设上述矩阵可逆, $T = \begin{pmatrix} t_{11} & t_{12} \\ t_{21} & t_{22} \end{pmatrix}$. 矩阵 T 可以根据 $\alpha, \beta, \gamma, \delta, h_{11}, h_{1n}, h_{n1}, h_{nn}$ 具体写出, 且

$$UTV^{\mathrm{T}} = \begin{pmatrix} t_{11} & 0 & 0 & 0 & \cdots & 0 & t_{12} \\ 0 & 0 & 0 & 0 & \cdots & 0 & 0 \\ 0 & 0 & 0 & 0 & \cdots & 0 & 0 \\ \vdots & \vdots & \vdots & \vdots & & \vdots & \vdots \\ t_{21} & 0 & 0 & 0 & \cdots & 0 & t_{22} \end{pmatrix}_{n\times n}.$$

进而,

$$g_{jk} = h_{jk} + h_{j1}(h_{1k}t_{11} + h_{nk}t_{12}) + h_{jn}(h_{1k}t_{21} + h_{nk}t_{22}), \quad 1 \leqslant j, k \leqslant n.$$

因此, 如果给定 C^{-1} 可以求出 A^{-1}. 为了求 C^{-1}, 假定 $ac \neq 0$, 记

$$\eta_{\pm} = \frac{-b \pm \sqrt{b^2 - 4ac}}{2a}$$

为方程 $az^2+bz+c=0$ 的两个根. C^{-1} 的第一行和第一列可以通过求解下列边界方程得

$$ch_{1,k-1}+bh_{1k}+ah_{1,k+1}=0,\quad 1\leqslant k\leqslant n, h_{10}=-1/c, h_{1,n+1}=0,$$
$$ch_{j+1,1}+bh_{j1}+ah_{j-1,1}=0,\quad 1\leqslant j\leqslant n, h_{01}=-1/a, h_{n+1,1}=0.$$

如果 $b^2-4ac\neq 0$, 则

$$h_{1,k}=\frac{\eta_-^{n+1}\eta_+^k-\eta_+^{n+1}\eta_-^k}{c(\eta_+^{n+1}-\eta_-^{n+1})},\quad 1\leqslant k\leqslant n,$$
$$h_{j,1}=\frac{\eta_+^{n+1-j}-\eta_-^{n+1-j}}{a(\eta_-^{n+1}-\eta_+^{n+1})},\quad 1\leqslant j\leqslant n.$$

如果 $b^2-4ac=0$, 则

$$h_{1,k}=\frac{(k-n-1)\eta^k}{c(n+1)},\quad 1\leqslant k\leqslant n,$$
$$h_{j,1}=\frac{(j-n-1)\eta^{-j}}{a(n+1)},\quad 1\leqslant j\leqslant n.$$

例 2.4.3 如果矩阵 A_n 中的元 $n=4, a=3, b=2, c=1, \alpha=1, \beta=\gamma=-1, \delta=0$. 则

$$\rho=\sqrt{3},\quad \alpha\beta-\gamma\delta=-1\neq 0,\quad \cos\phi=-\frac{1}{\sqrt{3}},$$
$$\sin\phi=\frac{\sqrt{2}}{\sqrt{3}},\quad \sin 2\phi=-\frac{2\sqrt{2}}{\sqrt{3}},\quad \sin 3\phi=\frac{\sqrt{2}}{3\sqrt{3}},\quad \sin 4\phi=\frac{4\sqrt{2}}{9},\quad \sin 5\phi=-\frac{11\sqrt{2}}{9\sqrt{3}}.$$

由于

$$\Delta=9\frac{\sqrt{2}}{\sqrt{3}}\left(3\cdot\left(\frac{-11\sqrt{2}}{9\sqrt{3}}\right)+\frac{\sqrt{2}}{3\sqrt{3}}+\sqrt{3}\cdot\left(\frac{4\sqrt{2}}{9}\right)\right)-(81-3)\cdot\left(\frac{2}{3}\right)=-64\neq 0,$$

因此,

$$g_j^{(k)}=-\frac{1}{64}\times(\sqrt{3})^{4+j-k}\times c_{jk},$$

其中, 当 $j<k$ 时,

$$c_{jk}=\frac{-1}{\sqrt{3}}\sin(4-k)\phi\sin(j-1)\phi-\sin(5-k)(\sin(j-1)\phi+\sqrt{3}\sin j\phi)+3\sqrt{2}\sin(j-k)\phi;$$

当 $j\geqslant k$ 时,

$$c_{jk}=\frac{-1}{\sqrt{3}}\sin(4-j)\phi\sin(k-1)\phi-\sin(5-j)(\sin(k-1)\phi+\sqrt{3}\sin k\phi)-\frac{\sqrt{2}}{9}\sin(k-j)\phi.$$

这就使得

$$(\sqrt{3})^{4+j-k} \times (c_{jk})_{4\times 4} = \begin{pmatrix} -8 & -20 & 16 & -4 \\ -4 & 6 & -24 & 14 \\ 32 & -16 & 0 & -16 \\ -52 & 14 & 8 & -10 \end{pmatrix},$$

且

$$\begin{pmatrix} 1 & 1 & 0 & 1 \\ 3 & 2 & 1 & 0 \\ 0 & 3 & 2 & 1 \\ -1 & 0 & 3 & 2 \end{pmatrix}^{-1} = \frac{1}{32}\begin{pmatrix} 4 & 10 & -8 & 2 \\ 2 & -3 & 12 & -7 \\ -16 & 8 & 0 & 8 \\ 26 & -7 & -4 & 5 \end{pmatrix}.$$

为了进行对比, 由于 $\eta_{\pm} = \dfrac{-2 \pm \sqrt{4-12}}{6} = -\dfrac{1}{3} \pm \dfrac{\sqrt{2}}{3}\mathrm{i}$, 此时,

$$h_{1,k} = \frac{\left(-\frac{1}{3} - \frac{\sqrt{2}}{3}\mathrm{i}\right)^5 \left(-\frac{1}{3} + \frac{\sqrt{2}}{3}\mathrm{i}\right)^5 - \left(-\frac{1}{3} + \frac{\sqrt{2}}{3}\mathrm{i}\right)^5 \left(-\frac{1}{3} - \frac{\sqrt{2}}{3}\mathrm{i}\right)^5}{\left(-\frac{1}{3} + \frac{\sqrt{2}}{3}\mathrm{i}\right)^5 - \left(-\frac{1}{3} - \frac{\sqrt{2}}{3}\mathrm{i}\right)^5},$$

如此进行下去, 即可得最终结果.

例 2.4.4　如果矩阵 A_n 中的元素 $n=6, a=c=1, b=0, \alpha=\delta=0, \beta=\gamma=-1$, 则 $\rho=1, \alpha\beta-\gamma\delta=0, \cos\phi=-\dfrac{1}{\sqrt{3}}, \Delta=acS_7-a\beta-c\alpha=-1$, 逆矩阵存在, 根据定理 2.4.7 可知

$$g_j^{(k)} = \begin{cases} S_{6-k}(S_j)+S_{j-k}+S_{7-k}(-S_{j-1}-S_j), & j<k, \\ S_{6-j}(S_k)-S_{k-j}+S_{7-k}(-S_{k-1}-S_k), & j \geqslant k, \end{cases}$$

这也就给出

$$\begin{pmatrix} -1 & 1 & 0 & 0 & 0 & 1 \\ 1 & 0 & 1 & 0 & 0 & 0 \\ 0 & 1 & 0 & 1 & 0 & 0 \\ 0 & 0 & 1 & 0 & 1 & 0 \\ 0 & 0 & 0 & 1 & 0 & 1 \\ -1 & 0 & 0 & 0 & 1 & 1 \end{pmatrix}^{-1} = \begin{pmatrix} -1 & 2 & 1 & -2 & -1 & 2 \\ 0 & 1 & 1 & -1 & -1 & 1 \\ 1 & -1 & -1 & 2 & 1 & -2 \\ 0 & -1 & 0 & 1 & 1 & -1 \\ -1 & 1 & 1 & -1 & -1 & 2 \\ 0 & 1 & 0 & -1 & 0 & 1 \end{pmatrix}.$$

注意到, 由于 $\alpha\beta-\gamma\delta=0$, 本节所述求逆矩阵的方法失效.

例 2.4.5 如果矩阵 A_n 中的元素 $n=5, a=c=1, b=-1, \alpha=0, \beta=\delta=-1, \gamma=1$. 则

$$\rho=1,\quad \alpha\beta-\gamma\delta=1\neq 0,\quad \gamma+\delta=0,\quad \cos\phi=\frac{1}{2},$$
$$\sin\phi=\sin 2\phi=\frac{\sqrt{3}}{2},\quad \sin 3\phi=\sin 6\phi=0,\quad \sin 4\phi=\sin 5\phi=-\frac{\sqrt{3}}{2},$$

可求得 $\Delta=\frac{3}{2}$, 逆矩阵存在, 根据定理 2.4.7 可知

$$g_j^{(k)}=\frac{1}{\Delta}\times\begin{cases}(\sin(5-k)\phi+\sin(6-k)\phi)(\sin(j-1)\phi-\sin j\phi), & j<k,\\ (\sin(5-j)\phi+\sin(6-j)\phi)(\sin(k-1)\phi-\sin k\phi)-\frac{\sqrt{3}}{2}\sin(k-j)\phi, & j\geqslant k,\end{cases}$$

因此, 逆矩阵为

$$\begin{pmatrix}0&1&0&0&0\\1&-1&1&0&0\\0&1&-1&1&0\\0&0&1&-1&1\\-1&0&0&1&-2\end{pmatrix}^{-1}=\frac{1}{2}\begin{pmatrix}2&1&-1&-2&-1\\2&0&0&0&0\\0&1&1&2&1\\-2&1&3&2&1\\-2&0&2&2&0\end{pmatrix}.$$

例 2.4.6 考虑具有 Neumann 边界条件的离散方程

$$\begin{cases}\Delta^2 x_{i-1}+\lambda x_i=0,\\ x_1=x_0, x_n=x_{n+1}.\end{cases}$$

上述问题的矩阵 A_n 可以写为

$$A_n=\begin{pmatrix}1&-1&0&0&\cdots&0&0&0\\-1&2&-1&0&\cdots&0&0&0\\0&-1&2&-1&\cdots&0&0&0\\0&0&-1&2&\cdots&0&0&0\\\vdots&\vdots&\vdots&\vdots&&\vdots&\vdots&\vdots\\0&0&0&0&\cdots&-1&2&-1\\0&0&0&0&\cdots&0&-1&1\end{pmatrix}.$$

其中,

$$a=c=-1,\quad b=2,\quad \alpha=\beta=0,\quad \gamma=\delta=-1,\quad \rho=1.$$

则

$$a=c=-1\neq 0,\quad \alpha\beta-\gamma\delta=-1\neq 0,$$

符合定理 2.4.5 中的情况 (2). 因此,

$$\theta_k=\frac{k-1}{n}\pi,\quad k=1,2,\cdots,n,\quad \lambda_k=2-2\cos\frac{k-1}{n}\pi,\quad k=1,2,\cdots,n,$$

对应于 λ_k 的特征向量为

$$u_j^{(k)}=\sin(j-1)\cdot\frac{k-1}{n}\cdot\pi-\sin j\frac{k-1}{n}\pi,\quad j=1,2,\cdots.$$

例 2.4.7 考虑具有 Dirichlet 边界条件的离散方程

$$\begin{cases}\Delta^2 x_{i-1}+\lambda x_i=0,\\ x_{n+1}=x_0=0.\end{cases}$$

上述问题的矩阵 A_n 可以写为

$$A_n=\begin{pmatrix}2&-1&0&0&\cdots&0&0&0\\-1&2&-1&0&\cdots&0&0&0\\0&-1&2&-1&\cdots&0&0&0\\0&0&-1&2&\cdots&0&0&0\\\vdots&\vdots&\vdots&\vdots&&\vdots&\vdots&\vdots\\0&0&0&0&\cdots&-1&2&-1\\0&0&0&0&\cdots&0&-1&2\end{pmatrix}.$$

其中,

$$a=c=-1,\quad b=2,\quad \alpha=\beta=\gamma=\delta=0,\quad \rho=1.$$

则

$$a=c=-1\neq 0,\quad \alpha\beta-\gamma\delta=0,$$

符合定理 2.4.3 中的情况 (5). 因此,

$$\theta_k=\frac{k\pi}{n+1},\quad k=1,2,\cdots,n;\quad \lambda_k=2-2\cos\frac{k\pi}{n+1},\quad k=1,2,\cdots,n,$$

对应于 λ_k 的特征向量为

$$u_j^{(k)}=-\sin j\frac{k\pi}{n+1},\quad j=1,2,\cdots.$$

第3章　两点或多点边值问题解的存在性

如前所述, 耦合映射格与格微分方程近年来已经被广泛关注, 这其中也出现了大量的结果. 这毫无疑问会给应用工作者提供研究问题的理论工具. 然而, 就作者所知, 研究的模型大多数来自对应反应扩散方程的离散化形式. 众所周知, 在离散过程中离散误差是不可避免的. 那么, 研究者为何不直接从实际背景中建立耦合映射格与格微分方程呢? 基于这一思路, 3.1 节和 3.2 节将从理论上直接构造一些模型. 所构造模型的多数尽管从形式上与对应反应扩散方程的离散化形式相似, 然而它可以给研究者提供一个研究问题的明晰思路. 也就是说从中可以知道哪一些问题可以研究, 而哪一些问题仅仅为数学游戏. 本书所做研究也正是在这一思路的引导下完成的. 模型的建立仅仅是通过热扩散完成, 事实上也可以通过其他问题实现, 如经济、信息、神经网络等. 另外, 3.3 节将重点研究推导出的三点或多点边值问题的可解性.

3.1　离散反应扩散模型的建立

3.1.1　耦合映射格

假设有无穷多带热量的金属小球, 置于绝热无限长管道内. 自然地, 它们将进行热交换. 现将小球进行编号并设离散时刻 t 在 i 位置上小球的温度为 u_i^t. 如果在 t 时刻 i 位置小球的温度低于 $i-1$ 位置小球的温度, 那么从时刻 t 到时刻 $t+1$ 位置 $i-1$ 小球的热量自然要流向 i 位置小球. 同样的道理, $i+1$ 位置也会流入 i 位置. 根据牛顿冷却定律可以获得如下热扩散方程:

$$u_i^{t+1} - u_i^t = r\left(u_{i-1}^t - u_i^t\right) + r\left(u_{i+1}^t - u_i^t\right), \tag{3-1}$$

或者

$$\Delta_1 u_i^t = r\Delta_2^2 u_{i-1}^t, \tag{3-2}$$

其中 r 是牛顿冷却常数, Δ_1 和 Δ_2 分别为向前差分算子. 即

$$\Delta_1 u_i^t = u_i^{t+1} - u_i^t, \quad \Delta_2 u_i^t = u_{i+1}^t - u_i^t, \quad \Delta_2^2 u_i^t = \Delta_2(\Delta_2 u_i^t).$$

由于 (3-1) 或 (3-2) 是一递推关系, 当给定初始温度分布时解的存在唯一性是显然的. 事实上, 当给定初始温度

$$u_i^0 = \varphi_i, \quad i \in \{\cdots, -1, 0, 1, \cdots\} = \mathbf{Z}, \tag{3-3}$$

可以计算

$$\cdots, u_{-2}^1, u_{-1}^1, u_0^1, u_1^1, u_2^1, \cdots, u_{-1}^2, u_0^2, u_1^2, \cdots. \tag{3-4}$$

在模型 (3-1) 或 (3-2) 中, 没有考虑热源问题. 事实上, 在现实中会出现人为添加热源或者自然温度耗散. 一个更为现实的热扩散模型应该是

$$\Delta_1 u_i^t = r\Delta_2^2 u_{i-1}^t + f_i\left(u_i^t\right) - g_i\left(u_i^t\right), \quad i \in \mathbf{Z}, t \in \mathbf{N}. \tag{3-5}$$

时滞有时不可避免. 因此, 也应该考虑方程

$$\Delta_1 u_i^t = r\Delta_2^2 u_{i-1}^t + f_i\left(u_i^{t-\iota}\right) - g_i\left(u_i^{t-\sigma}\right), \quad i \in \mathbf{Z}, t \in \mathbf{N}. \tag{3-6}$$

如果希望将 i 位置在 t 时刻的温度控制的与前面 $t-\xi$ 时刻的温度有一种关系, 也许应该考虑中立型时滞偏差分方程. 因此, 一个更一般的模型应该是

$$\begin{aligned}\Delta_1^m\left(u_i^t - p(t)\, u_i^{t-\xi}\right) = & \; a(t)\,\Delta_2^2 u_{i-1}^t + b(t)\, f_i\left(u_i^{t-\iota}\right) \\ & - c(t)\, g_i\left(u_i^{t-\sigma}\right) + h(t), \quad i \in \mathbf{Z}, t \in \mathbf{N}.\end{aligned} \tag{3-7}$$

方程 (3-7) 表示在各位置满足相同规律的模型, 但也许在一些时刻会遵循不同于 (3-7) 扩散规律. 因此, 也应该考虑满足两分布规律的扩散模型

$$\begin{cases} \quad \Delta_1^m\left(u_i^t - p(t)\, u_i^{t-\xi}\right) & \\ = a(t)\,\Delta_2^2 u_{i-1}^t + b(t)\, f_i\left(u_i^{t-\iota}\right) - c(t)\, g_i\left(u_i^{t-\sigma}\right) + h(t), & t \in \mathbf{N}\backslash G, \\ u_i^{t+1} - u_i^t = d(t)\, u_i^t, & t \in G, \end{cases} \tag{3-8}$$

其中 $i \in \mathbf{Z}, G \subset \mathbf{N}$ 无上界.

对应地, 可以罗列出线性模型. 例如, 有

$$\Delta_1^m\left(u_i^t - p(t)\, u_i^{t-\xi}\right) = a(t)\,\Delta_2^2 u_{i-1}^t + b(t)\, u_i^{t-\iota} - c(t)\, u_i^{t-\sigma} + h(t), \quad i \in \mathbf{Z}, t \in \mathbf{N}. \tag{3-9}$$

3.1.2　格微分方程

在如上的建模中, 假设时间是离散的. 一方面主要考虑到在现实中确实如此, 如人口种群模型等. 特别对于寿命短世代不重叠的种群而言, 用离散模型刻画则更为精确, 参见文献 [25]~[33]. 另一方面, 即使问题本身是连续时间问题, 但数据收集是在离散时间完成的, 如海浪海风测试等问题. 显然, 如上的方程可以称作耦合映射格. 然而, 热扩散在连续时间完成. 因此, 应该建立连续时间离散空间模型. 类似的思想, 可以获得格微分方程模型. 例如, 对应于 (3-1), (3-2) 可以写成格微分方程

$$u_i' = r\Delta^2 u_{i-1}(t), \quad t \geqslant 0, i \in \mathbf{Z}, \tag{3-10}$$

其中 $\Delta^2 u_{i-1}(t) = u_{i+1}(t) - 2u_i(t) + u_{i-1}(t)$. 而 (3-5) 的对应形式是

$$u_i'(t) = r\Delta^2 u_{i-1}(t) + f_i(u_i(t)) - g_i(u_i(t)), \quad t \geqslant 0, i \in \mathbf{Z}. \tag{3-11}$$

其他的情况就不一一列举, 在后边遇到时再给予说明.

3.1.3 边界条件的附加

现在假设有 n 个带有不同热量的金属小球置于绝热管道内, 类似的方法可以建立模型

$$\Delta_1 u_i^t = r\Delta_2^2 u_{i-1}^t + f_i\left(u_i^t\right) - g_i\left(u_i^t\right), \quad t \in \mathbf{N}, i = 1, 2, \cdots, n. \tag{3-12}$$

这时, 边界条件必须要附加. 如果假设在位置 0 和位置 $n+1$ 分别有一座冰山, 自然地可以附加 Dirichlet 边界条件

$$u_0^t = 0 = u_{n+1}^t, \quad t \in \mathbf{N}. \tag{3-13}$$

如果 n 个带有不同热量的金属小球置于绝热管道环上进行热扩散, 周期边界条件

$$u_0^t = u_n^t, \quad u_1^t = u_{n+1}^t, \quad t \in \mathbf{N} \tag{3-14}$$

应该被附加.

在热扩散过程中, 人们往往希望观察或跟踪一些位置小球的温度. 如由位置 0 和位置 $n+1$ 分别观测位置 l 和位置 m 小球的温度, 边界条件

$$u_0^t = h\left(u_l^t\right), \quad u_{n+1}^t = g\left(u_m^t\right), \quad t \in \mathbf{N} \tag{3-15}$$

自然要附加. 当然, 也可以从边界控制的角度给予解释.

由于 (3-15) 包含了 (3-13) 和 (3-14) 及三点边界条件, 因此可以称 (3-15) 为广义边界条件.

当然, 也可以在位置 0 和 $n+1$ 分别加入一个控制温度 ϕ^t 和 ψ^t, 那么边值条件自然就转化为

$$u_0^t = \phi^t, \quad u_{n+1}^t = \psi^t, \quad t \geqslant 0. \tag{3-16}$$

如上边界条件的附加主要是针对耦合映射格设立的, 对于格微分方程可以类似处理.

3.1.4 模型的向量表示

现在记无穷维向量

$$u^t = \left(\cdots, u_{-1}^t, u_0^t, u_1^t, \cdots\right)^{\mathrm{T}},$$

$$F\left(u^{t-\tau}\right)=\left(\cdots,f_{-1}\left(u_{-1}^{t-\tau}\right),f_0\left(u_0^{t-\tau}\right),f_1\left(u_1^{t-\tau}\right),\cdots\right)^{\mathrm{T}},$$

$$G\left(u^{t-\sigma}\right)=\left(\cdots,g_{-1}\left(u_{-1}^{t-\sigma}\right),g_0\left(u_0^{t-\sigma}\right),g_1\left(u_1^{t-\sigma}\right),\cdots\right)^{\mathrm{T}}$$

和无穷三对角矩阵

$$A=\begin{pmatrix}\cdots & & & & \cdots\\ & -2 & 1 & 0 & \\ & 1 & -2 & 1 & \\ & 0 & 1 & -2 & \\ \cdots & & & & \cdots\end{pmatrix}.$$

那么, 方程 (3-6) 可以写成系统

$$u^{t+1}-u^t=rAu^t+F\left(u^{t-\tau}\right)-G\left(u^{t-\sigma}\right),\quad t\in\mathbf{N}. \tag{3-17}$$

类似地, 方程 (3-5), (3-7)~(3-9) 也可以写成向量形式.

令 $\mu=\max\{\tau,\sigma\}$, 当给定初始分布

$$u^{-\mu}=\varphi^{-\mu},\quad u^{-\mu+1}=\varphi^{-\mu+1},\cdots,u^0=\varphi^0,$$

由 (3-17) 可以直接计算

$$u^1=u^0+rAu^0+F\left(u^{-\tau}\right)-G\left(u^{-\sigma}\right),$$

$$u^2=u^1+rAu^1+F\left(u^{-\tau+1}\right)-G\left(u^{-\sigma+1}\right),$$

$$\cdots$$

因此, (3-17) 解的存在唯一性是显然的.

令

$$u^t=\left(u_1^t,u_2^t,\cdots,u_n^t\right)^{\mathrm{T}},$$

$$F\left(u^t\right)=\left(f_1\left(u_1^t\right),f_2\left(u_2^t\right),\cdots,f_n\left(u_n^t\right)\right)^{\mathrm{T}},$$

$$G\left(u^t\right)=\left(g_1\left(u_1^t\right),g_2\left(u_2^t\right),\cdots,g_n\left(u_n^t\right)\right)^{\mathrm{T}},$$

$$B=\begin{pmatrix}-2 & 1 & 0 & \cdots & 0\\ 1 & -2 & 1 & \cdots & 0\\ \vdots & \vdots & \vdots & & \vdots\\ 0 & \cdots & 1 & -2 & 1\\ 0 & \cdots & 0 & 1 & -2\end{pmatrix}_{n\times n}$$

和

$$C=\begin{pmatrix} -2 & 1 & 0 & \cdots & 1 \\ 1 & -2 & 1 & \cdots & 0 \\ \vdots & \vdots & \vdots & & \vdots \\ 0 & \cdots & 1 & -2 & 1 \\ 1 & \cdots & 0 & 1 & -2 \end{pmatrix}_{n\times n}.$$

那么, (3-12)~(3-13) 可以写成向量形式

$$u^{t+1}-u^{t}=rBu^{t}+F\left(u^{t}\right)-G\left(u^{t}\right),\quad t\in\mathbf{N}. \tag{3-18}$$

而 (3-12)~(3-14) 可以写成向量形式

$$u^{t+1}-u^{t}=rCu^{t}+F\left(u^{t}\right)-G\left(u^{t}\right),\quad t\in\mathbf{N}. \tag{3-19}$$

(3-18) 和 (3-19) 解的存在唯一性是显然的.

对于时滞格微分方程

$$\begin{cases} u_i'(t)=r\Delta^2u_{i-1}(t)+f_i\left(u_i\left(t-\tau\right)\right)-g_i\left(u_i\left(t-\sigma\right)\right), & t\geqslant 0, i=1,2,\cdots,n, \\ u_0(t)=0=u_{n+1}(t), & t\geqslant -\max\left\{\tau,\sigma\right\}. \end{cases} \tag{3-20}$$

令

$$u(t)=\left(u_1(t),u_2(t),\cdots,u_n(t)\right)^{\mathrm{T}},$$

$$F\left(u\left(t-\tau\right)\right)=\left(f_1\left(u_1\left(t-\tau\right)\right),\cdots,f_n\left(u_n\left(t-\tau\right)\right)\right)^{\mathrm{T}},$$

$$G\left(u\left(t-\sigma\right)\right)=\left(g_1\left(u_1\left(t-\sigma\right)\right),\cdots,g_n\left(u_n\left(t-\sigma\right)\right)\right),$$

(3-20) 可以写成系统

$$u'(t)=rBu(t)+F\left(u\left(t-\tau\right)\right)-G\left(u\left(t-\sigma\right)\right). \tag{3-21}$$

关于 (3-21) 的存在唯一性参见文献 [30], [200].

3.1.5 关于模型的进一步说明

在模型 (3-1) 的建立中, 已经假设了热扩散是对称的. 但事实上由于环境等因素的影响这是不现实的, 因此应该是

$$u_i^{t+1}-u_i^{t}=\alpha\left(u_{i-1}^{t}-u_i^{t}\right)+\beta\left(u_{i+1}^{t}-u_i^{t}\right). \tag{3-22}$$

一般地, 有

$$u_i^{t+1}=au_{i-1}^{t}+bu_i^{t}+cu_{i+1}^{t}. \tag{3-23}$$

对应地, 可以建立前面类似的模型.

另外, 也许热扩散不只和相邻小球有关. 这样一来, 也可以写出更加一般的模型, 而对应的前面所列向量形式中的矩阵也要作对应变化.

当然, 模型也可以从对应的偏微分方程通过标准的差分逼近获得. 另外, 也可以通过贸易问题、生物种群、神经网络、电子电路等获得. 例如, 可以假设有 n 个国家, 而相邻两国进行贸易往来, 那么第 i 个国家在 t 时刻的财富可以记为 u_i^t, 其财富增长可表示为

$$u_i^{t+1}-u_i^t=\alpha\left(u_{i-1}^t-u_i^t\right)+\beta\left(u_{i+1}^t-u_i^t\right).$$

如果这 n 个国家构成一个贸易圈, 那么周期边值条件自然被附加.

当贸易往来不只与相邻国家有关时, 自然可以建立更加一般的模型. 这里将省略它们的描述.

3.2 反应扩散模型的稳态方程

所谓反应扩散的稳态即反应扩散的极限状态. 在这种情况下, 方程与时间变量无关.

3.2.1 三点或多点边值问题

反应扩散问题 (3-12)~(3-15) 或 (3-11)~(3-15) 的稳态将满足方程

$$\begin{cases} r\Delta^2 u_{i-1}+f_i\left(u_i\right)-g_i\left(u_i\right)=0, & i\in[1,n], \\ u_0=h\left(u_l\right), & u_{n+1}=g\left(u_m\right), \end{cases} \tag{3-24}$$

其中, $l,m\in[1,n]$ 是固定的整数, f_i,g_i,h,g 是合适的函数. 特别地, 我们有三点边值问题

$$\begin{cases} \Delta^2 u_{i-1}+f\left(u_i\right)=0, & i\in[1,n], \\ u_0=0, & u_{n+1}=au_l, \end{cases} \tag{3-25}$$

或者

$$\begin{cases} \Delta^2 u_{i-1}+f\left(u_i\right)=0, & i\in[1,n], \\ u_0=0, & u_{n+1}-au_l=b. \end{cases} \tag{3-26}$$

其中 $l\in[1,n]$, a 和 b 是正的常数, $f\in C\left(\mathbf{R}^+,\mathbf{R}^+\right)$.

3.2.2 第一类非线性代数系统

许多应用问题可化为非线性代数系统

$$Au=\lambda F\left(u\right) \tag{3-27}$$

解的存在性. 其中 λ, u, F 如前定义, 而 A 是 $n \times n$ 实矩阵且存在正的对角矩阵 D 使得矩阵 DA 是正定的.

1. **二阶 Dirichlet 问题**

二阶边值问题

$$\begin{cases} \Delta^2 u_{i-1} + \lambda f_i(u_i) = 0, \quad i = 1, 2, \cdots, n, \\ u_0 = 0 = u_{n+1}, \end{cases} \tag{3-28}$$

已经被广泛研究. 请看 Kelley 和 Peterson 的专著 [34]. 二阶差分方程的边值问题可以看成是对应二阶常微分方程的离散形式, 看文献 [19]~[23]. 因此, 近年来人们通过类似二阶常微分方程边值问题的研究方法解决了大量的问题. 此方法也就是将边值问题通过构造 Green 函数转化为对应的和方程, 然后利用非线性泛函分析的知识达到求解的目的, 这方面的工作参看文献 [35]~[50] 及其参考文献等, 如特征值问题看文献 [37], [39], [41], [42], 解的存在唯一性参见文献 [35], 奇异边值问题看文献 [37], [39], 多个正解的存在性工作看文献 [45], [46] 等. 事实上, 问题 (3-28) 可以表达成非线性代数系统 (3-27).

可以重写 (3-28) 的第一个方程并利用边界条件有

$$\begin{cases} -2u_1 + u_2 + \lambda f_1(u_1) = 0, \\ u_1 - 2u_2 + u_3 + \lambda f_2(u_2) = 0, \\ \qquad\quad \vdots \\ u_{n-2} - 2u_{n-1} + u_n + \lambda f_{n-1}(u_{n-1}) = 0, \\ u_{n-1} - 2u_n + \lambda f_n(u_n) = 0. \end{cases} \tag{3-29}$$

现在令

$$u = (u_1, u_2, \cdots, u_n)^{\mathrm{T}},$$

$$F(u) = (f_1(u_1), f_2(u_2), \cdots, f_n(u_n))^{\mathrm{T}},$$

$$A = \begin{pmatrix} 2 & -1 & 0 & \cdots & 0 \\ -1 & 2 & -1 & \cdots & 0 \\ & \cdots & & \cdots & \\ 0 & \cdots & -1 & 2 & -1 \\ 0 & \cdots & 0 & -1 & 2 \end{pmatrix}_{n\times n}.$$

这时, (3-27) 并且如此的系数矩阵是正定的.

2. 四阶与偶数阶差分方程

四阶差分方程的 Dirichlet 特征值问题:

$$\begin{cases} \Delta^4 u_{i-2} - \lambda f_i(u_i) = 0, & i = 1, 2, \cdots, n, \\ u_{-2} = u_{-1} = u_0 = 0 = u_{n+1} = u_{n+1} = u_{n+1} \end{cases}$$

已经被许多学者研究, 如可以参看文献 [24], [51], [52], [110]. 然而它也可以被写成 (3-27), 其中,

$$A = \begin{pmatrix} 6 & -4 & 1 & & \cdots & & 0 & 0 & 0 \\ -4 & 6 & -4 & 1 & \cdots & & & 0 & 0 \\ 1 & -4 & 6 & -4 & & & & & \\ 0 & 1 & -4 & 6 & & & & & \\ & & \cdots & & \cdots & & & & \\ & & & & & 6 & -4 & 1 & 0 \\ & & & & & -4 & 6 & -4 & 1 \\ 0 & 0 & 0 & & \cdots & 1 & -4 & 6 & -4 \\ 0 & 0 & 0 & & \cdots & 0 & 1 & -4 & 6 \end{pmatrix}_{n\times n}$$

是正定的. 类似地, 也可以将偶数阶差分方程的边值问题化成系统 (3-27), 请看文献 [53]~[58].

3. 偏差分方程

偏差分方程的边值问题发生在许多椭圆方程求解中 (也可以通过分布在平面格子点上的热扩散获得), 看文献 [34] 的第一章, 也可以参考文献 [35]. 现假设 S 为平面格点构成的有界区域, ∂S 为 S 的外边界, 离散 Laplace 算子定义为

$$Du(i,j) = u(i+1,j) + u(i-1,j) + u(i,j+1) + u(i,j-1) - 4u(i,j).$$

通常, Dirichlet 特征值问题可以写为

$$\begin{cases} Du(w) + \lambda f_w(u(w)) = 0, & w \in S, \\ u(w) = 0, & w \in \partial S. \end{cases} \tag{3-30}$$

看文献 [24]. 利用特征值方法、压缩映射原理和上下解技巧, 文献 [24], [35], [58], [59] 研究了 (3-30) 正解的存在性. 关于 (3-30) 对应的连续模型的研究情况看文献 [61]~[63] 及其参考资料.

问题 (3-30) 也可以被表示成 (3-27), 看文献 [35]. 现将 S 中的点进行重新编号并记作 $z_1, z_2, \cdots, z_n$, 矩阵 $A = (a_{ij})_{n\times n}$, 其中当 z_i 和 z_j 的 Euclidean 距离为 1 时

$a_{ij}=1$, 否则 $a_{ij}=0$. 那么, (3-30) 可以写成

$$(4I-A)\,u=\lambda G\,(u)\,, \tag{3-31}$$

其中, $u=(u\,(z_1)\,,u\,(z_2)\,,\cdots,u\,(z_n))^{\mathrm{T}}$, $G\,(u)=(f_{z_1}\,(u\,(z_1))\,,\cdots,f_{z_n}\,(u\,(z_n)))^{\mathrm{T}}$. 而矩阵 $4I-A$ 是正定的.

4. *反周期解*

关于二阶微分方程

$$x''(t)+f(t,x(t))=0,\quad t\in\mathbf{R}, \tag{3-32}$$

反周期解的存在问题已经有大量的研究工作, 如参看文献 [64]~[67]. 众所周知 (3-32) 通过数值逼近可以写成二阶差分方程

$$\Delta^2 x_{n-1}+\lambda f(n,x_n)=0,\quad n\in\mathbf{Z}, \tag{3-33}$$

其中 λ 是一个正的参数, $f:\mathbf{Z}\times\mathbf{R}\to\mathbf{R}$ 关于第二变量连续且对任何的 $u\in\mathbf{R}$ 和 $n\in\mathbf{Z}$ 满足 $f(n+\omega,u)=f(n,u)$, ω 是一个正整数. 对于任意的正整数 p, $p\omega$-反周期解的存在性首先在文献 [68] 中研究. 然而, 在文献 [68] 中并未发现 (3-33) 反周期解的存在性可以转化为 (3-27).

一个实数列 $\{x_n\}$ 被称作是 T 反周期的, 如果对任意的 $n\in\mathbf{Z}$ 满足 $x_{n+T}=-x_n$. (3-33) 的一个解是实数列 $x=\{x_n\}$, 它在集合 $\mathbf{Z}$ 上满足 (3-33). 对于任意的正整数 p, 来考虑 (3-33) 的 $p\omega$-反周期解. 为了避免退化的情况, 假设 $p\omega>1$.

由 (3-33) 可知

$$\Delta^2 x_{n+p\omega-1}+\lambda f(n+p\omega,x_{n+p\omega})=0,$$

$$-\Delta^2 x_{n-1}+\lambda f(n,-x_n)=0,$$

$$\Delta^2 x_{n-1}+\lambda f(n,x_n)=0.$$

这蕴涵着

$$f(n,-x_n)=-f(n,x_n),\quad n\in\mathbf{Z}.$$

由此可见, 当考虑 (3-33) 的反周期解的存在性时, 对 f 的奇性必须要求. 这里假设 f 满足 $f(n,-u)=-f(n,u),n\in\mathbf{Z},u\in\mathbf{R}$.

现在设 $x=\{x_n\}$ 是 (3-33) 的一个 $p\omega$-反周期解, 那么

$$x_0=-x_{p\omega},\quad x_1=-x_{p\omega+1},$$

$$
\begin{cases}
-x_{p\omega} - 2x_1 + x_2 + \lambda f(1, x_1) = 0, \\
x_1 - 2x_2 + x_3 + \lambda f(2, x_2) = 0, \\
\qquad\qquad \vdots \\
x_{p\omega-1} - 2x_{p\omega} - x_1 + \lambda f(p\omega, x_{p\omega}) = 0.
\end{cases}
\tag{3-34}
$$

(3-34) 可以表达成 (3-27), 其中,

$$
A = \begin{pmatrix}
2 & -1 & 0 & \cdots & 1 \\
-1 & 2 & -1 & \cdots & 0 \\
 & \cdots & & \cdots & \\
0 & \cdots & -1 & 2 & -1 \\
1 & \cdots & 0 & -1 & 2
\end{pmatrix}_{p\omega \times p\omega}.
$$

这个矩阵是正定的. 因为对于一组不全为零的数 $x_1, x_2, \cdots, x_{p\omega}$, 有

$$
\begin{aligned}
I(u) &= \frac{1}{2} X^{\mathrm{T}} A X \\
&= x_1^2 + x_2^2 + \cdots + x_{p\omega}^2 - x_1 x_2 - x_2 x_3 - \cdots - x_{p\omega-1} x_{p\omega} + x_1 x_{p\omega} \\
&= \frac{1}{2}\left[(x_1 - x_2)^2 + (x_2 - x_3)^2 + \cdots + (x_{p\omega-1} - x_{p\omega})^2\right] + \frac{1}{2}(x_1 + x_{p\omega})^2 > 0.
\end{aligned}
$$

5. **复杂神经网络的平衡方程**

一个传统的复杂网络可以通过一个随机图来描述, 它首先由 Erdös 和 Renyi 在文献 [69], [70] 中给予描述, 因此也就称为 E-R 模型. E-R 模型是一个古老且至今仍为描述正规网络的最好数学模型, 它主要利用随机图来描述网络中的每个结点连接满足 Poisson 分布

$$
P(k) \approx \mathrm{e}^{-\langle k \rangle} \frac{\langle k \rangle^k}{k_i},
\tag{3-35}
$$

其中 $\langle k \rangle$ 表示网络平均强度, k_i 表示第 i 个结点的连接强度.

Watts, Strogatz 和 Newman 在文献 [71]~[73] 构造了一种 “*small-word*” 模型, 这一模型建立了正规网与随机图的关系. 它称作 W-S-N 模型. 然而, 网络的连接开始时也许仅仅小量的接点. 因此, 在文献 [74], [75] 建立了 B-A 模型. 假设网络开始有 m_0 个连接并假设每经过一个时间段新增连接 m, $\prod(k_i)$ 为新增连接与 i 连接的概率, 它满足

$$
\prod(k_i) = \frac{k_i}{\sum_j k_j}.
\tag{3-36}
$$

经过 t 时间步后, 得到网络有 $N = t + m_0$ 接点和 mt 连接. 这时, 网络进入稳定状态且其连接强度满足 $P(k) \approx 2m^2 k^{-\gamma_{BA}}$, γ_{BA} 是一个常数. 在这种情况下这个网络称作 “*scale-free*”.

随着互联网的快速发展, 人们可以随时随地上网, 而整个网络由众多子网构成, 因此, 大型网络往往由若干子网组合而成. 文献 [76] 中建立了一个大型网络模型. 假设由 N 个子网构成的一个网络系统, 而在每个子网中又有 m 个接点, 它们满足系统

$$x_i'(t) = f(x_i) + \sum_{j=1, j\neq i}^{N} c_{ij} a_{ij} \Gamma(x_j - x_i), \quad i = 1, 2, \cdots, N, \tag{3-37}$$

其中 $x_i = (x_{i1}, x_{i2}, \cdots, x_{im})^{\mathrm{T}} \in \mathbf{R}^m$ 是子网接点 i 状态变量, 常数 $c_{ij} > 0$ 表示接点 i 和 j 的连接强度, 矩阵 $\Gamma = (\tau_{ij}) \in \mathbf{R}^{m\times m}$ 表示子网内部的连接状况. 矩阵 $A = (a_{ij}) \in \mathbf{R}^{N\times N}$ 表示子网是否与整个网络连接. 如果连接, 则 $a_{ij} = a_{ji} = 1$, 否则 $a_{ij} = a_{ji} = 0$. 记

$$\sum_{j=1, j\neq i}^{N} a_{ij} = \sum_{j=1, j\neq i}^{N} a_{ji} = k_i, \quad i = 1, 2, \cdots, N,$$

并设对角线元素满足 $a_{ii} = -k_i, \quad i = 1, 2, \cdots, N$, 那么 (4-37) 可再写成

$$X' = -DX + F(X), \tag{3-38}$$

其中 $X = (x_1, x_2, \cdots, x_{mN})^{\mathrm{T}}$ 为状态向量, $F(X)$ 为 mN 维函数值向量, $D = (d_{ij})_{mN\times mN}$ 是一个 $mN \times mN$ 矩阵, 它是非负定的.

在 (3-38) 中, 如果子系统满足 Hopfield 网, 我们有

$$x_i'(t) = -\alpha_i x + f(x_i) + \sum_{j=1, j\neq i}^{N} c_{ij} a_{ij} \Gamma(x_j - x_i), \quad i = 1, 2, \cdots, N,$$

其中 $\alpha_i > 0$. 这时, 其平衡方程线性部分的矩阵 $A = \alpha I + D$ 是正定的.

最后, 要说明的是在 (4-27) 中的系数矩阵可以是非对称的. 事实上, (3-22) 的稳态方程就是一个很好的例子. 也有许多边值问题的离散模型 [22] 和神经网络的稳态方程 [201] 具有这样的特点. 然而, 它们总存在一个正对角矩阵 D 使得 DA 是正定的. 例如, 考虑两点边值问题:

$$\begin{cases} -\dfrac{\mathrm{d}}{\mathrm{d}t}\left(p(t)\dfrac{\mathrm{d}x}{\mathrm{d}t}\right) + r(t)\dfrac{\mathrm{d}x}{\mathrm{d}t} + q(t)x = f(t, x), \quad t \in (0, 1), \\ x(0) = 0 = x(1), \end{cases} \tag{3-39}$$

其中, $p(t) \in C'[0, 1], p(t) \geqslant p_{\min} > 0,\ r, q \in C[0, 1], q(t) \geqslant 0, f \in C[0, 1] \times \mathbf{R}$. 通过有

限差分逼近 [19]~[22], 可以获得系统 (3-27), 其中

$$A=\begin{pmatrix} b_1 & -c_1 & 0 & \cdots & 0 \\ -a_2 & b_1 & -c_2 & \cdots & 0 \\ & \cdots & & \cdots & \\ 0 & \cdots & -a_{n-1} & b_{n-1} & -c_{n-1} \\ 0 & \cdots & 0 & -a_n & b_n \end{pmatrix}.$$

当 n 足够大的时候, 由方程 (3-39) 满足的条件, 有 $a_i, b_i, c_i > 0 (i \in [1, n])$, $b_i \geqslant a_i + c_i (i \in [2, n-1])$, $b_1 > c_1, b_n > a_n$.

令

$$d_1 = 1, \quad d_k = \prod_{i=1}^{k-1} \frac{c_i}{a_{i+1}}, \quad k \in [2, n],$$

可以证明 DA 是正定的.

3.2.3 第二类非线性代数系统

许多应用问题可化为非线性代数系统

$$Au = \lambda F(u) \tag{3-40}$$

解的存在性, 其中 λ, u, F 如前定义, 而 A 是 $n \times n$ 实矩阵且存在正的对角矩阵 D 使得矩阵 DA 是非负定的.

有关二阶微分方程

$$x''(t) + \lambda f(t, x) = 0 \tag{3-41}$$

次调和解的存在性已经被广泛研究, 请看文献 [77]~[80]. 在文献 [81] 中, 郭志敏和庾建设利用山路引理 [82] 等知识研究了二阶差分方程

$$\Delta^2 x_{n-1} + \lambda f(n, x_n) = 0 \tag{3-42}$$

次调和解的存在性, 其中 λ 是一个正的参数, 函数 $f: \mathbf{Z} \times \mathbf{R} \to \mathbf{R}$ 关于第二变量连续并存在正整数 ω 使得对任意的 $x \in \mathbf{R}$ 和 $n \in \mathbf{Z}$ 有 $f(n+\omega, x) = f(n, x)$.

方程 (3-42) 的一个次调和解是指定义在 $\mathbf{Z}$ 上的一个实数列 $\{x_n\}$ 满足方程 (3-42) 且有正整数 p 使得它是 ωp-周期的. 显然, 周期边值问题是它的特殊情况. 如此的工作是十分重要的, 它不仅确保了方程解的振动性 [25,31,32,39,83~85], 而且是周期振动的.

方程 (3-42) ωp-周期解的存在性等价于周期边值问题

$$\begin{cases} \Delta^2 x_{i-1} + \lambda f(n, x_i) = 0, & i \in [1, p\omega], \\ x_0 = x_{\omega p}, & x_1 = x_{\omega p+1} \end{cases} \tag{3-43}$$

或系统 (3-40), 其中 $x=(x_1,x_2,\cdots,x_{\omega p})^{\mathrm{T}}$, $F(x)=(f(1,x_1),\cdots,f(\omega p,x_{\omega p}))^{\mathrm{T}}$,

$$A=\begin{pmatrix} 2 & -1 & 0 & \cdots & -1 \\ -1 & 2 & -1 & \cdots & 0 \\ & \cdots & & \cdots & \\ 0 & \cdots & -1 & 2 & -1 \\ -1 & \cdots & 0 & -1 & 2 \end{pmatrix}_{\omega p\times\omega p}.$$

它是非负定的.

另外, (3-38) 平衡方程的系数矩阵 D 是非负定的. 特别地, 很多物理系统的平衡方程也满足系统 (3-40). 例如, 环上热扩散问题、四阶或偶数阶差分方程的周期边值问题、物理上称作间隔系统的稳态方程, 请参考文献 [86]~[88].

3.2.4 第三类非线性代数系统

Hammerstein 积分方程

$$\varphi(x)=\lambda\int_G K(x,y)f(\varphi(y))\,\mathrm{d}y,$$

从 20 世纪 30 年代开始已经有大量的研究结果. 参看文献 [99]~[106]. 它的离散化模型可以写成

$$u_i=\lambda\sum_{j=1}^{n}g_{ij}f(u_j),\quad i\in[1,n]$$

或向量矩阵形式

$$u=\lambda GF(u),\tag{3-44}$$

其中, G 是正的 n 阶方阵, 其他如前定义.

许多应用问题的平衡方程可以转化为 (3-44).

1. Dirichlet 问题

由 3.2.2 节内容可知, 二阶差分方程的 Dirichlet 边值问题等价于非线性系统 (3-27). 这时候, 其系数矩阵是可逆的且为正. 事实上, 这时有 $A^{-1}=G(g_{ij})$, 其中

$$g_{ij}=\begin{cases}\dfrac{j(n+1-i)}{n+1}, & 1\leqslant j\leqslant i\leqslant n,\\[2mm] \dfrac{i(n+1-j)}{n+1}, & 1\leqslant i\leqslant j\leqslant n\end{cases}$$

是正的, 看文献 [35]~[50]. 另外, 四阶差分方程 [24,51,52,110]、偶数阶差分方程 [53~58] 和偏差分方程 [24,35,58~60] 的 Dirichlet 边值问题也可以化成 (3-44).

2. 三阶差分方程

考虑三阶差分方程边值问题

$$\begin{cases} \Delta^3 u_{i-2} + \lambda f(u_i) = 0, & i = 1, 2, \cdots, n, \\ u_{-1} = u_0 = 0 = u_{n+1}, \end{cases} \tag{3-45}$$

它可以写成系统

$$Au = \lambda F(u).$$

其中, 矩阵

$$A = \begin{pmatrix} 3 & -1 & 0 & 0 & 0 & 0 & \cdots & 0 \\ -3 & 3 & -1 & 0 & 0 & 0 & \cdots & 0 \\ 1 & -3 & 3 & -1 & 0 & 0 & \cdots & 0 \\ 0 & 1 & -3 & 3 & -1 & 0 & \cdots & 0 \\ & \cdots & & & \cdots & & \cdots & \\ & \cdots & 0 & 1 & -3 & 3 & 1 & 0 \\ 0 & \cdots & & 0 & 1 & -3 & 3 & 1 \\ 0 & \cdots & & & 0 & 1 & -3 & 3 \end{pmatrix}_{n\times n}.$$

A 的逆矩阵是正的. 请看文献 [107]~[109].

3. 周期解的存在性

接下来考虑递推序列

$$x_{n+1} = a_n x_n + \lambda h_n f(x_n), \tag{3-46}$$

其中 $\{a_n\}_{n=-\infty}^{\infty}$ 是正的 ω-周期数列, $\{h_n\}_{n=-\infty}^{\infty}$ 是 ω-周期实数列, $f \in C(\mathbf{R}, \mathbf{R})$.

对于方程 (3-46) 的周期解的存在性已经被广泛研究. 例如, 可以参看文献 [111]~[116] 及其参考资料. 对任意的正整数 p 现在假设 (3-46) 有一个 $p\omega$-周期解 $\{x_n\}$, 从 (3-46) 有

$$\prod_{i=0}^{n} a_i^{-1} x_{n+1} - \prod_{i=0}^{n-1} a_i^{-1} x_n = \lambda \prod_{i=0}^{n} a_i^{-1} h_n f(x_n).$$

从 n 到 $n + p\omega - 1$ 对上式求和, 并利用周期性, 有

$$x_n = \lambda \sum_{j=n}^{n+p\omega-1} g_{nj} h_j f(x_j), \quad n \in \mathbf{Z}, \tag{3-47}$$

其中,

$$g_{nj} = \frac{\prod_{i=n}^{j} a_i^{-1}}{\prod_{i=0}^{p\omega} a_i^{-1} - 1}.$$

相反, 假设 (3-47) 有一个 $p\omega$-周期解 $\{x_n\}$, 利用周期性有

$$x_{n+1} - a_n x_n = \lambda \left\{ \sum_{j=n+1}^{n+p\omega} g_{n+1,j} h_j f(x_j) - a_n \sum_{j=n}^{n+p\omega-1} g_{nj} h_j f(x_j) \right\} = \lambda h_n f(x_n).$$

即 (3-46) 成立.

假设所有的 $p\omega$-周期序列构成的集合为 X, 它显然同构于 $R^{p\omega}$. 从而, 寻找 (3-47) 的解转化为系统 (3-44) 解的问题, 其中 $G = (g_{ij}h_j)_{p\omega\times p\omega}$, 可发现

$$\left(\prod_{i=0}^{p\omega} a_i^{-1} - 1\right) h_j > 0,$$

这蕴涵着 G 是正的.

4. 复杂神经网络的稳态方程

由 3.2.2 节可知, 一个复杂神经网络的子系统满足 Hopfield 网, 其稳态方程将化成 (3-27). 这时候, 系数矩阵是一个对角占优的 M 矩阵, 它是可逆的且其逆矩阵是正的. 看文献 [134], [135], [199].

值得注意的是并非所有的第一类代数系统都可以转化成第三类代数系统. 例如, 考虑 $n=3$ 时的反周期边值问题. 这时, 可以得到系数矩阵

$$A = \begin{pmatrix} 2 & -1 & 1 \\ -1 & 2 & -1 \\ 1 & -1 & 2 \end{pmatrix},$$

它是正定的. 然而, 它的逆矩阵是

$$A^{-1} = \frac{1}{4}\begin{pmatrix} 3 & 1 & -1 \\ 1 & 3 & 1 \\ -1 & 1 & 3 \end{pmatrix}.$$

3.3 三点或多点边值问题解的存在性

关于连续模型的三点边值问题或多点边值问题自从 20 世纪 80 年代起已经得到广泛地研究, 然而, 关于差分方程的三点边值问题结果不多. 因此, 非线性特征值问题与非线性边值问题也有待研究. 在这些问题的研究中, 将会用到非线性泛函分析知识.

在热扩散过程中, 人们往往希望观察或跟踪一些位置小球的温度. 例如, 由位置 0 和位置 $n+1$ 分别观测位置 l 和位置 m 小球的温度, 边界条件

$$u_0^t = h\left(u_l^t\right), \quad u_{n+1}^t = g\left(u_m^t\right), \quad t \in \mathbf{N}$$

自然要附加. 这时候, 热扩散的平衡方程将满足 (3-24). 本节将对其解的存在性给予研究.

3.3.1 三点边值问题

在本小节中, 将考虑特殊情况

$$\begin{cases} \Delta^2 u_{i-1} + f\left(u_i\right) = 0, \quad i \in [1, n], \\ u_0 = 0, u_{n+1} = a u_l, \end{cases} \tag{3-48}$$

或者

$$\begin{cases} \Delta^2 u_{i-1} + f\left(u_i\right) = 0, \qquad i \in [1, n], \\ u_0 = 0, u_{n+1} - a u_l = b. \end{cases} \tag{3-49}$$

其中, $l \in [1, n]$, a 和 b 是正的常数, $f \in C\left(\mathbf{R}^+, \mathbf{R}^+\right)$.

问题 (3-48) 和 (3-49) 被称作三点边值问题.

1. 一些基本事实

在本小节中, 将证明一些基本引理. 为此先考虑边值问题

$$\begin{cases} \Delta^2 x_{i-1} + y_i = 0, \qquad i \in [1, n], \\ x_0 = 0, x_{n+1} = a x_l. \end{cases} \tag{3-50}$$

引理 3.3.1 设 $al \neq n+1$, 那么对于任意的 $\{y_i\}_{i=0}^{n+1}$, 问题 (3-50) 有唯一解

$$x_k = \frac{k}{n+1-al}\left(\sum_{i=0}^{n}\sum_{j=0}^{i} y_j - a\sum_{i=0}^{l-1}\sum_{j=0}^{i} y_j\right) - \sum_{i=0}^{k-1}\sum_{j=0}^{i} y_j, \quad k \in [0, n+1]. \tag{3-51}$$

证明 由 (3-50) 有

$$\begin{cases}\Delta x_k - \Delta x_0 + \sum\limits_{i=0}^{k} y_i = 0, \\ x_k - k\Delta x_0 + \sum\limits_{i=0}^{k-1}\sum\limits_{j=0}^{i} y_j = 0, \\ x_{n+1} - (n+1)\,\Delta x_0 + \sum\limits_{i=0}^{n}\sum\limits_{j=0}^{i} y_j = 0, \\ ax_l - al\Delta x_0 + a\sum\limits_{i=0}^{l-1}\sum\limits_{j=0}^{i} y_j = 0.\end{cases} \tag{3-52}$$

于是

$$\Delta x_0 = \frac{1}{n+1-al}\left(\sum_{i=0}^{n}\sum_{j=0}^{i} y_j - a\sum_{i=0}^{l-1}\sum_{j=0}^{i} y_j\right).$$

由此及 (3-52), 得到 (3-51). 证毕.

引理 3.3.2 假设 $0 < al < n+1$ 且序列 $\{y_i\}_{i=0}^{n+1}$ 非负, 那么 (3-50) 的唯一解 $\{x_i\}_{i=0}^{n+1}$ 非负.

证明 由 $\Delta^2 x_{i-1} = -y_i \leqslant 0$ 可知序列 $\{x_i\}_{i=0}^{n+1}$ 是凸的. 因此, 如果 $x_{n+1} \geqslant 0$, 由边界条件 $x_0 = 0$ 知 $x_i \geqslant 0, i \in [1, n]$; 如果 $x_{n+1} < 0$, 蕴涵着 $x_l < 0$, $x_{n+1} = ax_l > x_l\,(n+1)\,/l$. 出现矛盾. 证毕.

引理 3.3.3 假设 $al > n+1$ 且序列 $\{y_i\}_{i=0}^{n+1}$ 非负, 那么 (3-50) 没有正解.

证明 假设 $\{x_i\}_{i=0}^{n+1}$ 是 (3-52) 的正解. 如果 $x_{n+1} > 0$, 那么 $x_{n+1}/\,(n+1) = ax_l/\,(n+1) > x_l/l$. 这矛盾于 $\{x_i\}_{i=0}^{n+1}$ 的凸性. 如果 $x_{n+1} = 0$, 则 $x_l = 0$. 这也蕴涵着矛盾. 证毕.

记 $E = \left\{x \,\middle|\, x = \{x_k\}_{k=0}^{n+1}, x_k \in \mathbf{R}\right\}$, 其上的范数为最大值范数.

引理 3.3.4 假设 $0 < al < n+1$ 且序列 $\{y_i\}_{i=0}^{n+1}$ 非负, 那么 (3-50) 的唯一非负解 $\{x_i\}_{i=0}^{n+1}$ 满足 $\min\limits_{i\in[l,n+1]} x_i \geqslant \theta\,\|x\|$, 其中,

$$\theta = \min\left\{\frac{l+1}{n+1}, \frac{a\,(n+1-l)}{n+1-al}, \frac{al}{n+1}\right\}.$$

证明 设 $k \in [0, n+1]$ 使得 $x_k = \|x\|$. 如果 $0 < a < 1$, 我们有 $x_l = x_{n+1}/a > x_{n+1}$. 在这种情况下, 有 $x_{n+1} = \min\{x_l, x_{l+1}, \cdots, x_{n+1}\}$. 如果 $k \in (0, l]$, 由 x 的凸性有

$$x_k \leqslant x_{n+1} + (x_l - x_{n+1})\,\frac{n+1}{n+1-l}$$

$$
\begin{aligned}
&= x_{n+1} + \left(\frac{x_{n+1}}{a} - x_{n+1}\right)\frac{n+1}{n+1-l} \\
&= \frac{n+1-al}{a\,(n+1-l)}\min\{x_l, \cdots, x_{n+1}\}.
\end{aligned}
$$

如果 $k \in (l, n+1)$, 由 x 的凸性有

$$
\frac{x_{n+1}}{a\,(l+1)} = \frac{x_l}{l+1} \geqslant \frac{x_k}{k+1} \geqslant \frac{x_k}{n+1}.
$$

即

$$
\min\{x_l, \cdots, x_{n+1}\} \geqslant \frac{a\,(l+1)}{n+1}\|x\|.
$$

接下来证明情况 $1 \leqslant a < (n+1)/l$. 这时, 有 $x_{n+1} \geqslant x_l$. 显然有 $k \in [l, n+1]$. 否则

$$
x_{n+1} + (x_k - x_{n+1})\frac{n+1-l}{n+1-k} > x_l
$$

矛盾于凸性. 因此有 $\min\{x_l, \cdots, x_{n+1}\} = x_l$. 由凸性及引理 3.3.2 知

$$
\frac{x_l}{l+1} \geqslant \frac{x_k}{k+1} \geqslant \frac{1}{n+1}\|x\|.
$$

证毕.

引理 3.3.5　假设存在两个不相等的正数 c 和 d, 使得

$$
\max_{0\leqslant x\leqslant c} f(x) \leqslant \frac{6\,(n+1-al)\,c}{n^2\,(n+1)\,(n+2)}, \quad \min_{\theta b\leqslant x\leqslant b} f(x) \geqslant \frac{2d\,(n+1-al)}{l\,(n+1-l)\,(n+2-l)}. \tag{3-53}
$$

那么算子

$$
(Tx)_k = \frac{k}{n+1-al}\left(\sum_{i=0}^{n}\sum_{j=0}^{i} f(x_j) - a\sum_{i=0}^{l-1}\sum_{j=0}^{i} f(x_j)\right) - \sum_{i=0}^{k-1}\sum_{j=0}^{i} f(x_j)
$$

有一个不动点 $x \in K$ 且满足 $\min\{c, d\} \leqslant \|x\| \leqslant \max\{c, d\}$, 其中

$$
K = \{x \in E\,|x_k \geqslant 0, \min\{x_l, \cdots, x_{n+1}\} \geqslant \theta\,\|x\|\}.
$$

证明　不妨假设 $c < d$. 对于 $x \in K$ 且 $\|x\| = c$, 有

$$
\begin{aligned}
(Tx)_k &= \frac{k}{n+1-al}\left(\sum_{i=0}^{n}\sum_{j=0}^{i} f(x_j) - a\sum_{i=0}^{l-1}\sum_{j=0}^{i} f(x_j)\right) - \sum_{i=0}^{k-1}\sum_{j=0}^{i} f(x_j) \\
&\leqslant \frac{k}{n+1-al}\sum_{i=0}^{n}\sum_{j=0}^{i} f(x_j)
\end{aligned}
$$

$$\leqslant \frac{n^2(n+1)(n+2)c}{6(n+1-al)} \bigg/ \frac{n^2(n+1)(n+2)}{6(n+1-al)} = c.$$

对于 $x \in K$ 且 $\|x\| = d$, 有

$$\begin{aligned}
(Tx)_k &= \frac{k}{n+1-al}\left(\sum_{i=0}^{n}\sum_{j=0}^{i} f(x_j) - a\sum_{i=0}^{l-1}\sum_{j=0}^{i} f(x_j)\right) - \sum_{i=0}^{k-1}\sum_{j=0}^{i} f(x_j) \\
&= -\frac{n+1}{n+1-al}\sum_{i=0}^{l-1}\sum_{j=0}^{i} f(x_j) + \frac{l}{n+1-al}\sum_{i=0}^{n}\sum_{j=0}^{i} f(x_j) \\
&= -\frac{n+1}{n+1-al}\sum_{i=0}^{l-1}(l-i)f(x_i) + \frac{l}{n+1-al}\sum_{i=0}^{n}(n+1-i)f(x_i) \\
&\geqslant -\frac{(n+1)l}{n+1-al}\sum_{i=0}^{l-1} f(x_i) + \frac{n+1}{n+1-al}\sum_{i=0}^{n} if(x_i) \\
&\quad + \frac{(n+1)l}{n+1-al}\sum_{i=0}^{n} f(x_i) - \frac{l}{n+1-al}\sum_{i=0}^{n} if(x_i) \\
&\geqslant \frac{(n+1)l}{n+1-al}\sum_{i=l}^{n} f(x_i) - \frac{n+1}{n+1-al}\sum_{i=l}^{n} if(x_i) \\
&= \frac{l}{n+1-al}\sum_{i=l}^{n}(n+1-l)f(x_i) \\
&\geqslant \frac{l(n+1-l)(n+2-l)}{2(n+1-al)}d \bigg/ \frac{l(n+1-l)(n+2-l)}{2(n+1-al)} = d = \|x\|.
\end{aligned}$$

由 Krasnoselskii 不动点定理得证引理成立.

2. 问题 (3-48) 的存在性

为了获得的主要结果, 先给出定理需要满足的条件:

(1) $\lim\limits_{z\to 0}\frac{f(z)}{z} = \infty$;

(2) $\lim\limits_{z\to \infty}\frac{f(z)}{z} = \infty$;

(3) $\lim\limits_{z\to 0}\frac{f(z)}{z} = 0$;

(4) $\lim\limits_{z\to \infty}\frac{f(z)}{z} = 0$;

(5) $\lim\limits_{z\to 0}\frac{f(z)}{z} = l, 0 < l < \infty$;

(6) $\lim\limits_{z\to \infty}\frac{f(z)}{z} = L, 0 < L < \infty$.

定理 3.31~ 定理 3.33 的证明类似于后边的内容, 它们的证明将在后边的章节中给出.

定理 3.3.1　设条件 (1) 和 (2) 或者 (3) 和 (4) 成立, 则系统 (3-48) 至少有两个正解.

定理 3.3.2　设条件 (1) 和 (4) 或者 (2) 和 (3) 成立, 则系统 (3-48) 至少有一个正解.

定理 3.3.3　设条件 (2) 和 (5) 或者 (1) 和 (6) 成立, 则系统 (3-48) 至少有一个正解.

3. *问题 (3-49) 的存在与不存在性*

对于问题 (3-49) 有如下结果.

定理 3.3.4　假设条件 (2) 和 (3) 成立, 那么存在正数 b^* 使得问题 (3-49) 当 $b\in[0,b^*)$ 时至少有一个正解, $b>b^*$ 时无任何正解.

证明　注意到 $h_k=k(n+1-la)$ 满足系统

$$\Delta^2 x_{k-1}=0,\quad k\in[1,n],\quad x_0=0,\quad x_{n+1}-ax_l=1,$$

因此 $\{x_k\}_{k=0}^{k=n+1}$ 是问题 (3-49) 的一个正解, 当且仅当 $u_k=x_k-bh_k$ 是非负的并且满足

$$\Delta^2 u_{k-1}+f(x_k+bh_k)=0,\quad k\in[1,n],\quad u_0=0,\quad u_{n+1}=au_l. \tag{3-54}$$

令 $\overline{f}(x)=\sup\limits_{0\leqslant s\leqslant x}f(s)$. 因为 $\lim\limits_{u\to 0}\left(\overline{f}(u)/u\right)=0$, 那么存在正数 b_1 使得 $\overline{f}(b_1+b_1\|h\|)\cdot\|p\|\leqslant b_1$, 其中 p 是问题

$$\Delta^2 x_{k-1}+1=0,\quad k\in[1,n],\quad x_0=0,\quad x_{n+1}=ax_l \tag{3-55}$$

的唯一解. 定义凸集 $D=\{x\in K\,|0\leqslant x_k\leqslant b_1\}$, 对于 $w\in D$, $u=Tw$ 是

$$\Delta^2 u_{k-1}+f(w_k+bh_k)=0,\quad k\in[1,n],\quad u_0=0,\quad u_{n+1}=au_l \tag{3-56}$$

的解. 显然 $T:D\to K$ 是全连续的.

假设 $b<b_1$, 那么 $TD\subset D$. 事实上, 由引理 3.3.2, 有

$$\begin{aligned}0\leqslant u_k=&\frac{k}{n+1-al}\left(\sum_{i=0}^{n}\sum_{j=0}^{i}f(w_j+bh_j)-a\sum_{i=0}^{l-1}\sum_{j=0}^{i}f(w_j+bh_j)\right)\\&-\sum_{i=0}^{k-1}\sum_{j=0}^{i}f(w_j+bh_j)\end{aligned}$$

$$\leqslant \overline{f}\left(b_1 + b_1 \|h\|\right)\|p\| \leqslant b_1.$$

由 Schauder 不动点定理 [99~104], T 在 D 中有不动点 u, 于是 $x_k = u_k + bh_k > 0$. 接下来证明对于足够大的 b, 问题 (3-49) 没有正解. 设 $\{x_k\}$ 是 (3-49) 的解, 那么 $u_k = x_k - bh_k$ 满足 (3-54). 由引理 3.3.4 可知 $\min\{u_l, \cdots, u_{n+1}\} \geqslant \theta \|u\|$. 因为 $h_k = k(n+1-la)$, 所以存在 $0 < \delta < 1$ 使得 $\min\{h_l, \cdots, h_{n+1}\} \geqslant \delta \|h\|$. 取 $\eta = \min\{\delta, \theta\}$, 那么

$$\min\{u_l + bh_l, \cdots, u_{n+1} + bh_{n+1}\} \geqslant \delta \|u + bh\|.$$

现在令 $\underline{f}(t) = \inf\limits_{t \leqslant s} f(s)$, 那么有

$$\begin{aligned} u_l &\geqslant \frac{l}{n+1-al}\sum_{i=l}^{n}(n+1-i)\,f(u_i + bh_i) \\ &\geqslant \frac{l}{n+1-al}\sum_{i=l}^{n}(n+1-i)\,f(\eta\|u+bh\|). \end{aligned}$$

因此,

$$\frac{f(\eta\|u+bh\|)}{\|u+bh\|} \leqslant \frac{f(\eta\|u+bh\|)}{\|u\|} \leqslant \left(\frac{1}{n+1-al}\sum_{i=l}^{n}(n+1-i)\right)^{-1}.$$

注意到 $\lim\limits_{t\to\infty}\dfrac{\underline{f}(t)}{t} = \infty$, 因此有仅依赖于 b 的正数 M 使得 $\|u+bh\| \leqslant M$. 因此, b 必须有界. Γ 记作 (3-49) 有正解的所有 b 的集合并记 $b^* = \sup\Gamma$, 则当 $b \in [0, b^*)$ 时 (3-49) 至少有一个正解. 证毕.

满足前面定理的例子特别多, 但只选择考虑方程

$$\Delta^2 x_{k-1} + \nu\left(x_k^\alpha + x_k^\beta\right) = 0, \quad k \in [1, n] \tag{3-57}$$

在满足边界条件

$$x_0 = 0, \quad x_{n+1} = ax_l, \tag{3-58}$$

或者

$$x_0 = 0, \quad x_{n+1} = ax_l + b \tag{3-59}$$

解的存在性问题. 问题 (3-57)~(3-58) 对于任何的 $\alpha, \beta \in \mathbf{R}$, $\nu > 0$ 满足定理 3.3.1~定理 3.3.3, 因此最少存在一个正解. 当 $\alpha, \beta > 1$ 时, 由定理 3. 3. 4 可知, 存在 $b^* > 0$ 使得当 $b \in [0, b^*)$ 时问题 (3-57)~(3-59) 至少存在一个正解.

3.3.2 三点特征值问题

在 3.3.1 节中, 已经讨论了两类三点边值问题正解的存在性, 特别地考虑了

$$\begin{cases} \Delta^2 u_{i-1} + f(u_i) = 0, \quad i \in [1, n], \\ u_0 = 0, u_{n+1} = a u_l. \end{cases} \tag{3-60}$$

注意到条件 $a > 0$ 是 (3-60) 有正解的必要条件. 否则, $u_l u_{n+1} \leqslant 0$. 事实上, 实数列 $\{u_i\}_{i=1}^n$ 完全可以确定 (3-60) 的一个解. 而 $u_0 = 0, u_{n+1} = a u_l$ 可以由 u_l 定义. 因此, 确定 (3-60) 仅需要定义在 $[1, n]$ 上的序列, 而 (3-60) 的一个正解仅需要 $u_i > 0$ 对于 $i \in [1, n]$ 成立且满足 (3-60).

本节中将讨论非线性特征值问题

$$\Delta^2 u_{i-1} + \lambda f_i(u_i) = 0, \quad i \in [1, n] \tag{3-61}$$

满足边界条件

$$u_0 = 0, \quad u_{n+1} = a u_l \tag{3-62}$$

的解的存在性, 其中对任意的 i, 函数 $f_i \in C(\mathbf{R}^+, \mathbf{R}^+)$, λ 是正的参数. 问题 (3-61), (3-62) 对于一个特定的 λ 的一个解是实数列 $\{u_i\}_{i=0}^{n+1}$ 满足 (3-61), (3-62). 这时称 λ 是 (3-61), (3-62) 的一个特征值, $\{u_i\}_{i=0}^{n+1}$ 称作特征解或特征向量.

(3-61), (3-62) 的一个解 $\{u_i\}_{i=0}^{n+1}$ 如果对于 $i \in [1, n]$ 满足 $x_i > 0$, 称为一个正解. 如此的说法是合理的. 事实上, 问题 (3-61),(3-62) 可以写成向量矩阵形式

$$Au = \lambda F(u). \tag{3-63}$$

其中 u 和 F 如前定义, $n \times n$ 矩阵 A 的对角上元素为 2, 超对角线上和次对角线上的元素为 -1, 第 n 行 l 列的元素为 $-a$. (3-63) 的一个正解也是 (3-61), (3-62) 的正解.

为了讨论方便, 记使得 (3-61), (3-62) 至少有一个正解所有 λ 的集合为 Γ,

$$f_{k0} = \lim_{u \to 0^+} \frac{f_k(u)}{u}, \quad f_{k\infty} = \lim_{u \to \infty} \frac{f_k(u)}{u}.$$

1. 逆矩阵与 Green 函数

当 $|a| < (n+1)/l$ 时, 矩阵 A 是可逆的. 记

$$B = \begin{pmatrix} 2 & -1 & 0 & \cdots & 0 \\ -1 & 2 & -1 & \cdots & 0 \\ & \cdots & & \cdots & \\ 0 & \cdots & -1 & 2 & -1 \\ 0 & \cdots & 0 & -1 & 2 \end{pmatrix}_{n \times n},$$

$$H=\begin{pmatrix} 0 & \cdots & 0 & \cdots & 0 \\ 0 & \cdots & 0 & \cdots & 0 \\ & \cdots & & \cdots & \\ 0 & \cdots & & & 0 \\ 0 & \cdots & -a & \cdots & 0 \end{pmatrix}_{n\times n}.$$

那么, $A=B+H$, $A^{-1}=\left(I+B^{-1}H\right)^{-1}B^{-1}$. 注意到 $B^{-1}=(g_{ij})$, 其中,

$$g_{ij}=\begin{cases} \dfrac{j\,(n+1-i)}{n+1}, & 1\leqslant j\leqslant i\leqslant n, \\ \dfrac{i\,(n+1-j)}{n+1}, & 1\leqslant i\leqslant j\leqslant n, \end{cases}$$

因此, $B^{-1}H=\dfrac{-a}{n+a}D$, 其中 $D=(d_{ij})\,,d_{il}=i$, 其他元素为零.

另外,

$$\left(I+B^{-1}H\right)^{-1}=I+\sum_{k=1}^{\infty}(-1)^k\left(B^{-1}H\right)^k,$$

$$\left(B^{-1}H\right)^k=l^{k-1}\left(\frac{-a}{n+1}\right)^k D,$$

$$\sum_{k=1}^{\infty}(-1)^k\left(B^{-1}H\right)^k=\sum_{k=1}^{\infty}l^{k-1}\left(\frac{-a}{n+a}\right)^k D=\frac{a}{n+1-al}D.$$

因此,

$$\left(I+B^{-1}H\right)^{-1}=I+\frac{1}{n+1-la}D,$$

$$A^{-1}=\left(I+B^{-1}H\right)^{-1}B^{-1}=\left(g_{ij}+\frac{ia}{n+1-al}g_{lj}\right)_{n\times n}.$$

由以上讨论可知, 当 $|a|<(n+1)/l$ 时, 系统 (3-63) 可以写为 $u=\lambda A^{-1}F(u)$ 或者

$$u_i=\lambda\sum_{j=1}^{n}\left(g_{ij}+\frac{ia}{n+1-al}g_{lj}\right)f_j(u_j),\quad i\in[1,n]. \tag{3-64}$$

自然地,

$$G(i,j)=g_{ij}+\frac{ia}{n+1-al}g_{lj},\quad i,j\in[1,n] \tag{3-65}$$

称作问题 (3-61), (3-62) 的 Green 函数.

在许多应用问题中需要获得 (3-64) 或问题 (3-61), (3-62) 的正解, 因此要求 Green 函数是正的. 接下来给出 Green 函数为正的条件.

当 $0 \leqslant a < (n+1)/l$, 易知对 $i,j \in [1,n]$ 时 $G(i,j) > 0$. 因此, 仅考虑 $a < 0$ 的情况. 注意到

$$\min_{i,j\in[1,n]} g_{ij} = \frac{1}{n+1},$$

考虑

$$\frac{1}{n+1} + \frac{an}{n+1-al} g_{lj}.$$

由 g_{lj} 的定义及

$$\begin{aligned}
&\frac{1}{n+1} + \frac{an}{n+1-al} g_{lj} \\
&= \begin{cases} \dfrac{1}{n+1}\left(1 + \dfrac{naj(n+1-l)}{n+1-al}\right), & 1 \leqslant j \leqslant l \leqslant n, \\ \dfrac{1}{n+1}\left(1 + \dfrac{nal(n+1-j)}{n+a-al}\right), & 1 \leqslant l \leqslant j \leqslant n \end{cases} \\
&\geqslant \frac{1}{n+1}\left(1 + \frac{nal(n+1-l)}{n+1-al}\right) > 0,
\end{aligned}$$

可知

$$a > -\frac{n+1}{l[n(n+1-l)-1]}.$$

引理 3.3.6　假设

$$-\frac{n+1}{l[n(n+1-l)-1]} < a < \frac{n+1}{l} \tag{3-66}$$

成立, 那么由 (3-65) 定义的 Green 函数是正的.

接下来给出 Green 函数的估计. 对于 $0 \leqslant a < (n+1)/l$, 有

$$\begin{aligned}
G(i,j) &\leqslant g_{\lceil \frac{n+1}{2} \rceil, \lceil \frac{n+1}{2} \rceil} + \frac{an}{n+1-al} g_{ll} \\
&= \frac{1}{n+1}\left(\left\lceil \frac{n+1}{2} \right\rceil \left(n+1-\left\lceil \frac{n+1}{2} \right\rceil\right) + \frac{anl(n+1-l)}{n+1-al}\right) = M, \\
G(i,j) &\geqslant \frac{1}{n+1}\left(1 + \frac{a(n+1-l)}{n+1-al}\right) = m,
\end{aligned}$$

其中 $\lceil . \rceil$ 表示最大整数部分.

当

$$-\frac{n+1}{l[n(n+1-l)-1]} < a < 0 \tag{3-67}$$

时, 有

$$G(i,j) \geqslant \frac{1}{n+1}\left(1 + \frac{nal(n+1-l)}{n+1-al}\right) = m',$$

$$G(i,j) \leqslant \frac{1}{n+1}\left(\left\lceil\frac{n+1}{2}\right\rceil\left(n+1-\left\lceil\frac{n+1}{2}\right\rceil\right)+\frac{a(n+1-l)}{n+1-al}\right)=M'.$$

接下来, 始终要求条件 (3-66) 成立并记

$$\delta=\begin{cases}\dfrac{m}{M}, & 0\leqslant a<\dfrac{n+1}{l},\\ \dfrac{m'}{M'}, & -\dfrac{n+1}{l[n(n+1-l)-1]}<a<0.\end{cases}$$

2. 一个正解的存在性

$\mathbf{R}^n$ 的范数定义为 $\|x\|=\max\limits_{i\in[1,n]} x_i$, 并记锥

$$P=\{x\in\mathbf{R}^n\,|x_i\geqslant 0, i\in[1,n]\},\quad Q=\{x\in P\,|x\geqslant\delta\|x\|\}.$$

定义算子 $T:P\to\mathbf{R}^n$ 如下:

$$Tx_i=\lambda\sum_{i=1}^{n}G(i,j)f_j(x_j),\quad i\in[1,n],\tag{3-68}$$

那么对于 $x\in P$, 有

$$\|Tx\|=\max_{i\in[1,n]}Tx_i\leqslant\begin{cases}\lambda M\displaystyle\sum_{i=1}^{n}f_j(x_j), & 0\leqslant a<\dfrac{n+1}{l},\\ \lambda M'\displaystyle\sum_{i=1}^{n}f_j(x_j), & -\dfrac{n+1}{l[n(n+1-l)-1]}<a<0,\end{cases}$$

$$Tx_i\geqslant\begin{cases}\lambda m\displaystyle\sum_{i=1}^{n}f_j(x_j), & 0\leqslant a<\dfrac{n+1}{l},\\ \lambda m'\displaystyle\sum_{i=1}^{n}f_j(x_j), & -\dfrac{n+1}{l[n(n+1-l)-1]}<a<0.\end{cases}$$

因此, $Tx_i\geqslant\delta\|Tx\|$. 即 $TP\subset Q$.

定理 3.3.5 假设对任意的 i 函数 f_i 非减且有 $k\in[1,n]$ 使得对 $u>0$ 有 $f_k(u)>0$. 那么存在 $c>0$ 使得 $(0,c]\subset\Gamma$.

证明 令 $L>0$, 记 $Q(L)=\{x\in Q\,|\|x\|\leqslant L\}$, 定义

$$c=\frac{L}{\max\limits_{i\in[1,n]}\displaystyle\sum_{j=1}^{n}G(i,j)f_j(L)}.\tag{3-69}$$

那么, 对于 $\lambda\in(0,c], x\in Q(L)$, 有

$$Tx_i\leqslant\lambda\sum_{i=1}^{n}G(i,j)f_j(L)\leqslant c\sum_{i=1}^{n}G(i,j)f_j(L).$$

由 Schauder 不动点定理可知命题成立.

定理 3.3.6 假设定理 3.3.5 的条件成立, x 是对应于 λ 的 (3-61), (3-62) 的一个正解, 记 $\|x\|=d$, 那么

$$\frac{d}{\max\limits_{i\in[1,n]}\sum\limits_{j}^{n}G(i,j)f_j(d)}\leqslant\lambda\leqslant\frac{d}{\max\limits_{i\in[1,n]}\sum\limits_{j}^{n}G(i,j)f_j(\delta d)}. \tag{3-70}$$

证明 事实上

$$d=\|Tx\|=\lambda\max_{i\in[1,n]}\sum_{j=1}^{n}G(i,j)f_j(x_j),$$

$$\lambda=\frac{d}{\max\limits_{i\in[1,n]}\sum\limits_{j}^{n}G(i,j)f_j(x_j)}.$$

因此获得 (3-70). 证毕.

由定理 3.3.6, 马上可以获得定理 3.3.7.

定理 3.3.7 如果定理 3.3.5 的条件成立, 则有如下事实:

(1) 如果函数 $u\Bigg/\left(\sum\limits_{j=1}^{n}f_j(u)\right)$ 在 $(0,\infty)$ 上有界, 那么存在 $c>0$ 使得 $\Gamma=(0,c)$ 或者 $\Gamma=(0,c]$.

(2) 如果 $\lim\limits_{u\to\infty}u\Bigg/\left(\sum\limits_{j=1}^{n}f_j(u)\right)=0$, 那么存在 $c>0$ 使得 $\Gamma=(0,c]$.

(3) 如果 $\lim\limits_{u\to\infty}u\Bigg/\left(\sum\limits_{j=1}^{n}f_j(u)\right)=\infty$, 那么 $\Gamma=(0,\infty)$.

证明 (1) 和 (3) 是显然的, 下面证明 (2). 由定理 3.3.5 知存在 c' 使得 $(0,c']\subset\Gamma$. 注意到条件 $\lim\limits_{u\to\infty}u\Bigg/\left(\sum\limits_{j=1}^{n}f_j(u)\right)=0$ 和定理 3.3.6, 可知 Γ 是有界的. 令 $c=\sup\Gamma$ 并且假设 $\{\lambda_k\}\in\Gamma$ 单增满足 $\lim\limits_{k\to\infty}\lambda_k=c$, 对应地 $\left\{x^{(k)}\right\}$ 是 (3-61), (3-62) 的解序列. 那么,

$$\left\|x^{(k)}\right\|=\left\|Tx^{(k)}\right\|=\lambda_k\max_{i\in[1,n]}\sum_{i=1}^{n}G(i,j)f_j\left(x_j^{(k)}\right)\geqslant\lambda_k\min\{m,m'\}\sum_{j=1}^{n}f_j\left(\delta\left\|x^{(k)}\right\|\right),$$

$$\lambda_k \min\{m, m'\} \leqslant \frac{\left\|x^{(k)}\right\|}{\sum\limits_{j=1}^{n} f_j\left(\delta\left\|x^{(k)}\right\|\right)},$$

这蕴涵着

$$\frac{\left\|x^{(k)}\right\|}{\sum\limits_{j=1}^{n} f_j\left(\delta\left\|x^{(k)}\right\|\right)}$$

有下界. 由此及条件 $\lim\limits_{u\to\infty} u \Big/ \left(\sum\limits_{j=1}^{n} f_j(u)\right) = 0$ 知 $\left\{\left\|x^{(k)}\right\|\right\}$ 有界. 对每一个 $i \in [1,n]$ 选择 $\left\{x_i^{(k_i)}\right\}$ 使得 $\lim\limits_{k_i\to\infty} x_i^{(k_i)} = \limsup\limits_{k\to\infty} x_i^{(k)} = x_i^{(0)}$. 那么 $x^{(0)}$ 是

$$Tx_i = c\sum_{j=1}^{n} G(i,j) f_j(x_j)$$

的一个正解. 证毕.

利用锥拉伸和锥压缩原理, 可以建立一些结果. 这里只给出定理, 证明此处省略. 现记

$$A = \max_{i\in[1,n]} \sum_{j=1}^{n} G(i,j), \quad B = \min_{i\in[1,n]} \sum_{j=1}^{n} G(i,j).$$

定理 3.3.8 假设有两个不等正数 a, b 使得

$$\frac{b}{B \min\limits_{i\in[1,n], u\in[\delta x, x]\cap[0,b]} f_i(u)} < \frac{a}{A \max\limits_{i\in[1,n], u\in[0,a]} f_i(u)},$$

那么对满足

$$\frac{b}{B \min\limits_{i\in[1,n], u\in[\delta x, x]\cap[0,b]} f_i(u)} \leqslant \lambda \leqslant \frac{a}{A \max\limits_{i\in[1,n], u\in[0,a]} f_i(u)}$$

的 λ 对应地 (3-61), (3-62) 有一个正解.

定理 3.3.9 定理 3.3.5 的条件成立且 $f_{k0}, f_{k\infty}$ 有限, 那么对满足

$$\frac{1}{\delta B \min\limits_{i\in[0,n]} f_{i\infty}} < \lambda < \frac{1}{A \max\limits_{i\in[0,n]} f_{i0}},$$

或者

$$\frac{1}{\delta B \min\limits_{i\in[0,n]} f_{i0}} < \lambda < \frac{1}{A \max\limits_{i\in[0,n]} f_{i\infty}}$$

的 λ 对应 (3-61), (3-62) 有一个正解.

定理 3.3.10 对每一个 $k \in [1,n]$, $f_{k0}=0, f_{k\infty}=\infty$ 或者 $f_{k0}=\infty, f_{k\infty}=0$, 那么 $\Gamma=(0,\infty)$.

定理 3.3.11 对每一个 $k \in [1,n], f_{k0}=\infty, f_{k\infty}=\infty$, 那么存在 λ^* 使得 $(0,\lambda^*) \subset \Gamma$.

定理 3.3.12 对每一个 $k \in [1,n], f_{k0}=0, f_{k\infty}=0$, 那么存在 λ^{**} 使得 $(\lambda^{**},\infty) \subset \Gamma$.

3. *解的存在性*

本小节通过利用 Leggett-Williams 不动点定理 [99,197] 将考虑问题 (3-61), (3-62) 三个正解的存在性.

定理 3.3.13 对任意的 $k \in [1,n]$ 函数 f_k 非减, $f_{k\infty}=f_{k0}=0$ 且有正数 L 使得 $f_k(L)>0$. 设四个数 R,K,L,r 满足 $R \geqslant K > L/\delta \geqslant L > r > 0$,

$$\frac{\max f_k(r)}{r} < \frac{\max f_k(R)}{R} < \frac{B \min f_k(L)}{AL}. \tag{3-71}$$

那么对任何的 $\lambda \in (L/(B\min f_k(L)), R/(A\max f_k(R))]$, 问题 (3-61), (3-62) 存在三个非负解 $x^{(1)}, x^{(2)}, x^{(3)}$ 满足 $x_k^{(1)} < r < x_k^{(2)} < L < x_k^{(3)} \leqslant R$.

证明 由 $f_k(L)>0$ 及 f_k 的单调性可知, 对任意的 $R \geqslant L$ 有 $f_k(R)>0$. 注意到 $f_{k\infty}=0$, 因此可以选取 $R \geqslant K > L$ 使得 (3-71) 的后半部分成立. 由 $f_{k0}=0$, 可以选取 $r \in (0,L)$ 使得 (3-71) 的前半部分成立.

记 $\lambda_1 = L/(B\min f_k(L)), \lambda_2 = R/(A\max f_k(R))$, 由 (3-71) 知 $0<\lambda_1<\lambda_2$. 对于 $\lambda \in (\lambda_1,\lambda_2]$, 定义算子 $T: P \to P$ 如下:

$$Tx_i = \lambda \sum_{i=1}^{n} G(i,j) f_j(x_j), \quad i \in [1,n] \tag{3-72}$$

和 P 上的泛函 $\psi(x) = \min\limits_{k\in[1,n]} x_k$. 由 $f_{k\infty}=f_{k0}=0$ 及 (3-71), 对任意的 $x \in \overline{P}_R$ 有

$$Tx_i = \lambda \sum_{i=1}^{n} G(i,j) f_j(x_j) \leqslant \lambda \max f_k(R) \sum_{i=1}^{n} G(i,j) \leqslant \lambda_2 A \max f_k(R) = R.$$

即 $T\overline{P}_R \subset \overline{P}_R$ 且 T 在 $\overline{P}_R$ 是全连续算子.

现在证明 Leggett-Williams 不动点定理的 (2) 成立. 确实, 对任意的 $x \in \overline{P}_r$ 由 (3-71) 有

$$Tx_i = \lambda \sum_{i=1}^{n} G(i,j) f_j(x_j) \leqslant \lambda_2 A \max f_k(r) < r.$$

显然 $\psi(x)=\min\limits_{k\in[1,n]} x_k$ 是凸的且对于 $x\in\overline{P}_R$ 有 $\psi(x)\leqslant\|x\|$.

注意到$u=\dfrac{1}{2}(L+K)\in\{x\in P(\psi,L,K)\,|\psi(x)>L\}$, 因此集合 $\{x\in P(\psi,L,K)\,|\psi(x)>L\}$ 非空. 对于 $x\in P(\psi,L,K)$, 有

$$Tx_i=\lambda\sum_{i=1}^{n}G(i,j)\,f_j(x_j)\geqslant\lambda B\min f_k(L)>\lambda_1 B\min f_k(L)=L.$$

这证得 Leggett-Williams 不动点定理中 (1) 成立.

接下来证明 Leggett-Williams 不动点定理 (3) 成立. 对于 $x\in P(\psi,L,\mathbf{R})$ 且满足 $\|Tx\|>K$, 有

$$Tx_i=\lambda\sum_{i=1}^{n}G(i,j)\,f_j(x_j)\leqslant\lambda\{M\vee M'\}\sum_{i=1}^{n}f_j(x_j),$$

$$\psi(Tx)\geqslant\lambda\min\sum_{i=1}^{n}G(i,j)\,f_j(x_j)\geqslant\lambda\{m\vee m'\}\sum_{i=1}^{n}f_j(x_j)\geqslant\delta\|Tx\|>\delta K>L.$$

证毕.

显然, 如果定理 3.3.13 中附加条件: 存在 $k_0\in[1,n]$ 使得 $f_{k_0}(0)>0$, 那么所得到的解全部是正的.

定理 3.3.14　对任意的 $k\in[1,n]$, 函数 f_k 非减, $f_{k\infty}=f_{k0}=0$ 且有正数 L 使得 $f_k(L)>0$, $f_{k0}<f_{k\infty}<B\min f_k(L)/(AL)$. 记

$$\lim_{u\to 0}\frac{\max f_k(u)}{u}=l_1,\quad \lim_{u\to\infty}\frac{\max f_k(u)}{u}=l_2.$$

设四个数 R,K,L,r 满足 $R\geqslant K>L/\delta\geqslant L>r>0$,

$$\frac{\max f_k(R)}{R}<l_2+\varepsilon,\quad \frac{\max f_k(r)}{r}<l_l+\varepsilon,\quad l_2+\varepsilon<\frac{B\min f_k(L)}{AL},\tag{3-73}$$

其中 ε 是一个小的正数. 那么对任何的 $\lambda\in(L/(B\min f_k(L)),1/(Al_2))$, 问题 (3-61), (3-62) 存在三个非负解 $x^{(1)},x^{(2)},x^{(3)}$, 满足 $x_k^{(1)}<r<x_k^{(2)}<L<x_k^{(3)}\leqslant R$.

证明　由 $f_k(L)>0$ 及 f_k 的单调性可知, 对任意的 $R\geqslant L$ 有 $f_k(R)>0$. 记 $\lambda_1=L/(B\min f_k(L)),\lambda_2=1/(Al_2)$, 由 $0<l_1<l_2<B\min f_k(L)/(AL)$ 知 $0<\lambda_1<\lambda_2$. 对于 ε 和 $\lambda\in(\lambda_1,\lambda_2)$, 算子 T 和泛函 ψ 分别如定理 3.3.13 中定义. 对任意的 $x\in\overline{P}_R$, 由 (3-71) 有

$$Tx_i=\lambda\sum_{i=1}^{n}G(i,j)\,f_j(x_j)\leqslant\lambda_2 A\max f_k(R)\leqslant\lambda_2 A(l_2+\varepsilon)R=R.$$

现在证明 Leggett-Williams 不动点定理的 (2) 成立. 确实, 对任意的 $x \in \overline{P}_r$ 由 (3-71) 有

$$Tx_i = \lambda \sum_{i=1}^{n} G(i,j) f_j(x_j) \leqslant \lambda_2 A \max f_k(r) \leqslant \lambda_2 A(l_1 + \varepsilon) r < r.$$

(1) 和 (2) 的成立性类似定理 3.3.13 的证明. 证毕.

3.3.3　三点边值问题非零解

本小节中将进一步考虑三点边值问题

$$\Delta^2 u_{i-1} + f_i(u_i) = 0, \quad i \in [1,n] \tag{3-74}$$

满足边界条件

$$u_0 = 0, \quad u_{n+1} = a u_l \tag{3-75}$$

非退化解的存在性.

类似于前面, 也可以将问题 (3-74), (3-75) 写成向量矩阵形式

$$Au = F(u). \tag{3-76}$$

其中 u, A, F 如前所述, 常数 a 满足条件

$$-\frac{n+1}{l[n(n+1-l)-1]} < a < \frac{n+1}{l}. \tag{3-77}$$

在这种情况下, 矩阵 A 是可逆的并且逆矩阵的所有元素为正. 因此, 本小节中的 M, M', m, m', δ 也如 3.3.2 小节的意义. 类似地, P 是 $\mathbf{R}^n$ 的正锥, 考虑线性变换 $x = A^{-1}x$. 显然, A^{-1} 是 P 上的全连续正算子. 而由算子 A^{-1} 的正性也不难知 A^{-1} 的谱半径 $r(A^{-1}) > 0$ 并且由 Krein-Rutman 定理 [105] 知存在 $\eta, \xi \in P \backslash \{\theta\}$ 使得 $r(A^{-1})\eta = A^{-1}\eta, r(A^{-1})\xi = (A^{-1})^{\mathrm{T}}\xi$. 令 $\lambda_1 = 1/r(A^{-1})$, 需要如下假设对于 $k \in [1,n]$ 一致成立:

(1) $\liminf\limits_{u\to+\infty} \dfrac{f_k(u)}{u} > \lambda_1$;　　(2) $\limsup\limits_{u\to-\infty} \dfrac{f_k(u)}{u} < \lambda_1$;

(3) $\limsup\limits_{u\to 0} \left|\dfrac{f_k(u)}{u}\right| < \lambda_1$;　　(4) $\liminf\limits_{u\to 0^+} \dfrac{f_k(u)}{u} > \lambda_1$;

(5) $\limsup\limits_{u\to 0^-} \dfrac{f_k(u)}{u} < \lambda_1$;　　(6) $\limsup\limits_{u\to\infty} \left|\dfrac{f_k(u)}{u}\right| < \lambda_1$;

(1)′ $\limsup\limits_{u\to+\infty} \dfrac{f_k(u)}{u} < \lambda_1$;　　(2)′ $\liminf\limits_{u\to-\infty} \dfrac{f_k(u)}{u} > \lambda_1$;

(4)′ $\limsup\limits_{u\to 0^+} \dfrac{f_k(u)}{u} < \lambda_1$;　　(5)′ $\liminf\limits_{u\to 0^-} \dfrac{f_k(u)}{u} > \lambda_1$.

1. 主要结果及说明性例子

定理 3.3.15 假设 (1)~(3) 成立, 那么问题 (3-74), (3-75) 至少存在一个非退化解.

定理 3.3.16 假设 (4)~(6) 成立, 那么问题 (3-74), (3-75) 至少存在一个非退化解.

定理 3.3.17 假设 $(1)'$, $(2)'$ 和 (3) 成立, 那么问题 (3-74), (3-75) 至少存在一个非退化解.

定理 3.3.18 假设 $(4)'$, $(5)'$ 和 (6) 成立, 那么问题 (3-74), (3-75) 至少存在一个非退化解.

注意到对于任意的 $k\in[1,n]$, $f_k(u)$ 可以是无下界的, 因此对于 $a=0$ 结论也是新的. 考虑

$$f_k(u)\equiv f(u)=\left(u^{\frac{2}{3}}-2\right)\ln\frac{\mathrm{e}^{u^3}+1}{2},$$

显然有

$$\liminf_{u\to+\infty}\frac{f(u)}{u}=+\infty,\quad \limsup_{u\to-\infty}\frac{f(u)}{u}=0,\quad \limsup_{u\to 0}\left|\frac{f(u)}{u}\right|=0.$$

定理 3.3.15 的条件满足. 因此, 问题

$$\begin{cases}\Delta^2 u_{k-1}+\left(u_k^{\frac{2}{3}}-2\right)\ln\dfrac{\mathrm{e}^{u_k^3}+1}{2}=0, & k\in[1,n],\\ u_0=0, & u_{n+1}=0\end{cases}$$

至少存在一个非退化解. 然而, $\lim\limits_{u\to0^+}f(u)=-\infty$.

容易验证

$$f_k(u)\equiv f(u)=u^{\frac{3}{7}}\ln\left(\mathrm{e}^{-\frac{1}{3}}+1\right)-\sin u^2$$

满足定理 3.3.16 的所有条件.

考虑问题

$$\begin{cases}\Delta^2 u_{k-1}+f_k(u_k)=0, \quad k=1,2,3,4,\\ u_0=0,\quad u_5=-\dfrac{1}{8}x_1.\end{cases}$$

可以求得

$$A^{-1}=\frac{1}{41}\begin{pmatrix}32&24&16&18\\23&48&32&16\\14&31&48&24\\5&14&23&32\end{pmatrix}.$$

它的所有元素是正的. 因此, 定理 3.3.15~定理 3.3.18 是有效的.

2. 预备知识

为了证明定理, 先给出一些预备知识. 令

$$P_0 = \left\{ x \in P : \sum_{i=1}^{n} \xi_i x_i \geqslant \delta \|x\| \right\},$$

那么它是一个锥, 并且显然有 $A^{-1}P \subset P_0$.

引理 3.3.7　设 P 是 Banach 空间 E 的体锥 (P 是一个正锥且满足 $\overline{P-P} = E$), $B : E \to E$ 的线性算子且满足 $B(P) \subset P, r(B) < 1, u, u_0 \in E$ 使得 $u \leqslant Bu + u_0$, 那么 $u \leqslant (I-B)^{-1} u_0$.

证明　$r(B) < 1$ 蕴涵着 $(I-B)^{-1}$ 存在且

$$(I-B)^{-1} = I + B + B^2 + \cdots.$$

由此及 P 的定义知算子 $(I-B)^{-1}$ 是 E 上正的有界增算子. $u - Bu \leqslant u_0$ 蕴涵着结论成立. 证毕.

引理 3.3.8　E 是一个 Banach 空间, $\theta \in \Omega \subset E$ 是一个有界开集, $A : \Omega \to E$ 全连续. 如果存在 $\theta \neq y_0 \in E$ 使得对于 $u \in \partial\Omega, \tau \geqslant 0$ 时 $u \neq Au + \tau y_0$. 那么 $\deg(I - A, \Omega, \theta) = 0$.

证明　假设矛盾, 则有 $\deg(I - A, \Omega, \theta) \neq 0$. 令 $h(u, \tau) = Au + \tau y_0$, 由引理的条件及拓扑不变性可知 $\deg(h(\cdot, \tau), \Omega, \theta) = \deg(I - A, \Omega, \theta) \neq 0, \tau \geqslant 0$. 这蕴涵着对于任意的 $\tau \geqslant 0$, 方程 $u = Au + \tau y_0$ 在 Ω 上至少有一个解. 这是一个矛盾. 证毕.

3. 定理的证明

这里只给出定理 3.3.15 的证明, 定理 3.3.16 和定理 3.3.17 作为对偶定理, 证明类似.

定理 3.3.15 的证明　由 (1) 和 (2) 可知, 存在 $\varepsilon \in (0, \lambda_1)$ 和 $C_1 > 0$, 使得

$$f_i(u) \geqslant (\lambda_1 + \varepsilon)u - C_1, \quad u \geqslant 0, i \in [1, n], \tag{3-78}$$

$$f_i(u) \geqslant (\lambda_1 - \varepsilon)u - C_1, \quad u \leqslant 0, i \in [1, n]. \tag{3-79}$$

容易看出 (3-78) 和 (3-79) 对所有的 $(i, u) \in [1, n] \times \mathbf{R}$ 成立. 也就是有

$$f_i(u) \geqslant (\lambda_1 + \varepsilon)u - C_1, \quad u \in \mathbf{R}, i \in [1, n], \tag{3-80}$$

$$f_i(u) \geqslant (\lambda_1 - \varepsilon)u - C_1, \quad u \in \mathbf{R}, i \in [1, n]. \tag{3-81}$$

现在令

$$M=\{u\in\mathbf{R}^n:u=A^{-1}u+\mu\eta,\mu\geqslant 0\},$$

其中 η 满足 $r\left(A^{-1}\right)\eta=A^{-1}\eta$. 下面证明 M 是有界的. 如果 $u^{(0)}\in M$, 那么存在 $\mu_0\geqslant 0$ 使得

$$u_k^{(0)}=(A^{-1}u^{(0)})_k+\mu_0\eta_k=\sum_{i=1}^{n}a_{ik}^{-1}f_i(u_1^{(0)})+\mu_0\eta_k, \tag{3-82}$$

其中 a_{ki}^{-1} 为 A^{-1} 的元素. 注意到 (3-80), 有

$$u_k^{(0)}=(\lambda_1+\varepsilon)\sum_{i=1}^{n}a_{ik}^{-1}u_i^{(0)}-C_1\sum_{i=1}^{n}a_{ik}^{-1},\quad k\in[1,n].$$

用 ξ 对上式作内积, 有

$$\sum_{i=1}^{n}u_i^{(0)}\xi_i\geqslant\frac{\lambda_1+\varepsilon}{\lambda_1}\sum_{i=1}^{n}u_i^{(0)}\xi_i-\frac{C_1}{\lambda_1}.$$

因此, 得到

$$\sum_{i=1}^{n}u_i^{(0)}\xi_i\leqslant\frac{C_1}{\varepsilon}. \tag{3-83}$$

另一方面, 由 (3-81) 得

$$f_k(u)-(\lambda_1-\varepsilon)u+C_1\geqslant 0,\quad k\in[1,n],u\in\mathbf{R}. \tag{3-84}$$

令 $\zeta_k=\sum\limits_{i=1}^{n}a_{ki}^{-1}$, (3-82) 可以再写为

$$u_k^{(0)}-(\lambda_1-\varepsilon)(A^{-1}u^{(0)})_k+C_1\zeta_k=\sum_{i=1}^{n}a_{ki}^{-1}\left[f_i(u_1^{(0)})-(\lambda_1-\varepsilon)u_i^{(0)}+C_1\right]+\mu_0\eta_k.$$

3.3.4 带非线性边界条件的边值问题

本小节中考虑带有非线性边界条件的边值问题

$$\begin{cases}\Delta^2u_{k-1}+\lambda f_k(u_k)=0,\quad k\in[1,n],\\ u_0=g(u_m),\quad u_{n+1}=h(u_l).\end{cases} \tag{3-85}$$

其中 $m,l\in[1,n]$. 显然, 问题 (3-85) 包含了 Dirichlet 边值问题、周期边值问题和三点边值问题, 因此也可以称 (3-85) 为广义边值问题. 如前所述, 连续或离散模型的三点边值问题已经有一些好的结果. 然而, 所见文献其边界条件均为线性的, 但非线性往往不可避免, 因此本节将讨论如此的问题. 值得注意的是这里的方法完全不需要构造新的 Green 函数.

本小节内容主要由三部分构成. 在第一部分主要给出一些基本事实, 第二部分是主要结果, 最后将给出一些应用并附加了一些数值算例.

1. **基础知识**

首先令

$$g_{ij}=\begin{cases}\dfrac{j(n+1-i)}{n+1}, & 1\leqslant j\leqslant i\leqslant n+1,\\ \dfrac{i(n+1-j)}{n+1}, & 1\leqslant i\leqslant j\leqslant n+1.\end{cases}\tag{3-86}$$

定义

$$(Tu)_i=\lambda\sum_{j=0}^{n+1}g_{ij}f_j(u_j)+\frac{i}{n+1}h(u_l)+\frac{n+1-i}{n+1}g(u_m),\quad i\in[0,n+1].\tag{3-87}$$

那么 (3-87) 的一个解也是 (3-85) 的一个解. 假设 $\{u_i\}_{i=0}^{n+1}$ 是 (3-85) 的一个解, 自然地有

$$u_0=g(u_m),\quad u_{n+1}=h(u_l).$$

对于 $i\in[1,n]$, 对 (3-87) 求差分有

$$\Delta u_{i-1}=\lambda\Delta\sum_{j=0}^{n+1}g_{i-1,j}f_j(u_j)+\frac{1}{n+1}\left(h(u_l)-g(u_m)\right),$$

$$\Delta^2u_{i-1}=-\lambda f_i(u_i),\quad i\in[1,n].$$

注意到 $u_0=g(u_m),u_{n+1}=h(u_l)$. 事实上只要确定 $u_1,u_2,\cdots,u_n$ 即可. 在这种情况下, (3-87) 也可以写成矩阵向量形式

$$u=\lambda AFu+\frac{h(u_l)}{n+1}u^0+\frac{g(u_m)}{n+1}v^0=Tu,\tag{3-88}$$

其中

$$A=(g_{ij})_{n\times n},\quad u^0=(1,2,\cdots,n)^{\mathrm{T}},\quad v^0=(n,n-1,\cdots,1)^{\mathrm{T}}.$$

这时候, (3-88) 也可以确定 (3-85) 的一个解.

矩阵 A 有特征值

$$\lambda_1=\frac{1}{4\sin^2\dfrac{\pi}{2(n+1)}}$$

和对应的特征向量

$$w^0=\left(\sin\frac{\pi}{n+1},\sin\frac{2\pi}{n+1},\cdots,\sin\frac{n\pi}{n+1}\right)^{\mathrm{T}}.$$

定义

$$P=\left\{u=(u_1,u_2,\cdots,u_n)^{\mathrm{T}}\in\mathbf{R}^n:u_i\geqslant 0,i\in[1,n]\right\},$$

$$P_0 = \left\{ u \in P : \left\langle u, w^0 \right\rangle \geqslant \frac{\lambda_1 \pi}{n+1} \omega \|u\| \right\},$$

其中 $\langle \cdot \rangle$ 记为 $\mathbf{R}^n$ 的内积,

$$\omega = \min \left\{ \frac{\lambda_1 \pi}{n+1}, \frac{n+1}{2n} \tan \frac{n\pi}{2(n+1)} \right\},$$

$$\|u\| = \max \{ |u_1|, |u_2|, \cdots, |u_n| \}.$$

引理 3.3.9

$$\sin \frac{i\pi}{n+1} \geqslant \frac{\pi}{n+1} g_{ij}, \quad i, j \in [1, n]. \tag{3-89}$$

证明 注意到 $\sin \pi x \geqslant \pi x(1-x), x \in [0,1]$, 因此有

$$\sin \frac{i\pi}{n+1} \geqslant \frac{\pi i(n+1-i)}{(n+1)^2} \geqslant \frac{\pi \min\{i,j\} (n+1-\max\{i,j\})}{(n+1)^2} = \frac{\pi}{n+1} g_{ij}, \quad i, j \in [1, n].$$

证毕.

引理 3.3.10 $A(P) \subset P_0$.

证明 假设 $u \in P$, (3-88) 蕴涵着

$$\begin{aligned}
\left\langle Au, w^0 \right\rangle &= \left\langle u, A^{\mathrm{T}} w^0 \right\rangle = \left\langle u, Aw^0 \right\rangle = \lambda_1 \left\langle u, w^0 \right\rangle \\
&= \lambda_1 \sum_{i=1}^n u_i w_i^0 \geqslant \frac{\lambda_1 \pi}{n+1} \sum_{i=1}^n g_{ji} u_i = \frac{\lambda_1 \pi}{n+1} (Au)_j, \quad j \in [1, n].
\end{aligned}$$

因此, 有

$$\left\langle Au, w^0 \right\rangle \geqslant \frac{\lambda_1 \pi}{n+1} \|Au\| \geqslant \omega \|Au\|, \quad u \in P.$$

证毕.

注意到

$$\begin{aligned}
\left\langle u^0, w^0 \right\rangle &= \sum_{i=1}^n i \sin \frac{i\pi}{n+1} = \frac{n+1}{2} \tan \frac{n\pi}{2(n+1)} \\
&= \frac{n+1}{2n} \left\| u^0 \right\| \tan \frac{n\pi}{2(n+1)} \geqslant \omega \left\| u^0 \right\|,
\end{aligned}$$

$$\begin{aligned}
\left\langle v^0, w^0 \right\rangle &= \sum_{i=1}^n (n+1-i) \sin \frac{i\pi}{n+1} = \frac{n+1}{2} \tan \frac{n\pi}{2(n+1)} \\
&= \frac{n+1}{2n} \left\| v^0 \right\| \tan \frac{n\pi}{2(n+1)} \geqslant \omega \left\| v^0 \right\|,
\end{aligned}$$

因此有 $u^0, v^0 \in P$.

2. 主要结果

首先假设 $h, g, f_k \in C(\mathbf{R}^+, \mathbf{R}^+)$, 并给出下面的条件:

(1) 存在

$$\mu_1 \in \left(0, \frac{n+1}{l}\right), \quad \mu_2 \in \left(0, \frac{n+1}{n+1-m}\right)$$

和 $r > 0$ 使得

$$h(x) \leqslant \mu_1 x, \quad g(x) \leqslant \mu_2 x, \quad x \in [0, r], \quad \alpha_1\alpha_4 - \alpha_2\alpha_3 > 0.$$

其中

$$\alpha_1 = 1 - \frac{\mu_1 l}{n+1}, \quad \alpha_2 = \frac{\mu_2 (n+1-l)}{n+1},$$

$$\alpha_3 = \frac{\mu_1 m}{n+1}, \quad \alpha_4 = 1 - \frac{\mu_2 (n+1-m)}{n+1}.$$

(2) 存在

$$\xi_1 \in \left(0, \frac{n+1}{l}\right), \quad \xi_2 \in \left(0, \frac{n+1}{n+1-m}\right)$$

和 $C > 0$ 使得

$$h(x) \leqslant \xi_1 x + C, \quad g(x) \leqslant \xi_2 x + C, \quad x \in \mathbf{R}^+, \quad \beta_1\beta_4 - \beta_2\beta_3 > 0,$$

其中

$$\alpha_1 = 1 - \frac{\xi_1 l}{n+1}, \quad \alpha_2 = \frac{\xi_2 (n+1-l)}{n+1},$$

$$\alpha_3 = \frac{\xi_1 m}{n+1}, \quad \alpha_4 = 1 - \frac{\xi_2 (n+1-m)}{n+1}.$$

(3) $\liminf\limits_{x\to+\infty} f_i(x)/x > 0, i \in [1, n]$.

(4) $\limsup\limits_{x\to 0^+} f_i(x)/x = 0, i \in [1, n]$.

(5) $\liminf\limits_{x\to 0^+} f_i(x)/x > 0, i \in [1, n]$.

(6) $\limsup\limits_{x\to+\infty} f_i(x)/x = 0, i \in [1, n]$.

定理 3.3.19　如果条件 (1), (3) 和 (4) 成立, 那么存在 $\lambda^* > 0$ 使得对任意的 $\lambda \in (\lambda^*, +\infty)$ 问题 (3-85) 至少有一个正解.

证明　令

$$\nu_k = \liminf_{x\to+\infty} \frac{f_k(x)}{x}, \quad k \in [1, n].$$

由条件 (3) 可知, $\nu_k > 0, k \in [1, n]$. 记

$$\nu^* = \min\{\nu_1, \cdots, \nu_n\}, \quad \lambda^* = \frac{1}{\lambda_1 \nu^*}.$$

由条件 (3) 可知, 存在正数 ε, c 使得

$$f_k(x) \geqslant (\nu^* + \varepsilon) - c, \quad k \in [1, n], x \geqslant 0.$$

因此, 对于 $u \in P_0, \lambda \geqslant 0$ 有

$$Tu = \lambda AFu + \frac{h(u_l)}{n+1}u^0 + \frac{g(u_m)}{n+1}v^0 \geqslant \lambda(\nu^* + \varepsilon)Au - \lambda c(1, \cdots, 1)^{\mathrm{T}}. \tag{3-90}$$

令 $M = \{u \in P_0 : u \geqslant Tu\}$. 可以证明 M 是有界的. 如果 $u \in M$, 由 (3-90) 可知

$$u \geqslant \lambda(\nu^* + \varepsilon)Au - \lambda cA(1, \cdots, 1)^{\mathrm{T}}.$$

因此,

$$\begin{aligned}\langle u, w^0 \rangle &\geqslant \lambda(\nu^* + \varepsilon)\langle Au, w^0 \rangle - \lambda c \sum_{i=1}^{n} \sin\frac{i\pi}{n+1} \\ &= \lambda(\nu^* + \varepsilon)\langle Au, w^0 \rangle - \lambda c \tan\frac{n\pi}{2(n+1)} \\ &= \lambda\lambda_1(\nu^* + \varepsilon)\langle u, w^0 \rangle - \lambda c \tan\frac{n\pi}{2(n+1)}.\end{aligned}$$

从而

$$\langle u, w^0 \rangle \leqslant \frac{\lambda c}{\lambda\lambda_1(\nu^* + \varepsilon) - 1} \tan\frac{n\pi}{2(n+1)},$$

这蕴涵着

$$\|u\| \leqslant \frac{n+1}{2\lambda_1}\langle u, w^0 \rangle \leqslant \frac{\lambda c(n+1)}{2\lambda\lambda_1^2(\nu^* + \varepsilon) - 1} \tan\frac{n\pi}{2(n+1)}, \quad u \in M \subset P_0, \lambda > \lambda^*.$$

这就证明了 M 的有界性. 现选着 $R > \sup\{\|u\| : u \in M\}$, 有

$$u \overline{\geqslant} Tu, \quad u \in \partial B_R \cap P_0. \tag{3-91}$$

其中 $\overline{\geqslant}$ 表示不大于等于, $B_R = \{u \in \mathbf{R}^n : \|u\| < R\}$.

由条件 (1), 有

$$Tu \leqslant \lambda AFu + \frac{\mu_1 u_l}{n+1}u^0 + \frac{\mu_2 u_m}{n+1}v^0, \quad u \in \overline{B}_r \cap P_0.$$

由条件 (4) 可知存在 $\rho \in (0, r)$ 使得

$$f_k(x) \leqslant \theta x, \quad x \in [0, \rho], k \in [1, n],$$

其中,

$$\theta=\frac{2}{\lambda n\left(n+1\right)+\dfrac{\lambda\mu_1 n^2\left(\alpha_4+\alpha_2\right)+\lambda\mu_2 n^2\left(\alpha_1+\alpha_3\right)}{\alpha_1\alpha_4-\alpha_2\alpha_3}}.$$

因此, 有

$$Tu\leqslant\lambda\theta Au+\frac{\mu_1 u_l}{n+1}u^0+\frac{\mu_2 u_m}{n+1}v^0,\quad u\in\overline{B}_\rho\cap P_0,\lambda\geqslant 0.$$

接下来证明

$$u\lesseqgtr Tu,\quad u\in\partial B_\rho\cap P_0,\quad \lambda\geqslant 0. \tag{3-92}$$

其中 $\lesseqgtr$ 表示不小于等于. 假设命题不成立, 自然有 $\overline{u}\in\partial B_\rho\cap P_0$ 使得 $\overline{u}\leqslant T\overline{u},\lambda>\lambda^*$. 因此, 有

$$\overline{u}\leqslant\lambda\theta A\overline{u}+\frac{\mu_1\overline{u}_l}{n+1}u^0+\frac{\mu_2\overline{u}_m}{n+1}v^0. \tag{3-93}$$

同时也有

$$\begin{aligned}\overline{u}_l&\leqslant\lambda\theta\sum_{j=1}^{n}g_{lj}\overline{u}_j+\frac{\mu_1 l}{n+1}\overline{u}_l+\frac{\mu_2\left(n+1-l\right)}{n+1}\overline{u}_m\\&=\lambda\theta\sum_{j=1}^{n}g_{lj}\overline{u}_j+\left(1-\alpha_1\right)\overline{u}_l+\alpha_2\overline{u},\end{aligned}$$

$$\begin{aligned}\overline{u}_m&\leqslant\lambda\theta\sum_{j=1}^{n}g_{mj}\overline{u}_j+\frac{\mu_1 m}{n+1}\overline{u}_l+\frac{\mu_2\left(n+1-m\right)}{n+1}\overline{u}_m\\&=\lambda\theta\sum_{j=1}^{n}g_{mj}\overline{u}_j+\alpha_3\overline{u}_l+\left(1-\alpha_4\right)\overline{u}.\end{aligned}$$

所以

$$\overline{u}_l\leqslant\frac{\lambda\theta}{\alpha_1}\sum_{j=1}^{n}g_{lj}\overline{u}_j+\frac{\alpha_2}{\alpha_1}\overline{u}_m,\quad \overline{u}_m\leqslant\frac{\lambda\theta}{\alpha_4}\sum_{j=1}^{n}g_{mj}\overline{u}_j+\frac{\alpha_3}{\alpha_4}\overline{u}_l,$$

$$\overline{u}_l\leqslant\frac{\lambda\theta\alpha_4}{\alpha_1\alpha_4-\alpha_2\alpha_3}\sum_{j=1}^{n}g_{lj}\overline{u}_j+\frac{\lambda\theta\alpha_2}{\alpha_1\alpha_4-\alpha_2\alpha_3}\sum_{j=1}^{n}g_{mj}\overline{u}_j,$$

$$\overline{u}_m\leqslant\frac{\lambda\theta\alpha_1}{\alpha_1\alpha_4-\alpha_2\alpha_3}\sum_{j=1}^{n}g_{lj}\overline{u}_j+\frac{\lambda\theta\alpha_3}{\alpha_1\alpha_4-\alpha_2\alpha_3}\sum_{j=1}^{n}g_{mj}\overline{u}_j.$$

代入 (3-93), 有

$$\overline{u}\leqslant\lambda\theta A\overline{u}+\frac{\lambda\theta\mu_1}{(n+1)\left(\alpha_1\alpha_4-\alpha_2\alpha_3\right)}\left(\alpha_4\sum_{j=1}^{n}g_{lj}\overline{u}_j+\alpha_2\sum_{j=1}^{n}g_{mj}\overline{u}_j\right)u^0$$

$$+\frac{\lambda\theta\mu_2}{(n+1)(\alpha_1\alpha_4-\alpha_2\alpha_3)}\left(\alpha_1\sum_{j=1}^{n}g_{mj}\overline{u}_j+\alpha_3\sum_{j=1}^{n}g_{lj}\overline{u}_j\right)v^0.$$

又因为

$$\max_{1\leqslant i,j\leqslant n}g_{ij}\leqslant\frac{n+1}{4},$$

因此,

$$\|\overline{u}\|\leqslant\frac{\lambda\theta n(n+1)}{4}\|\overline{u}\|+\frac{\lambda\theta\mu_1 n^2(\alpha_4+\alpha_2)}{4(\alpha_1\alpha_4-\alpha_2\alpha_3)}\|\overline{u}\|+\frac{\lambda\theta\mu_2 n^2(\alpha_1+\alpha_3)}{4(\alpha_1\alpha_4-\alpha_2\alpha_3)}\|\overline{u}\|=\frac{\|\overline{u}\|}{2}.$$

从而, $\overline{u}=0$, 这矛盾于 $\overline{u}\in\partial B_\rho\cap P_0$. 因此, (3-92) 是事实.

通过 Krasnoselskii 不动点定理 [106] 及 (3-91) 和 (3-92) 可知命题成立. 证毕.

定理 3.3.20 如果条件 (2), (5) 和 (6) 成立, 那么存在 $\lambda^*>0$ 使得对任意的 $\lambda\in(\lambda^*,+\infty)$ 问题 (3-85) 至少有一个正解.

证明 由条件 (5) 可知, 存在正数 r,ε 使得

$$f_k(x)\geqslant(\mu^*+\varepsilon)x,\quad x\in[0,r],k\in[1,n],$$

其中

$$\mu^*=\min\left\{\liminf_{x\to0^+}\frac{f_k(x)}{x},k\in[1,n]\right\}.$$

令

$$\xi^*=\frac{1}{\lambda_1\mu^*}.$$

对于 $\lambda\in(\xi^*,+\infty)$, 有

$$Tu\geqslant\lambda(\mu^*+\varepsilon)Au,\quad u\in\overline{B}_r\cap P,$$

这蕴涵着

$$u\not\geqslant Tu,\quad u\in\partial B_r\cap P. \tag{3-94}$$

否则, 有 $u\geqslant Tu,u\in\partial B_r\cap P$. 即,

$$u\geqslant\lambda AFu+\frac{h(u_l)}{n+1}u^0+\frac{g(u_m)}{n+1}v^0\geqslant\lambda(\mu^*+\varepsilon)Au\geqslant\lambda\mu^*Au.$$

因此, 有

$$\left\langle u,w^0\right\rangle\geqslant\lambda\mu^*\left\langle Au,w^0\right\rangle=\lambda\mu^*\left\langle u,Aw^0\right\rangle=\lambda\lambda_1\mu^*\left\langle u,w^0\right\rangle=\frac{\lambda}{\xi^*}\left\langle u,w^0\right\rangle.$$

这蕴涵着 $\left\langle u,w^0\right\rangle=0$. 矛盾.

由条件 (6), 存在正数 C_1, 使得

$$f_k(x) \leqslant \eta x + C_1, \quad x \in [0, r], k \in [1, n].$$

这里

$$\eta = \frac{8(\beta_1\beta_4 - \beta_2\beta_3)}{\lambda n(n+1)(\beta_1\beta_4 - \beta_2\beta_3) + \lambda n^2(\xi_1\beta_1 + \xi_1\beta_3 + \xi_2\beta_1 + \xi_2\beta_3)}.$$

因此,

$$Tu \leqslant \lambda\eta Au + \frac{\xi_1 u_l}{n+1}u^0 + \frac{\xi_2 u_m}{n+1}v^0 + \lambda_1 C_1 A(1, \cdots, 1)^{\mathrm{T}} + \frac{C}{n+1}u^0 + \frac{C}{n+1}v^0, \quad u \in P.$$

定义 $M = \{u \in P_0 : u \leqslant Tu\}$. 下面证明 M 是有界的.

如果 $\overline{u} \in M$, 有

$$\begin{aligned}\overline{u} \leqslant{}& \lambda\eta A\overline{u} + \frac{\xi_1 \overline{u}_l}{n+1}u^0 + \frac{\xi_2 \overline{u}_m}{n+1}v^0 \\ &+ \lambda_1 C_1 A(1, \cdots, 1)^{\mathrm{T}} + \frac{C}{n+1}u^0 + \frac{C}{n+1}v^0.\end{aligned}$$

因此,

$$\overline{u}_l \leqslant \lambda\eta \sum_{j=1}^{n} g_{lj}\overline{u}_j + (1-\beta_1)\overline{u}_l + \beta_2\overline{u}_m + C_2,$$

$$\overline{u}_m \leqslant \lambda\eta \sum_{j=1}^{n} g_{mj}\overline{u}_j + \beta_3\overline{u}_l + (1-\beta_4)\overline{u}_m + C_2,$$

其中,

$$\begin{aligned}C_2 = \max\Bigg\{&\lambda C_1 \sum_{j=1}^{n} g_{lj} + \frac{Cl}{n+1} + \frac{C(n+1-l)}{n+1}, \\ &\lambda C_1 \sum_{j=1}^{n} g_{mj} + \frac{Cm}{n+1} + \frac{C(n+1-m)}{n+1}\Bigg\}.\end{aligned}$$

所以

$$\overline{u}_l \leqslant \frac{\lambda\eta}{\beta_1}\sum_{j=1}^{n} g_{lj}\overline{u}_j + \frac{\beta_2}{\beta_1}\overline{u}_m + \frac{C_2}{\beta_1}, \quad \overline{u}_m \leqslant \frac{\lambda\eta}{\beta_4}\sum_{j=1}^{n} g_{mj}\overline{u}_j + \frac{\beta_3}{\beta_4}\overline{u}_l + \frac{C_2}{\beta_4}.$$

于是

$$\overline{u}_l \leqslant \frac{\lambda\eta\beta_4 n(n+1)}{4(\beta_1\beta_4 - \beta_2\beta_3)}\|\overline{u}\| + \frac{\lambda\eta\beta_2 n(n+1)}{4(\beta_1\beta_4 - \beta_2\beta_3)}\|\overline{u}\| + C_3,$$

$$\overline{u}_m \leqslant \frac{\lambda\eta\beta_1 n(n+1)}{4(\beta_1\beta_4 - \beta_2\beta_3)}\|\overline{u}\| + \frac{\lambda\eta\beta_3 n(n+1)}{4(\beta_1\beta_4 - \beta_2\beta_3)}\|\overline{u}\| + C_3,$$

其中

$$C_3 = \max\left\{\frac{C_2(\beta_2+\beta_4)}{\beta_1\beta_4-\beta_2\beta_3}, \frac{C_2(\beta_1+\beta_3)}{\beta_1\beta_4-\beta_2\beta_3}\right\}.$$

类似于定理 3.3.19 的证明, 有

$$\|\overline{u}\| \leqslant \frac{\|\overline{u}\|}{2} + C_4,$$

其中,

$$C_4 = \frac{\xi_1 C_3 + \xi_3 C_3}{n+1} + \frac{\lambda n(n+1)}{4} + \frac{2Cn}{n+1}.$$

这就证明了 M 的有界性. 选择 $R > 2C_4$, 有

$$u \lneqq Tu, \quad u \in \partial B_R \cap P_0.$$

Krasnoselskii 不动点定理蕴涵着命题成立. 证毕.

3. *应用*

当 $h(x) = g(x) = 0$, 条件 (1) 和 (2) 自然成立. 因此, 定理 3.3.20 对 Dirichlet 边值问题也成立. 当 $u_0 = g(u_n) = u_n, u_{n+1} = h(u_1) = u_1$, 研究的问题退化为周期边值问题. 这时有

$$\mu_1 = \mu_2 = 1 \in (0, n+1), \quad \alpha_1 = \alpha_4 = 1 - \frac{1}{n+1}, \quad \alpha_2 = \alpha_3 = \frac{n}{n+1},$$

但很遗憾,

$$\alpha_1\alpha_4 - \alpha_2\alpha_3 = 0.$$

因此, 定理 3.3.20 对周期边值问题无效. 然而, 当

$$u_0 = g(u_n), \quad u_{n+1} = h(u_1)$$

满足一定条件, 定理 3.3.20 仍然有效. 显然, 对于三点边值问题有效.

接下来对条件 (1) 给出一些解释. 假设 $l > m$,

$$h(x) = \frac{n+1}{2l}x, \quad g(x) = \frac{n+1}{2(n+1-m)}x.$$

这时有

$$\mu_1 = \frac{n+1}{2l}, \quad \mu_2 = \frac{n+1}{2(n+1-m)}.$$

因此,

$$\alpha_1 = \alpha_4 = \frac{1}{2}, \quad \alpha_2 = \frac{n+1-l}{2(n+1-m)}, \quad \alpha_3 = \frac{m}{2l},$$

$$\alpha_1\alpha_4-\alpha_2\alpha_4=\frac{(n+1)(l-m)}{4l(n+1-m)}>0.$$

即条件 (1) 成立. 由此可见, 所给出的条件看起来麻烦, 事实上容易满足.

接下来将给出一些算例.

例 3.3.1　考虑三点边值问题

$$\begin{cases}\Delta^2u_{k-1}+\lambda f_k(u_k)=0, & k=1,2,3,4,\\ u_0=0, \quad u_5=u_1,\end{cases}\tag{3-95}$$

$f_k(u)=u^2, k=1,2,3; f_4(u)=u^3$. 显然, 它满足定理 3.3.19 的条件, 因此存在 $\lambda^*>0$ 使得对任意的 $\lambda\in(\lambda^*,+\infty)$ 问题 (3-95) 至少有一个正解. 事实上, 对于 $\lambda=1$ 可解得数值解

$$u_1=0.17024, \quad u_2=0.3118, \quad u_3=0.35596, \quad u_4=0.27341.$$

在例 3.3.1 中, h 是线性的. 接下来看一个非线性的例子.

例 3.3.2　考虑问题

$$\begin{cases}\Delta^2u_{k-1}+\lambda u_k^2=0, & k=1,2,3,4,\\ u_0=0, \quad u_5=u_1^{\frac{2}{3}},\end{cases}\tag{3-96}$$

它满足定理 3.3.19 的条件, 对于 $\lambda=1$ 可解得数值解

$$u_1=0.13747, \quad u_2=7.1278\times10^{-2}, \quad u_3=0.18477, \quad u_4=0.19793.$$

注 3.3.1　在本节中由实际问题出发提出了三点边值问题, 就线性边界条件、特征值问题、非线性边界条件下解的存在性给予了研究, 相关内容发表在文献 [98], [202] 和 [203] 中.

第 4 章　离散椭圆方程解的存在性

本章研究几类高维离散椭圆方程边值问题解的存在性. 4.1 节考虑一类离散椭圆方程周期边值问题解的存在性. 该节内容选自文献 [204]. 4.2 节研究一类离散椭圆方程的 Dirichlet 边值问题, 利用上下解定理、特征值理论等研究正解的存在性、唯一性及不存在性. 该节内容选自文献 [205].

4.1　一类非线性离散椭圆方程周期边值问题解的存在性

本节研究离散非线性椭圆方程:

$$\Delta_1^2 u_{k-1,l} + \Delta_2^2 u_{k,l-1} + \mu f_{k,l}(u_{k,l}) = 0, \tag{4-1}$$

其中, 周期边界条件为

$$\begin{cases} u_{k,0} = u_{k,n}, \quad u_{k,1} = u_{k,n+1}, \quad k \in [1,m], \\ u_{0,l} = u_{m,l}, \quad u_{1,l} = u_{m+1,l}, \quad l \in [1,n], \end{cases} \tag{4-2}$$

这里, m, n 均为正整数, μ 为整数并将其看成参数. 对于任意的整数 a, b, 这里记: $[a,b] = \{a, a+1, \cdots, b\}$, 类似地定义: $[1,m]\times[1,n] = \{1,2,\cdots,m\}\times\{1,2,\cdots,n\}$.

函数 $f_{k,l}(u_{k,l}) \in C(\mathbf{R},\mathbf{R})$, 对于 $(k,l) \in [1,m]\times[1,n]$,

$$\Delta_1^2 u_{k-1,l} = \Delta_1(\Delta_1 u_{k-1,l}) = u_{k+1,l-2u_{k,l}+u_{k-1,l}},$$

以及

$$\Delta_2^2 u_{k,l-1} = \Delta_2(\Delta_2 u_{k,l-1}) = u_{k,l+1} - 2u_{k,l} + u_{k,l-1}.$$

在上述模型的基础上, 讨论以下特征方程:

$$\Delta_1^2 u_{k-1,l} + \Delta_2^2 u_{k,l-1} + \lambda u_{k,l} = 0, \tag{4-3}$$

边界条件仍为周期边界条件.

对于 $x \neq 0, y \neq 0$, 令 $u_{k,l} = x^k y^l$, 代入周期边界条件可得: $y^n = 1, x^m = 1$. 即

$$x_k = \exp\left(\frac{2(k-1)\pi}{m} i\right), \quad k \in [1,m],$$

$$y_l = \exp\left(\frac{2(l-1)\pi}{n}i\right), \quad l \in [1,n], \text{ 其中}, \quad i = \sqrt{-1}.$$

由方程 (4-3) 可得, $x^{k-1}y^l + x^{k+1}y^l + x^k y^{l-1} + x^k y^{l+1} - 4x^k y^l + \lambda x^k y^l = 0$, 进而可以求出

$$\lambda = -\frac{(1-x)^2}{x} - \frac{(1-y)^2}{y}.$$

则

$$\lambda_{k,l} = -\frac{(1-x_k)^2}{x_k} - \frac{(1-y_l)^2}{y_l} = 4\left(\sin^2\frac{(k-1)\pi}{m} + \sin^2\frac{(l-1)\pi}{n}\right).$$

对以上特征值进行重新排列可得

$$\sin^2\frac{(k-1)\pi}{m} = \sin^2\frac{m-(k-1)\pi}{m}, \quad k \in [1,m],$$

以及

$$\sin^2\frac{(l-1)\pi}{n} = \sin^2\frac{n-(l-1)\pi}{n}, \quad l \in [1,n],$$

可得, 当 n 为奇数时,

$$\lambda_{k,1} < \lambda_{k,2} = \lambda_{k,n} < \lambda_{k,3} = \lambda_{k,n-1} < \cdots < \lambda_{k,\frac{n+1}{2}} = \lambda_{k,\frac{n+3}{2}}, \quad k \in [1,m],$$

当 n 为偶数时,

$$\lambda_{k,1} < \lambda_{k,2} = \lambda_{k,n} < \lambda_{k,3} = \lambda_{k,n-1} < \cdots < \lambda_{k,\frac{n+2}{2}}, \quad k \in [1,m];$$

当 m 为奇数时,

$$\lambda_{1,l} < \lambda_{2,l} = \lambda_{m,l} < \lambda_{3,l} = \lambda_{m-1,l} < \cdots < \lambda_{\frac{m+1}{2},l} = \lambda_{\frac{m+3}{2},l}, \quad l \in [1,n],$$

当 m 为偶数时,

$$\lambda_{1,l} < \lambda_{2,l} = \lambda_{m,l} < \lambda_{3,l} = \lambda_{m-1,l} < \cdots < \lambda_{\frac{m+1}{2},l} = \lambda_{\frac{m+3}{2},l}, \quad l \in [1,n].$$

因此, 只需要重新对 $\lambda_{k,l}(k,l) \in \left[1,\left[\frac{m}{2}\right]+1\right] \times \left[1,\left[\frac{n}{2}\right]+1\right]$, 排序即可, 其中 $[\cdot]$ 表示对元素 $\cdot$ 取最大整数部分. 对于固定的 m 和 n, 总能对这些特征值进行重排, 例如,

$$0 = \lambda_1 < \lambda_2 \leqslant \lambda_3 \leqslant \cdots \leqslant \lambda_{mn}.$$

根据上述讨论, 可得以下事实:

(1) $\lambda_{1,1}$ 是唯一的零特征值, 它对应于一个正的特征向量. 对于其他特征值, 其对应的特征向量是变号的.

(2) 当 m 和 n 都是偶数时, 唯一的最大特征值是 $\lambda_{\frac{m}{2}+1,\frac{n}{2}+1}=8$.

(3) 当 m 和 n 都是奇数时, 唯一的最大特征值是

$$\lambda_{[\frac{m}{2}]+1,[\frac{n}{2}]+1}=4\left(\sin^2\frac{(m-1)\pi}{2m}+\sin^2\frac{(n-1)\pi}{2n}\right),$$

此特征值的重数为 4.

(4) 当 m 是奇数, n 是偶数时, 唯一的最大特征值是

$$\lambda_{[\frac{m}{2}]+1,[\frac{n}{2}]+1}=4\left(\sin^2\frac{(m-1)\pi}{2m}+1\right),$$

此特征值的重数为 2.

(5) 当 m 是偶数, n 是奇数时, 唯一的最大特征值是

$$\lambda_{[\frac{m}{2}]+1,[\frac{n}{2}]+1}=4\left(\sin^2\frac{(n-1)\pi}{2n}+1\right),$$

此特征值的重数为 2.

由 (2)~(6) 可知

$$\lambda_{[\frac{m}{2}]+1,[\frac{n}{2}]+1}=\max_{(k,l)\in[1,m]\times[1,n]}\left\{4\left(\sin^2\frac{(k-1)\pi}{2m}+\sin^2\frac{(l-1)\pi}{2n}\right)\right\},$$

记作: $\lambda_{\max}$. 并且, $\lambda_{\max}\leqslant 8$.

引理 4.1.1　一个列向量 $u=(u_{1,1},u_{1,2},\cdots,u_{m,n})^{\mathrm{T}}$ 被称为是对应于 $J(u)$(或 $-J(u)$) 的临界点, 当且仅当 u 是 (4-1), (4-2) 对应于 μ 的一个解.

证明　对于任意的 $(k,l)\in[2,m-1]\times[2,n-1]$,

$$\frac{\partial J}{\partial u_{k,l}}=\mu f_{k,l}(u_{k,l})-\frac{1}{2}\cdot\frac{\partial((\Delta_1u_{k,l})^2+(\Delta_1u_{k-1,l})^2+(\Delta_2u_{k,l})^2+(\Delta_2u_{k,l-1})^2)}{\partial u_{k,l}},$$

则

$$\frac{\partial J}{\partial u_{k,l}}=\Delta_1^2u_{k,l}+\Delta_2^2u_{k-1,l}+\mu f_{k,l}(u_{k,l}).$$

对于 $k=1,l\in[2,l-1]$, 以周期边界条件的角度来看, 可以得

$$\frac{\partial J}{\partial u_{1,l}}=\Delta_1^2u_{0,l}+\Delta_2^2u_{1,l-1}+\mu f_{1,1}(u_{1,l}).$$

其他情况的证明方法与上述过程类似.

本节需要的一些定义列举如下:

定义 4.1.1　记 E 为实的自反 Banach 空间. 对于任意序列 $\{u^{(l)}\}\subset E$, 如果 $\{J(u^{(l)})\}$ 是有界的, 且当 $l\to\infty$ 时, $J'(u^{(l)})\to 0$ 有一列收敛的子序列, 则称

J 满足 Palais-Smale 条件 (用 PS 条件简记). 对于任意的序列 $\{u^{(l)}\} \subset E$, 如果当 $l \to +\infty$ 时, 有 $J(u^{(l)}) \to c$ 且 $J'(u^{(l)}) \to 0$ 具有收敛子列, 则称 J 满足在水平 c 的 Palais-Smale 条件 (简记为 $(\mathrm{PS})_c$ 条件).

定义 4.1.2 令 $J^c = \{u \in E | J(u) \leqslant c\}$, 记 u 是 J 满足 $J(u) = c$ 的一个孤立的临界点, 且记 U 为 u 的一个邻域, 包含唯一临界点. 则称

$$C_q(J, u) = H_q(J^C \cap U, J^C \cap U \backslash \{u\})$$

为第 q 个在 u 处 J 的临界群, 其中 $H_q(\cdot, \cdot)$ 表示第 q 个孤立相对同调群.

引理 4.1.2(强单调算子原理) 记 E 为一个实的自反的 Banach 空间. 假设 $T: E \to E^*$ 是一个连续算子且存在常数 $c > 0$, 使得

$$(Tu - Tv, u - v) \geqslant c||u - v||^2, \quad u, v \in E.$$

则 $T: E \to E^*$ 是一个 E 和 E^* 的同胚映射.

引理 4.1.3 记 E 为一个实的自反 Banach 空间. 假设 $J: E \to \mathbf{R}$ 是弱下半连续的且是强制算子, 即 $\lim\limits_{||x|| \to \infty} J(x) = +\infty$, 则存在一个 x_0 使得 $J(x_0) = \inf\limits_{x \in E} J(x)$. 进一步, 若 J 在 E 上具有有界的线性 Gateaux 导数, 则 x_0 也是 J 的一个临界点, 即

$$J'(x_0) = 0.$$

引理 4.1.4(山路引理) 记 E 为一个实的自反的 Banach 空间, $f \in C^1(E, \mathbf{R}^1)$ 满足 PS 条件. 假设

(1) $f(0) = 0$,

(2) 存在 $\rho > 0$ 和 $\alpha > 0$, 使得对所有的 $u \in E$ 满足 $||u|| = \rho$ 成立 $f(u) \geqslant \alpha$,

(3) 存在 $u_1 \in E$ 满足 $||u_1|| \geqslant \rho$, 使得 $f(u) < \alpha$,

则 f 具有一个临界值 $c \geqslant \alpha$, 且 c 可以被定义成

$$c = \inf_{g \in \Gamma} \max_{u \in g([0,1])} f(u),$$

其中, $\Gamma = \{g \in C([0,1], E) | g(0) = 0, g(1) = u_1\}$.

引理 4.1.5(环绕引理) 记 $E = V \oplus X$ 为一个实的自反 Banach 空间且 $\dim J < \infty$. 令 $\rho > r > 0$ 且令 $z \in X$ 满足 $||z|| = r$. 定义

(1) $M = \{u + \lambda z | y \in V, \lambda \geqslant 0, ||u|| \leqslant \rho\}$.

(2) $M_0 = \{u = y + \lambda z | y \in V, ||u|| = \rho, \lambda \geqslant 0, 或 ||u|| \leqslant \rho, \lambda = 0\}$.

(3) $N = \{u \in X \, | ||u|| = r\}$.

令 $f \in C^1(E, \mathbf{R})$ 使得 $b = \inf\limits_{u \in \mathbf{N}} f(u) > a = \max\limits_{u \in M_0} f(u)$. 如果 f 满足 $(\mathrm{PS})_c$ 条件, 具有 $c = \inf\limits_{\gamma \in \Gamma} \max\limits_{u \in M} f(\gamma(u)), \Gamma = \{\gamma \in C(M, E) | \gamma|_{M_0} = id\}$, 因此, c 是 f 的一个临界值.

引理 4.1.6 假设 J 有一个临界点 $u = 0$ 满足 $J(0) = 0$. 如果 J 在 0 点处有一个局部循环, 关于 $E = V_1 \oplus V_2, k = \dim V_1 < \infty$, 即存在一个小的 $\rho > 0$ 使得

$$J(u) \leqslant 0, \quad u \in V_1, \quad ||u|| \leqslant \rho \text{且} J(u) > 0, \quad u \in V_2, \quad 0 < ||u|| \leqslant \rho.$$

因此, $C_k(J, 0) \neq 0$, 即 0 是 J 的一个同源的非平凡临界点.

引理 4.1.7 假设 J 满足 PS 条件且有下界. 如果 J 有一个同源的非平凡临界点, 且不是 J 的一个极小值, 则 J 至少存在三个临界点.

首先, 给出存在唯一性结果.

定理 4.1.1 如果存在 $r_{k,l} > 0$, 使得

$$(f_{k,l}(v_1) - f_{k,l}(v_2))(v_1 - v_2) \geqslant r_{k,l}|v_1 - v_2|^2, \quad \text{对于} v_1, v_2 \in \mathbf{R}.$$

所以, 当 $\mu > \lambda_{\max}/\underline{r}$ 时, 方程 (4-1), (4-2) 存在唯一解.

证明 定义一个算子 $K: \mathbf{R}^{mn} \to \mathbf{R}^{mn}$, $(Ku)_{k,l} = \Delta_1^2 u_{k-1,l} + \Delta_2^2 u_{k,l-1} + \mu f_{k,l}(u_{k,l})$. 所以, 根据方程 (4-1) 可得

$$\begin{aligned}(Ku - Kv, u - v) \geqslant& \mu \sum_{l=1}^{n} \sum_{k=1}^{m} (u_{k,l} - v_{k,l})(f_{k,l}(u_{k,l}) - f_{k,l}(v_{k,l})) - \lambda_{\max}||u - v||^2 \\ \geqslant& \mu \underline{r} \sum_{l=1}^{n} \sum_{k=1}^{m} |u_{k,l} - v_{k,l}|^2 - \lambda_{\max}||u - v||^2 = (\mu \underline{r} - \lambda_{\max})||u - v||^2.\end{aligned}$$

所以, K 是一个强连续单调算子, 因此, 根据引理 4.1.2 知, $Ku = 0$ 存在唯一解 $u^* \in \mathbf{R}^{mn}$.

进一步, 讨论非平凡解的存在性. 为此, 首先给出下列假设:

(1) 存在 $a_{k,l} > 0$, 使得 $\liminf\limits_{|v| \to \infty} \dfrac{F_{k,l}(v)}{|v|^2} \geqslant a_{k,l}$;

(2) 存在 $b_{k,l} > 0, \beta > 2$, 使得 $\liminf\limits_{|v| \to \infty} \dfrac{F_{k,l}(v)}{|v|^\beta} \geqslant b_{k,l}$;

(3) 存在 $c_{k,l} > 0, \alpha > 1$, 使得 $\liminf\limits_{|v| \to \infty} \dfrac{F_{k,l}(v)}{|v|^\alpha} \leqslant -c_{k,l}$;

(4) 存在 $d_{k,l} > 0$, 使得 $\limsup\limits_{|v| \to 0} \dfrac{f_{k,l}(v)}{v} \leqslant d_{k,l}$;

(5) 存在 $e_{k,l} > 0$, 使得 $\liminf\limits_{|v| \to 0} \dfrac{f_{k,l}(v)}{v} \geqslant e_{k,l}$;

(5′) 存在 $e'_{k,l} > 0$, 使得 $\limsup\limits_{|v| \to 0} \dfrac{f_{k,l}(v)}{v} \leqslant -e'_{k,l}$;

(6) 存在 $h_{k,l}>0$, 使得 $F_{k,l}(v)\leqslant h_{k,l}v^2, v\in\mathbf{R}$;

(6′) 存在 $h'_{k,l}>0$, 使得 $F_{k,l}(v)\geqslant h'_{k,l}v^2, v\in\mathbf{R}$.

注 4.1.1 假设定理 4.1.1(4) 说明存在 $\delta_1>0$, 使得

$$f_{k,l}(v)\leqslant d_{k,l}v,\quad v\in(0,\delta_1],\quad f_{k,l}(v)\geqslant d_{k,l}v,\quad v\in[-\delta_1,0).$$

则

$$F_{k,l}(v)=\int_0^v f_{k,l}(s)\mathrm{d}s\leqslant\frac{1}{2}\mathrm{d}_{k,l}v^2,\quad |v|\leqslant\delta_1.$$

类似地, 假设定理 4.1.1(5) 说明：存在 $\delta_2>0$, 使得

$$F_{k,l}(v)=\int_0^v f_{k,l}(s)\mathrm{d}s\leqslant\frac{1}{2}e_{k,l}v^2,\quad |v|\leqslant\delta_2.$$

假设定理 4.1.1(5′) 说明：存在 $\delta'_2>0$, 使得

$$F_{k,l}(v)=\int_0^v f_{k,l}(s)\mathrm{d}s\leqslant\frac{1}{2}e'_{k,l}v^2,\quad |v|\leqslant\delta'_2.$$

令 $\delta=\min\{\delta_1,\delta_2\}$, 根据假设定理 4.1.1(4) 和 (5), 可得

$$\begin{aligned}d_{k,l}v\leqslant f_{k,l}(v)\leqslant e_{k,l}v,\quad v\in[-\delta,0),\\ e_{k,l}v\leqslant f_{k,l}(v)\leqslant d_{k,l}v,\quad v\in(0,\delta],\end{aligned}$$

以及

$$\frac{1}{2}e_{k,l}v^2\leqslant F_{k,l}(v)\leqslant\frac{1}{2}d_{k,l}v^2,\quad |v|\leqslant\delta.$$

引理 4.1.8 假设定理 4.1.1(1) 满足, 对 $\mu>\lambda_{\max}/(2a)$, 成立

(1) $J(u)$ 是强制的.

(2) $J(u)$ 和 $-J(u)$ 在 $\mathbf{R}^{nm}$ 满足 PS 条件.

证明 由假设 (1), 存在一个常数 $A>0$ 使得 $F_{k,l}\geqslant av^2-A, v\in\mathbf{R}$, 则

$$\begin{aligned}J(u)=&\mu\sum_{l=1}^{n}\sum_{k=1}^{m}F_{k,l}(u_{k,l})-\frac{1}{2}\sum_{l=1}^{n}\sum_{k=1}^{m}((\Delta_1u_{k,l})^2+(\Delta_2u_{k,l})^2)\\ \geqslant&\mu\sum_{l=1}^{n}\sum_{k=1}^{m}(au_{k,l}^2-A)-\frac{1}{2}\lambda_{\max}||u||^2\\ =&\left(\mu a-\frac{1}{2}\lambda_{\max}\right)||u||^2-\mu mnA\to+\infty,\quad ||u||\to\infty.\end{aligned}$$

因此, $J(u)$ 在 $\mathbf{R}^{nm}$ 上是强制的. 类似地,

$$-J(u)\leqslant\left(\frac{1}{2}\lambda_{\max}-\mu a\right)||u||^2+\mu mnA\to-\infty,\quad ||u||\to+\infty.$$

当序列 $\{J(u^{(l)})\}_{l=1}^{\infty}$ 是有界的, 则 $\{u^{(l)}\}_{l=1}^{\infty}$ 在 $\mathbf{R}^{nm}$ 上是有界的. 这就意味着 $\{u^{(l)}\}_{l=1}^{\infty}$ 有一个收敛子列.

引理 4.1.9 假设定理 4.1.1(2) 满足, 对 $\mu > 0$, 成立

(1) $J(u)$ 是强制的.

(2) $J(u)$ 和 $-J(u)$ 在 $\mathbf{R}^{nm}$ 满足 PS 条件.

证明 由假设定理 4.1.1(2), 存在一个常数 $B > 0$, 使得

$$J(u) \geqslant \mu \sum_{l=1}^{n}\sum_{k=1}^{m}(b|u_{k,l}|^{\beta} - B) - \frac{1}{2}\lambda_{\max}||u||^2,$$

因此, 存在常数 $C_1 > 0$, 使得

$$J(u) \geqslant \mu b C_1^{\beta}||u||^{\beta} - \frac{1}{2}\lambda_{\max}||u||^2 - \mu mnB \to +\infty, \quad ||u|| \to \infty.$$

引理 4.1.10 假设定理 4.1.1(3) 满足, 对 $\mu > 0$, 成立

(1) $-J(u)$ 是强制的.

(2) $J(u)$ 和 $-J(u)$ 在 $\mathbf{R}^{nm}$ 满足 PS 条件.

定理 4.1.2 如果对于某一个 $\tilde{u} \in \mathbf{R}^{nm}$, 满足以下三个条件之一, 因此 (4-1), (4-2) 至少存在一个非平凡解:

(1) 定理 4.1.1 (1) 满足且参数 $\mu \in (\lambda_{\max}/(2a), +\infty)$ 满足

$$2\mu F_{k,l}(\tilde{u}_{k,l}) \leqslant (\Delta\tilde{u}_{k,l})^2 + (\Delta_2\tilde{u}_{k,l})^2$$

且至少有一个不等式是严格成立的;

(2) 定理 4.1.1(2) 满足且正参数 μ 满足 $2\mu F_{k,l}(\tilde{u}_{k,l}) \leqslant (\Delta\tilde{u}_{k,l})^2 + (\Delta_2\tilde{u}_{k,l})^2$, 且至少有一个不等式是严格成立的;

(3) 定理 4.1.1(3) 满足且正参数 μ 满足 $2\mu F_{k,l}(\tilde{u}_{k,l}) \geqslant (\Delta\tilde{u}_{k,l})^2 + (\Delta_2\tilde{u}_{k,l})^2$, 且至少有一个不等式是严格成立的.

证明 如果定理 4.1.2 (1) 成立, 则存在 $\tilde{u} \in \mathbf{R}^{nm}$, 使得

$$J(\tilde{u}) = \mu \sum_{l=1}^{n}\sum_{k=1}^{m} F_{k,l}(u_{k,l}) - \frac{1}{2}\sum_{l=1}^{n}\sum_{k=1}^{m}((\Delta_1 u_{k,l})^2 + (\Delta_2 u_{k,l})^2) < 0,$$

所以

$$\inf_{\tilde{u}\in\mathbf{R}^{nm}} J(u) < 0.$$

如果 $J'(u)$ 是全连续泛函, 则 $J : \mathbf{R}^{mn} \to \mathbf{R}$ 是 $J(u)$ 泛函, 且在 $J(u)$ 上弱半连续. 根据引理 4.1.9, $J(u)$ 是强制的. 引理 4.1.4 保证了 $J(u)$ 存在一个临界点 u^*, 使得

$$J(u^*) = \inf_{\tilde{u}\in\mathbf{R}^{nm}} J(u).$$

显然, 由 $J(0)=0$, 知 $u^*\neq 0$.

其他两个条件与上述证明类似.

推论 4.1.1　如果对于某一个 $v_0\in\mathbf{R}\backslash\{0\},(k_0,l_0)\in[1,m]\times[1,n]$. 如果下列三个条件之一满足, 则方程 (4-1), (4-2) 至少存在一个非平凡解.

(1) 定理 4.1.1(1) 成立且 $\mu\in(\lambda_{\max}/(2a),+\infty)$ 满足 $\mu F_{k_0,l_0}(v_0)<2v_0^2$.

(2) 定理 4.1.1(2) 成立且正的参数 μ 满足 $\mu F_{k_0,l_0}(v_0)<2v_0^2$.

(3) 定理 4.1.1(3) 成立且正的参数 μ 满足 $\mu F_{k_0,l_0}(v_0)>2v_0^2$.

证明　令 $\tilde{u}_{k,l}=\begin{cases} v_0, & k=k_0,l=l_0,\\ 0, & \text{其他}.\end{cases}$

如果推论 4.1.1(1) 或 (2) 成立, 则 $J(\tilde{u})=\mu F_{k_0,l_0}(v_0)-\tilde{u}_{k_0,l_0}^2-\tilde{u}_{k_0,l_0}^2<0$.

如果推论 4.1.1(3) 或 (2) 成立, 则 $-J(\tilde{u})=-\mu F_{k_0,l_0}(v_0)+\tilde{u}_{k_0,l_0}^2+\tilde{u}_{k_0,l_0}^2<0$.

定理 4.1.3　如果下列条件之一成立, 则方程 (4-1), (4-2) 有至少一个非平凡解.

(1) 定理 4.1.1(3) 和 (5) 成立, 且 $\mu>\lambda_{\max}/e$,

(2) 定理 4.1.1(1) 和 (5′) 成立, 且 $\mu>\lambda_{\max}/(2a)$,

(3) 定理 4.1.1(2) 和 (5′) 成立, 且正的参数 μ 是任意值.

证明　如果定理 4.1.3 (1) 成立, 由 $\mu>\lambda_{\max}/e$ 知, 存在 $\varepsilon>0$ 使得 $\mu\geqslant\lambda_{\max}/e+\varepsilon$. 令 $\rho=\delta_1$ (见注记 1), 由条件定理 4.1.1(5), 对所有的 $u\in\partial B_\rho$,

$$\begin{aligned}J(u)=&\mu\sum_{l=1}^{n}\sum_{k=1}^{m}\left(F_{k,l}(u_{k,l})-\frac{1}{2}\sum_{l=1}^{n}\sum_{k=1}^{m}\left((\Delta_1u_{k,l})^2+(\Delta_2u_{k,l})^2\right)\right)\\ \geqslant&\frac{1}{2}\mu\sum_{l=1}^{n}\sum_{k=1}^{m}e_{k,l}(u_{k,l})^2-\frac{1}{2}\lambda_{\max}||u||^2\geqslant\frac{1}{2}(\mu e-\lambda_{\max})||u||^2,\end{aligned}$$

所以, $\inf\limits_{u\in\partial B_\rho}J(u)\geqslant\dfrac{1}{2}e\varepsilon\rho^2>0$.

另一方面, 由定理 4.1.1 (3) 知, 存在 $C,C_2>0$, 使得

$$J(u)\leqslant\mu\sum_{l=1}^{n}\sum_{k=1}^{m}(-c|u_{k,l}|^\alpha+C)\leqslant c\mu C_2^\alpha||u||^\alpha+\mu mnC,\quad u\in\mathbf{R}^{mn}.$$

令 $u=t\xi_1$, 则

$$J(t\xi_1)\leqslant c\mu C_2^\alpha||t\xi_1||^\alpha+\mu mnC<c\mu C_2^\alpha|t|^\alpha+\mu mnC\to-\infty,\quad |t|\to\infty.$$

因此, 存在一个足够大的 $t_0>\rho$ 使得 $u_1=t_0\xi_1\in\mathbf{R}^{mn},J(u_1)<0$. 显然, 根据 $J(u)$ 的定义得 $J(0)=0$. 引理 4.1.11 说明 $J(u)$ 满足 PS 条件. 根据引理 4.1.5, $J(u)$ 有一个临界值 $c^*>0$, 即, 存在 $u^*\in\mathbf{R}^{mn}$, 使得 $J(u^*)=c^*$. 由于 $J(0)=0$, 显然 $u^*\neq 0$.

其他条件证明方法类似.

推论 4.1.2　如果定理 4.1.1 条件 (3) 和 (5) 成立, 当 m,n 均为偶数时, 条件 $\lambda>8/\underline{e}$ 可以推出方程 (4-1), (4-2) 至少存在一个非平凡解.

定理 4.1.4　如果对于某一个 $s\in[1,mn-1]$, 且满足以下条件之一, 则方程 (4-1), (4-2) 至少存在一个非平凡解.

(1) 定理 4.1.1(3), (5) 和 (6) 成立, 且 $\mu\in(\lambda_s/e,\lambda_{s+1}/(2\bar{h})]$;

(2) 定理 4.1.1(1), (4) 和 (6′) 成立, 且 $\mu\in(\lambda_s/(2\underline{h'}),\lambda_{s+1}/d)\cap(\lambda_{\max}/(2a),+\infty)$;

(3) 定理 4.1.1(2), (4) 和 (6′) 成立, 且 $\mu\in[\lambda_s/(2\underline{h'}),\lambda_{s+1}/d)$.

定理 4.1.5　如果对于某一个 $s\in[1,mn-1]$, 且满足下列条件之一, 则方程 (4-1), (4-2) 至少存在两个非平凡解.

(1) 定理 4.1.1(2), (4) 和 (5) 成立, 且 $\mu\in(\lambda_s/e,\lambda_{s+1}/d]$;

(2) 定理 4.1.1(1), (4) 和 (5) 成立, 且 $\mu\in(\lambda_s/e,\lambda_{s+1}/d]\cap(\lambda_{\max}/(2a),+\infty)$;

(3) 定理 4.1.1(3), (4) 和 (5) 成立, 且 $\mu\in[\lambda_s/e,\lambda_{s+1}/d)$.

证明　如果定理 4.1.5 (1) 成立, 引理 4.1.9 说明 $J(u)$ 满足 PS 条件且是强制的. 因此 $J(u)$ 是有下界的. 令 $\rho=\delta$, 根据定理 4.1.1(4) , 当 $u\in V_2,||u||\leqslant\rho$, 且 $J(0)=0$,

$$
\begin{aligned}
J(u)=&\mu\sum_{l=1}^{n}\sum_{k=1}^{m}\left(F_{k,l}(u_{k,l})-\frac{1}{2}\sum_{l=1}^{n}\sum_{k=1}^{m}((\Delta_1u_{k,l})^2+(\Delta_2u_{k,l})^2)\right)\\
\leqslant&\frac{1}{2}\mu\sum_{l=1}^{n}\sum_{k=1}^{m}d_{k,l}(u_{k,l})^2-\frac{1}{2}\lambda_{s+1}||u||^2\leqslant\frac{1}{2}(\mu d-\lambda_s)||u||^2.
\end{aligned}
$$

根据定理 4.1.1(5), 当 $u\in V_1,|0<|u||\leqslant\rho$,

$$
J(u)\geqslant\frac{1}{2}\mu\sum_{l=1}^{n}\sum_{k=1}^{m}e_{k,l}(u_{k,l})^2-\frac{1}{2}\lambda_s||u||^2\geqslant\frac{1}{2}(\mu d-\lambda_s)||u||^2>0.
$$

所以, $J(u)$ 在零点处有一个关于 $\mathbf{R}^{mn}=V_1\oplus V_2$ 的局部环绕.

根据注 4.1.1 中的

$$
\begin{aligned}
&d_{k,l}v\leqslant f_{k,l}(v)\leqslant e_{k,l}v,\quad v\in[-\delta,0),\\
&e_{k,l}v\leqslant f_{k,l}(v)\leqslant d_{k,l}v,\quad v\in(0,\delta],
\end{aligned}
$$

可知 0 是 J 的一个临界点. 显然 $J(0)=0$. 根据引理 4.1.6, 0 是 J 的一个同源的非平凡临界点. 如果 $\inf\limits_{u\in\mathbf{R}^{mn}}J(u)\geqslant 0$, 则对所有的 $u\in V_2,||u||\leqslant\rho$,

$$
J(0)=0,
$$

这也说明所有满足 $\|u\|\leqslant\rho$ 的 $u\in V_2$ 均为方程 (4-1), (4-2) 的解.

如果 $\inf\limits_{u\in\mathbf{R}^{mn}} J(u)<0$, 则 0 不是 J 的极小值点. 根据引理 4.1.7 知, J 至少具有三个临界点, 因此, 方程 (4-1), (4-2) 至少存在两个非平凡解.

其他条件的证明类似.

推论 4.1.3 令 $s\in[1,mn-1]$, 则下列结论成立:

(1) 如果定理 4.1.1(2), (4), (6′) 成立, 且 $\mu\in[\lambda_s/(2\underline{h}'),\lambda_{s+1}/d)$, 则方程 (4-1), (4-2) 至少存在两个非平凡解; 当 $\mu=\lambda_s/(2\underline{h}')$, 则方程 (4-1), (4-2) 至少存在一个非平凡解.

(2) 如果定理 4.1.1(1), (4), (6′) 成立, 且 $\mu\in(\lambda_s/e,\lambda_{s+1}/d]\cap(\lambda_{\max}/(2a),+\infty)$, 则方程 (4-1), (4-2) 至少存在两个非平凡解; 当 $\mu=\lambda_s/(2\underline{h}')$, 且 $\mu\in(\lambda_{\max}/(2a),+\infty)$, 则方程 (4-1), (4-2) 至少存在一个非平凡解.

(3) 如果定理 4.1.1(3), (5), (6) 成立, 当 $\mu\in[\lambda_s/e,\lambda_{s+1}/d)$, 则方程 (4-1), (4-2) 有至少两个非平凡解; 当 $\mu=\dfrac{\lambda_{s+1}}{(2\underline{h}')}$, 则方程 (4-1), (4-2) 至少存在一个非平凡解.

例 4.1.1 令

$$f_{k,l}(v)=\begin{cases}p_1v+q_1v^3, & k\ \text{为奇数},\\ p_2v+q_2v^3, & k\ \text{为偶数},\end{cases}$$

记

$$d_*=\max\{p_1,p_2\},\quad e=\min\{p_1,p_2\},$$
$$h_*=\max\left\{\frac{p_1}{2},\frac{p_2}{2}\right\},\quad h'_*=\min\left\{\frac{p_1}{2},\frac{p_2}{2}\right\}.$$

显然, 当 $p_1,p_2>0$ 且 $q_1,q_2>0$, 引理 4.1.11(1) 成立且 $a_{k,j}>0$. 根据推论 4.1.1, 定理 4.1.3, 推论 4.1.3, 可以很快得到以下结果.

当 $q_1,q_2>0$, 则根据推论 4.1.1(1), (2), 如果对某一个 $v_0\in\mathbf{R}\backslash\{0\},\mu$ 满足

$$\mu(2p_1+q_1v_0^2)<8,\quad \text{或}\quad \mu(2p_2+q_2v_0^2)<8,$$

则方程 (4-1), (4-2) 有至少一个非平凡解.

当 $p_1,p_2>0$ 且 $q_1,q_2>0$, 根据推论 4.1.3(1), (2), 如果对于某一个

$$s\in[1,mn-1],\quad \mu\in\left[\frac{\lambda_s}{(2\underline{h}')},\frac{\lambda_{s+1}}{d_*}\right),$$

则方程 (4-1), (4-2) 有至少两个非平凡解.

如果对于某一个 $s\in[1,mn-1],\mu=\lambda_s/(2h_*)$, 则方程 (4-1), (4-2) 有至少一个非平凡解.

如果 $q_1,q_2>0$ 且 $p_1,p_2<0$, 则根据定理 4.1.3(2) 或 (3), 则任意的 $\mu>0$, 方程 (4-1), (4-2) 有至少一个非平凡解.

如果 $q_1, q_2 < 0$, 则根据推论 4.1.1(3), 如果对某一个 $v_0 \in \mathbf{R}\backslash\{0\}$, μ 均满足

$$\mu(2p_1 + q_1 v_0^2) > 8, \quad 或 \quad \mu(2p_2 + q_2 v_0^2) > 8,$$

则方程 (4-1), (4-2) 有至少一个非平凡解.

如果 $q_1, q_2 < 0$ 且 $p_1, p_2 > 0$, 则根据定理 4.1.3(4) 和推论 4.1.3(3), 则对任意 $\mu > 0$, 方程 (4-1), (4-2) 至少存在一个非平凡解.

如果 $q_1, q_2 < 0$, 则根据推论 4.1.1(3), 如果对某一个

$$s \in [1, mn-1], \quad \mu \in \left[\frac{\lambda_s}{e_*}, \frac{\lambda_{s+1}}{(2h_*)}\right],$$

则方程 (4-1), (4-2) 至少存在两个非平凡解.

如果对某一个 $s \in [1, mn-1], \mu = \lambda_{s+1}/(2h_*)$ 或 $\mu > \lambda_{\max}/e_*$, 则方程 (4-1), (4-2) 至少存在一个非平凡解.

注 4.1.2 通过上述例子我们发现, 虽然推论 4.1.1 中 (1), (2), 推论 4.1.3(1), (2) 和定理 4.1.3(2), (3) 是同时满足的, 但是这些条件之间却不能相互包含. 例如, 当 $f_{k,l}(v) = v + \sin v$ 时, 推论 4.1.1(1) 满足, 但是 (2) 不满足.

令 $m = pT$ 且 $n = 1$, 则方程 (4-1), (4-2) 退化到

$$\begin{cases} \Delta^2 u_{k-1} + \mu f_k(u_k) = 0, & k \in [1, pT], \\ u_0 = u_{pT}, u_1 = u_{pT+1}. \end{cases} \tag{4-4}$$

因此, 我们的引理定理推论也适用于上述方程. 参考文献 [204].

类似地, 我们得到相应的特征值

$$\lambda_k = 4\sin^2\left(\frac{(k-1)\pi}{pT}\right), \quad k \in [1, pT],$$

可以重新排列如下: 如果 pT 是奇数,

$$\lambda_1 < \lambda_2 = \lambda_{pT} < \lambda_3 = \lambda_{pT-1} < \cdots < \lambda_{\frac{pT+1}{2}} = \lambda_{\frac{pT+3}{2}};$$

如果 pT 是偶数,

$$\lambda_1 < \lambda_2 = \lambda_{pT} < \lambda_3 = \lambda_{pT-1} < \cdots < \lambda_{\frac{pT+2}{2}}.$$

为了方便起见, 记重排的特征值为

$$0 = \lambda_1 < \lambda_2 \leqslant \lambda_3 \leqslant \cdots \leqslant \lambda_s \leqslant \cdots \leqslant \lambda_{pT}.$$

记 $F_k(v) = \int_0^v f_k(s)\mathrm{d}s, k \in [1, pT]$.

对任意的 $k \in [1, pT]$, 可以进行如下假设:

(1*) 存在 $a_k > 0$, 使得 $\liminf\limits_{|v|\to\infty} \dfrac{F_k(v)}{v^2} \geqslant a_k$.

(2*) 存在 $b_k > 0, \beta > 2$, 使得 $\liminf\limits_{|v|\to\infty} \dfrac{F_k(v)}{|v|^\beta} \geqslant b_k$.

(3*) 存在 $c_k > 0, \alpha > 1$, 使得 $\limsup\limits_{|v|\to\infty} \dfrac{F_k(v)}{|v|^\alpha} \leqslant -c_k$.

(4*) 存在 $d_k > 0$, 使得 $\limsup\limits_{|v|\to\infty} \dfrac{F_k(v)}{v} \leqslant d_k$.

(5*) 存在 $e_k > 0$, 使得 $\liminf\limits_{|v|\to\infty} \dfrac{F_k(v)}{v} \geqslant e_k$.

令 $\underline{A} = \min\limits_{k\in[1,pT]}\{a_k\}, \bar{D} = \max\limits_{k\in[1,pT]}\{d_k\}, \underline{E} = \min\limits_{k\in[1,pT]}\{e_k\}$. 根据定理 4.1.5, 即可得推论 4.1.4.

推论 4.1.4　令 $s \in [1, pT-1]$, 则下列三条件之一成立: 则方程 (4-4) 至少存在一个非平凡解.

(1′) 注 4.1.2(2*), (4*) 和 (5*) 成立且 $\mu \in (\lambda_s/\underline{E}, \lambda_{s+1}/\bar{D}]$;

(2′) 注 4.1.2(1*), (4*) 和 (5*) 成立且 $\mu \in (\lambda_s/\underline{E}, \lambda_{s+1}/\bar{D}] \cap (\lambda_{\max}/(2\underline{A}), +\infty)$;

(3′) 注 4.1.2(3*)~(5*) 成立且 $\mu \in [\lambda_s/\underline{E}, \lambda_{s+1}/\bar{D})$.

注 4.1.3　本节定理、推论的详细证明参见文献 [204].

4.2　一类非线性离散椭圆方程 Dirichlet 边值问题解的存在性

本小节考虑如下离散 Dirichlet 边值问题:

$$\begin{cases} -\Delta x(z) = f(z, x(z)), & z \in \Omega, \\ x(z) = 0, & z \in \partial\Omega, \end{cases} \tag{4-5}$$

其中, $\Omega \subset \mathbf{Z}^n$ 是一个有界区域, f 定义在 $\Omega \times \mathbf{R}$ 上, 并且关于第二个变量连续.

为理解上述问题, 需要一些术语. 记整数集为 $\mathbf{Z}$, 格点 $z = (i_1, i_2, \cdots, i_n) \in \mathbf{Z}^n$ 表示坐标都是整数的点. 称两个格点是相邻的, 若它们的欧氏距离为 1. 格点 $z_1, z_2, \cdots, z_m$ 称为以 z_1 为起点, 以 z_m 为终点的一条路径, 若 z_1 与 z_2 相邻, z_2 与 z_3 相邻, 以此类推, z_{m-1} 与 z_m 相邻. 称格点集 D 是连通的, 若 D 中任意两个点可以由包含于 D 中的路径连接. 非空连通格点集称为区域. 格点 z 称为区域 D 的外边界点, 若 $z \notin D$, 且至少有 D 中一个点与其相邻. D 的所有外边界点的集合记为 ∂D, $D \cup \partial D$ 记为 $\overline{D}$. 对一个有界区域 D, D 中格点数目记为 $|D|$. 函数

$\{x(z) : z \in \Omega\}$ 的一阶偏差分定义为

$$\begin{aligned}\nabla_1 x(z) &= x(i_1+1, i_2, \cdots, i_n) - x(i_1, i_2, \cdots, i_n),\\ \nabla_2 x(z) &= x(i_1, i_2+1, \cdots, i_n) - x(i_1, i_2, \cdots, i_n),\\ &\vdots\\ \nabla_n x(z) &= x(i_1, i_2, \cdots, i_n+1) - x(i_1, i_2, \cdots, i_n).\end{aligned}$$

二阶偏差分定义为

$$\nabla_1^2 x(z) = \nabla_1(\nabla_1 x(z)), \nabla_2^2 x(z) = \nabla_2(\nabla_2 x(z)), \cdots, \nabla_n^2 x(z) = \nabla_n(\nabla_n x(z)).$$

离散拉普拉斯算子 Δ 定义为

$$\begin{aligned}\Delta x(z) =& \nabla_1^2 x(i_1-1, i_2, \cdots, i_n) + \nabla_2^2 x(i_1, i_2-1, \cdots, i_n)\\ &+ \cdots + \nabla_n^2 x(i_1, i_2, \cdots, i_n-1).\end{aligned}$$

下面研究问题 (4-5) 正解的存在性与唯一性.

4.2.1 基本引理

下面离散形式的极值原理在定理的证明中非常重要, 为方便, 给出其证明.

引理 4.2.1 设 $r = \{r(z)\}_{z\in\Omega}$ 是非负函数, $x = \{x(z)\}_{z\in\overline{\Omega}}$ 满足差分不等式

$$-\Delta x(z) + r(z)x(z) \leqslant 0 (\geqslant 0), \quad z \in \Omega. \tag{4-6}$$

则 x 在 Ω 内不能达到非负最大值 (非正最小值), 除非 x 为常数.

证明 设 $z^0 \in \Omega$ 使得 $x(z^0) = M = \max\limits_{z\in\overline{\Omega}} x(z) \geqslant 0$, 则 $\Delta x(z^0) \leqslant 0$. 又因为 x 满足方程 (4-6), 则 $\Delta x(z^0) = 0$, 即

$$\begin{aligned}& x(i_1^0+1, i_2^0, \cdots, i_n^0) + x(i_1^0-1, i_2^0, \cdots, i_n^0) + \cdots\\ & + x(i_1^0, i_2^0, \cdots, i_n^0+1) + x(i_1^0, i_2^0, \cdots, i_n^0-1)\\ =& 2nx(i_1^0, i_2^0, \cdots, i_n^0) = 2nM.\end{aligned}$$

因此,

$$\begin{aligned}& x(i_1^0+1, i_2^0, \cdots, i_n^0) = x(i_1^0-1, i_2^0, \cdots, i_n^0) = \cdots\\ =& x(i_1^0, i_2^0, \cdots, i_n^0+1) = x(i_1^0, i_2^0, \cdots, i_n^0-1) = M.\end{aligned} \tag{4-7}$$

下面证明对任意 $z_1 \in \overline{\Omega}$, 有 $x(z^1) = M$. 设 $z_1 = z^0, z_2, \cdots, z_m = z^1$ 是 $\overline{\Omega}$ 中的一条路径. 由 (4-7), 得 $x(z_2) = x(z_1) = M$. 若 $z_2 = z^1$, 证明结束; 否则, 重复上述过程,

得 $x(z_3)=M$. 由有限步可得 $x(z_m)=x(z^1)=M$. 令 $-x$ 替换 x, 可得关于不等式 $-\Delta x(z)+r(z)x(z)\geqslant 0$ 的结论. 证毕.

考虑如下特征值问题:

$$\begin{cases} -\Delta x(z)+p(z)x(z)=\lambda x(z), & z\in\Omega, \\ x(z)=0, & z\in\partial\Omega, \end{cases} \tag{4-8}$$

其中, $p=\{p(z)\}_{z\in\Omega}$ 是实值函数, $\Omega\subset\mathbf{Z}^n$ 是有限区域.

引理 4.2.2 特征值问题 (4-8) 存在 $|\Omega|$ 个实特征值 $\{\lambda_s\}_{s=1}^{|\Omega|}$, 排列如下:

$$\lambda_1(p)<\lambda_2(p)\leqslant\cdots\leqslant\lambda_{|\Omega|}(p),$$

其中, $\lambda_1(p)$ 是单的且相应的特征函数 φ_1 可取成正的. 并且, 其他特征函数在 Ω 上变号.

证明 Ω 中的点记为 $z_1,z_2,\cdots,z_{|\Omega|}$. 定义 $|\Omega|\times|\Omega|$ 矩阵 $A=(a_{ij})$, 其中 $a_{ij}=1$ 若 z_i 与 z_j 相邻, 否则 $a_{ij}=0$. 则 (4-8) 可表示为

$$(2nI-A)X+PX=\lambda X, \tag{4-9}$$

其中, I 是 $|\Omega|\times|\Omega|$ 阶单位矩阵, $X=(x(z_1),x(z_2),\cdots,x(z_{|\Omega|}))^{\mathrm{T}}$, $P=\mathrm{diag}(p(z_1),p(z_2),\cdots,p(z_{|\Omega|}))$, 见文献 [35]. 显然, 矩阵 $2nI-A$ 是对称正定的. 余下证明与文献 [206] 中的引理 1 相同. 证毕.

引理 4.2.3 设 $p(z)\leqslant\overline{p}(z),z\in\Omega$, 则 $\lambda_1(p)\leqslant\lambda_1(\overline{p})$. 进一步, 若存在 $z_0\in\Omega$, 使得 $p(z_0)<\overline{p}(z_0)$, 则 $\lambda_1(p)<\lambda_1(\overline{p})$.

证明 由第一特征值表达式

$$\lambda_1(p)=\inf_{||x||=1,x|_{\partial\Omega}=0}\sum(-x\Delta x+px^2)$$

得, 若 $p(z)\leqslant\overline{p}(z),z\in\Omega$, 则 $\lambda_1(p)\leqslant\lambda_1(\overline{p})$. 由引理 4.2.2, 设 $x_1>0$ 是对应特征值 $\lambda_1(\overline{p})$ 的特征函数, 并且取 $||x_1||=1$. 若 $p(z)\leqslant\overline{p}(z)$ 并且 $p(z)$ 不恒等于 $\overline{p}(z)$, 有

$$\begin{aligned}\lambda_1(\overline{p})&=\sum(-x_1\Delta x_1+\overline{p}x_1^2)>\sum(-x_1\Delta x_1+px_1^2)\\&\geqslant\inf_{||x||=1,x|_{\partial\Omega}=0}\sum(-x\Delta x+px^2)=\lambda_1(p).\end{aligned}$$

证毕.

引理 4.2.4 设 $\lambda_1(p)>0$. 则对任意函数 $\{g(z)\}_{z\in\Omega}$, 离散 Dirichlet 边值问题

$$\begin{cases} -\Delta x(z)+p(z)x(z)=g(z), & z\in\Omega, \\ x(z)=0, & z\in\partial\Omega, \end{cases} \tag{4-10}$$

存在唯一解. 进一步, 若 $\{p(z)\}_{z\in\Omega}$ 与 $\{g(z)\}_{z\in\Omega}$ 非负, 并且 $\{g(z)\}_{z\in\Omega}$ 不恒为零, 则 (4-10) 的解是正的.

证明 问题 (4-10) 可写成矩阵形式

$$(2nI-A)X+PX=G,$$

其中, $G=(g(z_1),g(z_2),\cdots,g(z_{|\Omega|}))^{\mathrm{T}}$, A,I,P 的定义见 (4-9). 因为 0 不是 (4-8) 的特征值, $(2nI-A)+P$ 可逆. 因此, 问题 (4-10) 存在唯一解. 由引理 4.2.1, 可得解是正的. 证毕.

考虑如下特征值问题:

$$\begin{cases} -\Delta x(z)=\lambda q(z)x(z), & z\in\Omega, \\ x(z)=0, & z\in\partial\Omega, \end{cases} \tag{4-11}$$

其中, $q=\{q(z)\}_{z\in\Omega}$ 是 Ω 上的不恒等于零的非负函数, $\Omega\subset\mathbf{Z}^n$ 是有限区域.

引理 4.2.5 特征值问题 (4-11) 的第一特征值 $\lambda^{(1)}(q)$ 是单的, 相应的特征函数 $\varphi^{(1)}$ 可取成正的. 特别地, 若 α 是正常数, 则

$$\lambda^{(1)}(\alpha q)=\frac{1}{\alpha}\lambda^{(1)}(q).$$

证明 考虑特征值问题

$$\begin{cases} -\Delta x(z)-\lambda^{(1)}(q)q(z)x(z)=\mu x(z), & z\in\Omega, \\ x(z)=0, & z\in\partial\Omega. \end{cases} \tag{4-12}$$

易见, $\lambda^{(1)}(q)$ 是 (4-11) 的第一特征值当且仅当 0 是 (4-12) 的第一特征值, 且具有相同的特征函数 $\varphi^{(1)}$. 由引理 4.2.2, 定理得证.

引理 4.2.6 设 q 满足问题 (4-11) 的条件, $\lambda<\lambda^{(1)}(q)$. 则对任意函数 $\{g(z)\}_{z\in\Omega}$, 离散 Dirichlet 边值问题

$$\begin{cases} -\Delta x(z)=\lambda q(z)x(z)+g(z), & z\in\Omega, \\ x(z)=0, & z\in\partial\Omega \end{cases} \tag{4-13}$$

存在唯一解. 进一步, 若 $\{g(z)\}_{z\in\Omega}$ 非负, 并且 $\{g(z)\}_{z\in\Omega}$ 不恒为零, 则 (4-13) 的解是正的.

证明 问题 (4-13) 可写成矩阵形式

$$(2nI-A)X=\lambda QX+G, \tag{4-14}$$

其中, $G=(g(z_1),g(z_2),\cdots,g(z_{|\Omega|}))^{\mathrm{T}}, Q=\mathrm{diag}(q(z_1),q(z_2),\cdots,q(z_{|\Omega|})), A$ 与 I 的定义见 (4-9). 与引理 4.2.4 类似, 对任意 $\lambda<\lambda^{(1)}(q)$, 问题 (4-13) 存在唯一解. 若

$\lambda \leqslant 0$, 解的正性是引理 4.2.1 的直接结果. 下面假设 $0 < \lambda < \lambda^{(1)}(q)$. 不失一般性, 假设 $|q(z)| < 1, z \in \Omega$. 把 (4-14) 整理成以下形式

$$((2n+\lambda)I - A)X = \lambda(Q+I)X + G. \tag{4-15}$$

对任意 $\lambda > 0$, 记 $\mu_{1,\lambda} > 0$ 为问题

$$((2n+\lambda)I - A)X = \mu(Q+I)X$$

的第一特征值. 可断言 $0 < \lambda < \lambda^{(1)}(q)$ 意味着 $\lambda < \mu_{1,\lambda}$. 事实上, 若 $\lambda \geqslant \mu_{1,\lambda}$, 则

$$\frac{1}{\mu_{1,\lambda}} = \sup \frac{X^{\mathrm{T}}(Q+I)X}{X^{\mathrm{T}}((2n+\lambda)I - A)X} \leqslant \sup \frac{X^{\mathrm{T}}(Q+I)X}{X^{\mathrm{T}}((2n+\mu_{1,\lambda})I - A)X}.$$

因此, 对任意 $\varepsilon > 0$, 存在 X 使得

$$\frac{1}{\mu_{1,\lambda}} - \varepsilon \leqslant \frac{X^{\mathrm{T}}(Q+I)X}{X^{\mathrm{T}}((2n+\mu_{1,\lambda})I - A)X},$$

或等价地,

$$\frac{1}{\mu_{1,\lambda}} - \varepsilon - \mu_{1,\lambda}\varepsilon \frac{||X||^2}{X^{\mathrm{T}}(2nI - A)X} \leqslant \frac{X^{\mathrm{T}}QX}{X^{\mathrm{T}}(2nI - A)X}.$$

由第一特征值的表达式, 得

$$\frac{1}{\mu_{1,\lambda}} - \varepsilon - \mu_{1,\lambda}\varepsilon \frac{1}{\lambda^{(1)}(1)} \leqslant \frac{1}{\lambda^{(1)}(q)}, \quad \forall \varepsilon > 0.$$

令 $\varepsilon \to 0$, 得 $\lambda^{(1)}(q) \leqslant \mu_{1,\lambda} \leqslant \lambda < \lambda^{(1)}(q)$. 矛盾, 因此 $\lambda < \mu_{1,\lambda}$. 把 (4-15) 改写成

$$X = \lambda((2n+\lambda)I - A)^{-1}(Q+I)X + ((2n+\lambda)I - A)^{-1}G.$$

记 $M = \lambda((2n+\lambda)I - A)^{-1}(Q+I)$. 因为 $\lambda < \mu_{1,\lambda}, M$ 的最大特征值小于 1. 因此

$$X = (I - M)^{-1}((2n+\lambda)I - A)^{-1}G.$$

由于 M 与 $((2n+\lambda)I - A)^{-1}$ 是正定的, 因此 X 是正的.

4.2.2 正解的存在性与唯一性

首先, 给出解的不存在性结果.

定理 4.2.1 设

$$\sup_{x \neq 0} \frac{\sum\limits_{z \in \Omega} x f(z,x)}{||x||^2} < \lambda_1(0) \quad 或 \quad \inf_{x \neq 0} \frac{\sum\limits_{z \in \Omega} x f(z,x)}{||x||^2} > \lambda_{|\Omega|}(0)$$

成立, 则 (4-5) 不存在非零解.

证明 反证, 设 x 是 (4-5) 的一个非零解, 则

$$-\sum_{z\in\Omega}x(z)\Delta x(z)=\sum_{z\in\Omega}x(z)f(z,x(z)),$$

即

$$\frac{-\sum\limits_{z\in\Omega}x(z)\Delta x(z)}{||x||^2}=\frac{\sum\limits_{z\in\Omega}x(z)f(z,x(z))}{||x||^2},\tag{4-16}$$

其中, $||x||=\sqrt{\sum\limits_{z\in\Omega}x^2(z)}$. 由文献 [207], 有

$$\max_{x\neq 0}\frac{-\sum\limits_{z\in\Omega}x(z)\Delta x(z)}{||x||^2}=\lambda_{|\Omega|}(0),\quad \inf_{x\neq 0}\frac{-\sum\limits_{z\in\Omega}x(z)\Delta x(z)}{||x||^2}=\lambda_1(0).$$

由上式及 (4-16), 即得结论. 证毕.

定义 4.2.1 函数 $x=\{x(z)\}_{z\in\overline{\Omega}}$ 称为 (4-5) 的一个上解 (下解), 若

$$\begin{cases}-\Delta x(z)\geqslant(\leqslant)f(z,x(z)), & z\in\Omega,\\ x(z)\geqslant(\leqslant)0, & z\in\partial\Omega.\end{cases}$$

定理 4.2.2 设问题 (4-5) 存在一个下解 $\underline{x}$ 与一个上解 $\overline{x}$, 满足条件 $\underline{x}\leqslant\overline{x}$. 设 $f(z,s)$ 关于 $s\in[a,b]$ 连续, 且存在常数 $k\geqslant 0$, 使得

$$f(z,s_2)-f(z,s_1)\geqslant -k(s_2-s_1)\tag{4-17}$$

对任意的 $z\in\Omega, s_2\geqslant s_1, s_1,s_2\in[a,b]$ 成立, 其中, $a=\min\limits_{z\in\Omega}\underline{x}(z), b=\max\limits_{z\in\Omega}\overline{x}(z)$, 则问题 (4-5) 存在解 u,v 满足 $\underline{x}\leqslant u\leqslant v\leqslant\overline{x}$. 进一步, 具有性质 $\underline{x}\leqslant x\leqslant\overline{x}$ 的 (4-5) 的任意解 x, 满足 $u\leqslant x\leqslant v$.

证明 由引理 4.2.4, 对任意函数 $u=\{u(z)\}_{z\in\Omega}$, 问题

$$\begin{cases}-\Delta w(z)+kw(z)=f(z,u(z))+ku(z), & z\in\Omega,\\ w(z)=0, & z\in\partial\Omega,\end{cases}\tag{4-18}$$

存在唯一解. 由此定义了一个映射 $T:u\to w$. T 在 $[\underline{x},\overline{x}]$ 是单调的, 即若 $\underline{x}\leqslant u_1\leqslant u_2\leqslant\overline{x}$, 则 $w_1=Tu_1\leqslant Tu_2=w_2$. 事实上, 在 (4-18) 式中分别令 $u=u_1$, $u=u_2$, 并相减得

$$-\Delta(w_2(z)-w_1(z))+k(w_2(z)-w_1(z))$$

$$=f(z,u_2(z))-f(z,u_1(z))+k(u_2(z)-u_1(z)).$$

由 (4-17) 与极值原理得 $Tu_1 \leqslant Tu_2$.

令 $u_k=Tu_{k-1}, u_0=\underline{x}; v_k=Tv_{k-1}, v_0=\overline{x}$. 下面证明

$$\underline{x}=u_0\leqslant u_1\leqslant u_2\leqslant\cdots\leqslant v_2\leqslant v_1\leqslant v_0=\overline{x},\quad z\in\Omega.$$

首先, 利用 (4-18) 与下解的定义, 得

$$\begin{aligned}&-\Delta(u_0(z)-u_1(z))+k(u_0(z)-u_1(z))\\&=-\Delta u_0(z)+ku_0(z)-[f(z,u_0(z))+ku_0(z)]\\&=-\Delta\underline{x}(z)-f(z,\underline{x}(z))\leqslant 0,\quad z\in\Omega,\end{aligned}$$

$$u_0(z)-u_1(z)=\underline{x}(z)\leqslant 0,\quad z\in\partial\Omega.$$

由极值原理得 $u_0(z)-u_1(z)\leqslant 0, z\in\overline{\Omega}$. 同理可得 $v_1\leqslant v_0$. 由 T 的单调性, 可得其他.

因此存在 u 与 v 满足 $\lim\limits_{k\to\infty}u_k=u, \lim\limits_{k\to\infty}v_k=v$. 证毕.

下面, 证明一个存在性结果. 为此, 假设 $f(z,x)$ 关于 x 连续, 且满足如下条件:

(1) 存在非负非平凡函数 $f_0=\{f_0(z)\}_{z\in\Omega}$ 与正数 s_0 使得

$$f(z,x)\geqslant f_0(z)x,\quad 0<x<s_0, z\in\Omega;$$

(2) 存在非负函数 $f_\infty=\{f_\infty(z)\}_{z\in\Omega}$ 与 $c=\{c(z)\}_{z\in\Omega}$, 使得

$$f(z,x)\leqslant f_\infty(z)x+c(z),\quad x\geqslant 0, z\in\Omega;$$

(3) 对任意实数 $M>0$, 存在常数 $k\geqslant 0$ 使得 $f(z,x)+kx$ 在 $|x|\leqslant M$ 上非降.

定理 4.2.3　设条件定理 4.2.2(1)~(3) 成立. 假设 $\lambda^{(1)}(f_0(z))<1$ 且 $\lambda^{(1)}(f_\infty(z))>1$. 则问题 (4-5) 存在正解.

证明　注意到 $\lambda^{(1)}(f_\infty(z))>1$. 由引理 4.2.6, 问题

$$\begin{cases}-\Delta w(z)=f_\infty(z)w(z)+c(z), & z\in\Omega,\\ w(z)=0, & z\in\partial\Omega\end{cases}$$

存在唯一正解 w. 它是 (4-5) 的一个上解并且 (4-5) 的任意非负解 x 满足 $x\leqslant w$. 另一方面, 特征值问题

$$\begin{cases}-\Delta w(z)=\lambda f_0(z)w(z), & z\in\Omega,\\ w(z)=0, & z\in\partial\Omega\end{cases}$$

的第一特征值 $\lambda^{(1)}(f_0(z)) < 1$ 并且相应的特征函数 $\varphi^{(1)}(z)$ 是正的. 选择充分小的正数 ε 使得 $\varepsilon\varphi^{(1)}$ 是 (4-5) 的一个下解, 并且 $\varepsilon\varphi^{(1)} \leqslant w$. 由定理 4.2.2 条件 (3), 问题 (4-5) 存在一个正解. 证毕.

定理 4.2.4 设定理 4.2.3 的条件成立. 设函数 $f(z,x)/x$ 在 $x>0$ 上严格单调, 则问题 (4-5) 存在唯一正解.

证明 设 x_1 与 x_2 是两个不同的正解. 由定理 4.2.2 及定理 4.2.3 的证明过程, 可得 (4-5) 的一个正解 w 使得 $w \geqslant x_1$ 与 $w \geqslant x_2$. 因此, 不妨设 $x_1 \leqslant x_2$. 则对 $i=1,2$, 有

$$\begin{cases} -\Delta x_i(z) = \dfrac{f(z,x_i)}{x_i}x_i, & z \in \Omega, \\ x_i(z) = 0, & z \in \partial\Omega. \end{cases} \tag{4-19}$$

由于 $f(z,x)/x$ 在 $x>0$ 上严格单调, 因此

$$\frac{f(z,x_1)}{x_1} > \frac{f(z,x_2)}{x_2}, \quad 或\frac{f(z,x_1)}{x_1} < \frac{f(z,x_2)}{x_2}.$$

由引理 4.2.3,

$$\lambda_1\left(\frac{-f(z,x_1)}{x_1}\right) < \lambda_1\left(\frac{-f(z,x_2)}{x_2}\right), \quad 或\lambda_1(-f(z,x_1)/x_1) > \lambda_1\left(\frac{-f(z,x_2)}{x_2}\right).$$

然而, 由 (4-19) 与 $x_i(z)>0, z\in\Omega$, 得 $\lambda_1(-f(z,x_1)/x_1) = \lambda_1(-f(z,x_2)/x_2) = 0$. 矛盾. 证毕.

定理 4.2.5 设 $f(z,x) = xh(z,x)$. 设存在常数 $M>0$, 使得

$$h(z,x) \leqslant 0, \quad z\in\Omega, x \geqslant M,$$

并且 $h(z,x)$ 光滑, 关于 $x\in[0,M]$ 严格下降, 则问题 (4-5) 至多存在一个正解.

证明 由假设与极值原理, 问题 (4-5) 的任意解 x 满足 $x \leqslant M$. 设 x_1 与 x_2 是两个不同的正解. 由假设, 0 与 M 分别为 (4-5) 的下解与上解. 由定理 4.2.2 及定理 4.2.3 的证明过程, 可得 (4-5) 的一个正解 w 使得 $w \geqslant x_1$ 与 $w \geqslant x_2$. 因此, 不妨设 $x_1 \leqslant x_2$. 则对 $i=1,2$, 有

$$\begin{cases} -\Delta x_i(z) = h(z,x_i)x_i, & z \in \Omega, \\ x_i(z) = 0, & z \in \partial\Omega. \end{cases}$$

因此, $\lambda_1(-h(z,x_1)) = \lambda_1(-h(z,x_2)) = 0$. 另一方面, 由假设,

$$\lambda_1(-h(z,x_1)) < \lambda_1(-h(z,x_2)).$$

矛盾. 证毕.

4.2.3　应用

首先考虑问题

$$\begin{cases} -\Delta x(z) = \lambda q(z)x(z)(1-x(z)), & z \in \Omega, \\ x(z) = 0, & z \in \partial\Omega, \end{cases} \tag{4-20}$$

其中, q 与 Ω 满足 (4-11) 的条件, 并且 q 有界.

由极值原理, (4-20) 的任意非负非平凡解 x 满足 $0 < x < 1$. 对任意 $s_1, s_2 \in [0,1], s_2 \geqslant s_1$, 有

$$\lambda s_2(1-s_2) - \lambda s_1(1-s_1) = \lambda(s_2-s_1)(1-s_1-s_2) \geqslant -\lambda(s_2-s_1).$$

令 $k = \lambda \max\limits_{z\in\Omega} p(z)$, 则条件 (4-17) 成立. 设 $\lambda^{(1)}(q)$ 是 (4-11) 的第一特征值, $\varphi^{(1)}$ 是相应的正的特征函数, 且 $\|\varphi^{(1)}\| = 1$. 对 $\lambda > \lambda^{(1)}(q)$, 选充分小的正数 ε, 使得 $\varepsilon\varphi^{(1)}$ 是 (4-20) 的一个下解. 另一方面, $\overline{x} \equiv 1, z \in \overline{\Omega}$ 是 (4-20) 的一个上解. 由定理 4.2.2, (4-20) 存在一个正解. 由于函数 $f(z,u) = \lambda q(z)u(1-u)$ 满足定理 4.2.5 的条件, 正解是唯一的. 此外, 考虑到定理 4.2.1, 立即得到不存在性结果. 因此, 有定理 4.2.6.

定理 4.2.6　设 $\lambda > \lambda^{(1)}(q)$, 则问题 (4-20) 存在唯一正解 $x(z)$. 并且 $0 < x < 1$. 当 $\lambda \leqslant \lambda^{(1)}(q)$, 问题 (4-20) 不存在非负非平凡解.

下面考虑边值问题

$$\begin{cases} -\Delta x(z) = \lambda \mathrm{e}^{-x(z)}, & z \in \Omega, \\ x(z) = 0, & z \in \partial\Omega \end{cases} \tag{4-21}$$

与

$$\begin{cases} -\Delta x(z) = \lambda x^{\alpha}(z), & z \in \Omega, \\ x(z) = 0, & z \in \partial\Omega, \end{cases} \tag{4-22}$$

其中 $0 < \alpha < 1$. 则对任意 $\lambda > 0$, 有

(1) $\lim\limits_{x\to 0+} \dfrac{\lambda \mathrm{e}^{-x}}{x} = +\infty, \lim\limits_{x\to 0+} \dfrac{\lambda x^{\alpha}}{x} = +\infty$.

(2) 对任意 $x \geqslant 0$, 有 $\lambda \mathrm{e}^{-x} \leqslant \varepsilon x + \lambda, \lambda x^{\alpha} \leqslant \varepsilon x + M$, 其中 ε 是任意小的正常数, $M = M(\varepsilon)$ 是充分大的正数.

(3) 当 $x \geqslant 0$ 时, $\lambda \mathrm{e}^{-x} + \lambda x$ 与 λx^{α} 单调递增.

(4) 当 $x \geqslant 0$ 时, $\lambda \mathrm{e}^{-x}/x$ 与 $\lambda x^{\alpha}/x$ 严格单调递减.

由定理 4.2.4, 有如下结果.

定理 4.2.7　对任意 $\lambda > 0$, 问题 (4-21) 与问题 (4-22) 存在唯一正解.

注 4.2.1 非线性差分方程的正解问题得到了众多学者的关注, 也引入不同的分析工具进行了研究, 例如, 文献 [240], [241] 中就应用分歧方法研究了含参数非线性差分方程边值问题正解及标号解的成长性和多解性. 而在文献 [242] 中回答了有限差分边值问题正解的性质, 并提出了一些有意思的公开问题.

第 5 章　三类非线性代数系统解的存在性

在本章中, 主要考虑三类非线性代数系统解的存在性. 这三类系统可以写成两种形式, 其中前两类可以写成

$$Au = \lambda F(u), \tag{5-1}$$

A 是 $n \times n$ 实矩阵, 且存在正的对角矩阵 D 使得矩阵 DA 是正定的或非负定的.

$$u = (u_1, u_2, \cdots, u_n)^{\mathrm{T}}$$

是一个 n 维向量, F 是一个向量值函数,

$$F(u) = (f_1(u_1), f_2(u_2), \cdots, f_n(u_n))^{\mathrm{T}}.$$

当矩阵 DA 是正定的时候, 称系统 (5-1) 是第一类; 当 DA 是非负定的时候, 称其为第二类. 而第三类系统可以写成

$$u = \lambda GF(u) \tag{5-2}$$

或者

$$u_i = \lambda \sum_{j=1}^{n} g_{ij} f(u_j), \quad i \in [1, n],$$

其中, u, F 如前定义, 而 $n \times n$ 矩阵 G 的所有元素是正的, 因此也称为正矩阵. (5-1) 和 (5-2) 中的 $\lambda > 0$, 一般被看作是参数. 若 $n \times n$ 矩阵 G 的元素中没有负的, 称之为非负矩阵.

当一个 n 维向量 u 代入 (5-1) 或 (5-2) 变成等式, 称其为 (5-1) 或 (5-2) 的一个解. 如此的解如果每个分量大于 0, 则称它是正解; 负解类似定义. 当一个解的每个分量不等于 0 的时候, 称它是非零的. 正的、负的和非退化的, 分别可以记为 $u > 0, u < 0$ 和 $u \neq 0$.

5.1　第一类非线性代数系统

在本小节, 考虑非线性代数系统

$$Au = \lambda F(u). \tag{5-3}$$

这里要求 A 是 $n\times n$ 实矩阵, 且存在正的对角矩阵 D 使得矩阵 DA 是正定的, 其他如前定义.

系统 (5-3) 包含了许多应用问题, 如二阶 Dirichlet 问题 [34,35,37,39,41,42,45,46]、四阶 Dirichlet 问题 [24,51,52,110]、偶数阶边值问题 [53~58]、偏差分方程的边值问题 [24,35,58,59]、反周期解的存在性 [68]、自共轭二阶差分方程边值问题 [19~22,34]、复杂网络平衡方程 [76,108,208] 等. 因此, 它的存在性问题十分重要.

(5-3) 的一些特殊情况也可以化成第三类问题, 但有一些是不可以的. 例如, 考虑 $n=3$ 的反周期解问题, 可以获得下面系数矩阵

$$A=\begin{pmatrix} 2 & -1 & 1 \\ -1 & 2 & -1 \\ 1 & -1 & 2 \end{pmatrix},$$

它是正定的. 然而, 它的逆矩阵是

$$A^{-1}=\frac{1}{4}\begin{pmatrix} 3 & 1 & -1 \\ 1 & 3 & 1 \\ -1 & 1 & 3 \end{pmatrix}.$$

如此的问题不能用第三类问题的方法解决.

另外, 这里不只注意系统 (5-3) 正解的存在性, 其他的解也要关注. 这里的方法也不同于第三类问题.

5.1.1 一些基本事实

对于任意 $i\in[1,n]$ 和 $x\in\mathbf{R}$, 假设 f_i 满足 $f_i(-x)=-f_i(x)$, 并且积分

$$F_i(x)=\int_0^x f_i(s)\,\mathrm{d}s \tag{5-4}$$

存在. 这时候, 定义多元函数

$$I(u)=\frac{1}{2}u^{\mathrm{T}}DAu-\lambda\sum_{i=1}^{n}d_i\int_0^{u_i}f_i(s)\,\mathrm{d}s,\quad u\in\mathbf{R}^n. \tag{5-5}$$

如果 $I(u)$ 在 w 处的梯度为零, 即

$$\left.\frac{\partial I(u)}{\partial u_1}\right|_{u=w}=0,\left.\frac{\partial I(u)}{\partial u_2}\right|_{u=w}=0,\cdots,\left.\frac{\partial I(u)}{\partial u_n}\right|_{u=w}=0.$$

那么向量 $w=(w_1,w_2,\cdots,w_n)^{\mathrm{T}}$ 被称作 $I(u)$ 的一个临界点. 利用文献 [48], [49] 的方法, 有如下引理 5.1.1.

引理 5.1.1　一个向量 $w=(w_1,w_2,\cdots,w_n)^{\mathrm{T}}$ 是 (5-1) 的一个解, 当且仅当 w 为 $I(u)$ 的一个临界点.

对于一个对称矩阵 B, 定义 $q(u)=u^{\mathrm{T}}Bu$, S 是 $\mathbf{R}^n$ 的子空间, 对于 $u\in S, u\neq 0$, $q(u)<0$ 的 S 的最大维数称为 B 的指标.

注意到, 如果 u 是 (5-3) 的一个解, 那么 $-u$ 也是它的解. 因此, 这里关心解对的存在性. 类似地, 也有临界点对 $\pm u$. 下面的结果是文献 [209] 中结果的特殊情况, 它们对后边主要结果的证明是有用的.

引理 5.1.2　$H(u)$ 是 $\mathbf{R}^n$ 上的一阶可导偶函数, $H(0)=0, H(u)=q(u)+v(u)$, 其中 $q(u)$ 是一个指标为 m 的二次多项式. 当 $\|u\|=\sqrt{u_1^2+u_2^2+\cdots+u_n^2}$ 足够大的时候, $H(u)\geqslant 0$, 当 $\|u\|\to 0$ 的时候, $v(u)=o\left(\|u\|^2\right)$. 那么, $H(u)$ 至少有 m 个非零临界点对.

5.1.2　不存在性

在这里, 将考虑 (5-3) 非退化解的不存在性. 一个解 u 如果存在 $k_0\in[1,n]$, 使得 $u_{k_0}\neq 0$, 称其为非退化的.

现在令

$$0<\mu_1\leqslant\mu_2\leqslant\cdots\leqslant\mu_n$$

为矩阵 $DA=B$ 的特征值, 对应地 $v_1,v_2,\cdots,v_n$ 是其特征向量, u 是 (5-3) 的一个非退化解. 对 (5-3) 左乘 $u^{\mathrm{T}}D$, 有

$$u^{\mathrm{T}}Bu-\lambda\sum_{i=1}^{n}d_i\int_0^{u_i}f_i(s)\,\mathrm{d}s=0.$$

因此,

$$\frac{u^{\mathrm{T}}Bu}{u^{\mathrm{T}}u}=\lambda\frac{\displaystyle\sum_{i=1}^{n}d_i\int_0^{u_i}f_i(s)\,\mathrm{d}s}{u^{\mathrm{T}}u}. \tag{5-6}$$

由文献 [174] 的结论, 有

$$\max_{u\neq 0}\frac{u^{\mathrm{T}}Bu}{u^{\mathrm{T}}u}=\mu_n,\quad \min_{u\neq 0}\frac{u^{\mathrm{T}}Bu}{u^{\mathrm{T}}u}=\mu_1.$$

因此, 当 u 是 (5-3) 的一个非退化解的时候有

$$\mu_1\leqslant\lambda\frac{\displaystyle\sum_{i=1}^{n}d_i\int_0^{u_i}f_i(s)\,\mathrm{d}s}{u^{\mathrm{T}}u}\leqslant\mu_n.$$

所以, 有下面定理 5.1.1.

定理 5.1.1 条件

$$\lambda \sup_{u\neq 0} \frac{\sum_{i=1}^{n} d_i \int_0^{u_i} f_i(s)\,\mathrm{d}s}{u^{\mathrm{T}}u} < \mu_1 \tag{5-7}$$

或者

$$\inf_{u\neq 0} \lambda \frac{\sum_{i=1}^{n} d_i \int_0^{u_i} f_i(s)\,\mathrm{d}s}{u^{\mathrm{T}}u} > \mu_n \tag{5-8}$$

蕴涵着 (5-3) 没有任何非退化解.

现在, 假设 $f_1 = f_2 = \cdots = f_n = f$ 并且记

$$\lim_{|x|\to 0} \frac{f(x)}{x} = l, \quad \lim_{|x|\to \infty} \frac{f(x)}{x} = L.$$

显然, $L = l = 0$ 蕴涵着

$$\sup_{x\neq 0} \frac{f(x)}{x}$$

存在. 在这种情况下, 有

$$\sum_{i=1}^{n} d_i f_i(u_i) \leqslant \sup_{x\neq 0} \frac{f(x)}{x} \max_{i\in[1,n]} \{d_i\} \|u\|^2 .$$

类似地, $L = l = \infty$ 蕴涵着

$$\inf_{x\neq 0} \frac{f(x)}{x}$$

存在. 在这种情况下, 有

$$\sum_{i=1}^{n} d_i f_i(u_i) \geqslant \inf_{x\neq 0} \frac{f(x)}{x} \min_{i\in[1,n]} \{d_i\} \|u\|^2 .$$

因此, 有下面结论 5.1.1.

推论 5.1.1 假设 $f_1 = f_2 = \cdots = f_n = f$. 那么, 条件 $L = l = 0$ 蕴涵着对任意的

$$0 < \lambda < \frac{\mu_1}{\sup\limits_{x\neq 0} f(x)/x \max\limits_{i\in[1,n]} \{d_i\}},$$

系统 (5-3) 没有任何非退化解; $L = l = \infty$ 蕴涵着对任意的

$$\lambda > \frac{\mu_1}{\inf\limits_{x\neq 0} f(x)/x \min\limits_{i\in[1,n]} \{d_i\}},$$

系统 (5-3) 没有任何非退化解.

当 l, L 满足条件: ① $0 < l, L < \infty$; ② $l = 1, 0 < L < \infty$; ③ $L = 0, 0 < l < \infty$; ④ $l = \infty, 0 < L < \infty$; ⑤ $L = \infty, 0 < l < \infty$, 可以获得类似的推论.

作为一个例子, 考虑二阶边值问题:

$$\begin{cases} \Delta^2 u_{i-1} + \lambda f(u_i) = 0, \quad i = 1, 2, \cdots, n, \\ u_0 = 0 = u_{n+1}, \end{cases} \tag{5-9}$$

这时候, 有

$$A = \begin{pmatrix} 2 & -1 & 0 & \cdots & 0 \\ -1 & 2 & -1 & \cdots & 0 \\ \vdots & \vdots & \vdots & & \vdots \\ 0 & \cdots & -1 & 2 & -1 \\ 0 & \cdots & 0 & -1 & 2 \end{pmatrix}_{n\times n}.$$

它有精确的特征值

$$\mu_i = 4\sin^2 \frac{i\pi}{2(n+1)}, \quad i \in [1, n].$$

特别地, 有

$$\mu_1 = 4\sin^2 \frac{\pi}{2(n+1)}, \quad \mu_n = 4\sin^2 \frac{n\pi}{2(n+1)}.$$

这时候, 如果 $L = l = 0$, 那么对任何的

$$0 < \lambda < 4\sin^2 \frac{\pi}{2(n+1)} \Big/ \sup_{x\neq 0} \frac{f(x)}{x}$$

或者

$$\lambda > 4\sin^2 \frac{n\pi}{2(n+1)} \Big/ \inf_{x\neq 0} \frac{f(x)}{x},$$

问题 (5-9) 无任何非退化解.

现在再假设 u 是 (5-3) 的一个非退化解, 由 (5-2) 可得

$$DAu = \lambda \mathrm{diag}\left(\frac{d_1 f_1(u_1)}{u_1}, \frac{d_2 f_2(u_2)}{u_2}, \cdots, \frac{d_n f_n(u_n)}{u_n}\right) u,$$

$$v_i^{\mathrm{T}} DAu = \lambda v_i^{\mathrm{T}} \mathrm{diag}\left(\frac{d_1 f_1(u_1)}{u_1}, \frac{d_2 f_2(u_2)}{u_2}, \cdots, \frac{d_n f_n(u_n)}{u_n}\right) u,$$

$$(DAv_i)^{\mathrm{T}} u = \lambda \left[\mathrm{diag}\left(\frac{d_1 f_1(u_1)}{u_1}, \frac{d_2 f_2(u_2)}{u_2}, \cdots, \frac{d_n f_n(u_n)}{u_n}\right)\right]^{\mathrm{T}} u,$$

$$\mu_i v_i^{\mathrm{T}} u = \lambda \left[\mathrm{diag}\left(\frac{d_1 f_1(u_1)}{u_1}, \frac{d_2 f_2(u_2)}{u_2}, \cdots, \frac{d_n f_n(u_n)}{u_n}\right)\right]^{\mathrm{T}} u.$$

因此, 有如下定理 5.1.2.

定理 5.1.2 假设存在 $i_0 \in [1, n-1]$, 使得 $\mu_{i_0} < \mu_{i_0+1}$, 且

$$\mu_{i_0} < \frac{\lambda d_k f_k(x)}{x} < \mu_{i_0+1}, \quad x \in (0, \infty), k \in [1, n].$$

那么系统 (5-3) 没有任何非退化解.

显然, 当 $f_1 = f_2 = \cdots = f_n = f$ 的时候, 仍然可以获得一些推论, 但这里省略.

5.1.3 存在性

这里将考虑 (5-3) 非零解的存在性. 为此, 令

$$f_{i0} = \lim_{|x| \to 0} \frac{f_i(x)}{x}, \quad f_{i\infty} = \lim_{|x| \to \infty} \frac{f_i(x)}{x} \in (0, \infty), \quad i \in [1, n]. \tag{5-10}$$

因此, 可以找到 $\xi_i, \zeta_i \in C(\mathbf{R}, \mathbf{R})$ 使得

$$f_i(x) = f_{i0}x + \xi_i(x) = f_{i\infty}x + \zeta_i(x), \quad i \in [1, n], \tag{5-11}$$

其中

$$\lim_{|x| \to 0} \frac{\xi_i(x)}{x} = \lim_{|x| \to \infty} \frac{\zeta_i(x)}{x} = 0, \quad i \in [1, n]. \tag{5-12}$$

在这种情况下, 有下面定理 5.1.3.

定理 5.1.3 如果对于某个 $m \in [1, n-1]$, 使得 $\mu_m < \mu_{m+1}$, 并且

$$\mu_m < \lambda d_i f_{i0} < \mu_{m+1}, \quad \lambda d_i f_{i\infty} < \mu_1, \quad i \in [1, n]. \tag{5-13}$$

那么, (5-3) 至少有 m 个非零解对.

证明 只要证明 $I(u)$ 有 m 个非零临界点对即可. 事实上, 有

$$\begin{aligned} I(u) &= \frac{1}{2}u^{\mathrm{T}}DAu - \lambda \sum_{i=1}^{n} d_i \int_0^{u_i} f_i(s)\,\mathrm{d}s \\ &= \frac{1}{2}u^{\mathrm{T}}(B - \lambda F_0)u - \lambda \sum_{i=1}^{n} d_i \int_0^{u_i} \xi_i(s)\,\mathrm{d}s \\ &= \frac{1}{2}u^{\mathrm{T}}(B - \lambda F_\infty)u - \lambda \sum_{i=1}^{n} d_i \int_0^{u_i} \zeta_i(s)\,\mathrm{d}s. \end{aligned}$$

其中 $F_0 = \mathrm{diag}(d_1 f_{10}, d_2 f_{20}, \cdots, d_n f_{n0}), F_\infty = \mathrm{diag}(d_1 f_{1\infty}, \cdots, d_n f_{n\infty})$.

由条件 $\mu_m < \lambda d_i f_{i0} < \mu_{m+1}$ 可知, 矩阵 $B - \lambda F_0$ 有 m 个精确的负特征值. 由此可见, $\frac{1}{2}u^{\mathrm{T}}(B - \lambda F_0)u$ 是指标为 m 的二次式. 注意到条件 (5-13) 的第二式

和 (5-12), 容易证明对于 $\|u\|$ 足够大的时候, $I(u) \geqslant 0$. 通过引理 5.1.2 可知该定理成立.

由定理 5.1.3, 可获得推论 5.1.2.

推论 5.1.2　如果 $\mu_1 < \mu_2$ 并且

$$\mu_1 < \lambda d_i f_{i0} < \mu_2, \quad \lambda d_i f_{i\infty} < \mu_1, \quad i \in [1, n].$$

那么, (5-3) 至少有一个正负解对.

推论 5.1.3　如果

$$\lambda d_i f_{i0} > \mu_n, \quad \lambda d_i f_{i\infty} < \mu_1, \quad i \in [1, n],$$

那么, (5-3) 至少有 n 个非零解对.

定理 5.1.4　如果对于某个 $m \in [2, n]$, 使得 $\mu_{m-1} < \mu_m$ 并且

$$\mu_{m-1} < \lambda d_i f_{i0} < \mu_m, \quad \lambda d_i f_{i\infty} > \mu_n, \quad i \in [1, n], \tag{5-14}$$

那么, (5-3) 至少有 $n - m + 1$ 个非零解对.

证明　注意到

$$\begin{aligned}
-I(u) &= -\frac{1}{2}u^{\mathrm{T}} DAu + \lambda \sum_{i=1}^{n} d_i \int_0^{u_i} f_i(s)\,\mathrm{d}s \\
&= \frac{1}{2}u^{\mathrm{T}} (\lambda F_0 - B) u + \lambda \sum_{i=1}^{n} d_i \int_0^{u_i} f_i(s)\,\mathrm{d}s \\
&= \frac{1}{2}u^{\mathrm{T}} (\lambda F_\infty - B) u + \lambda \sum_{i=1}^{n} d_i \int_0^{u_i} f_i(s)\,\mathrm{d}s.
\end{aligned}$$

类似于定理 5.1.3 的讨论可证得定理成立.

由定理 5.1.3, 可以获得推论 5.1.4.

推论 5.1.4　如果

$$\lambda d_i f_{i0} < \mu_1, \quad \lambda d_i f_{i\infty} > \mu_n, \quad i \in [1, n]. \tag{5-15}$$

那么, (5-3) 至少有 n 个非零解对.

由推论 5.1.3 和推论 5.1.4, 可以获得推论 5.1.5.

推论 5.1.5　假设 $f_1 = f_2 = \cdots = f_n = f$. 那么, 条件

$$\lim_{|x| \to 0} \frac{f(x)}{x} = 0, \quad \lim_{|x| \to \infty} \frac{f(x)}{x} = \infty$$

或者

$$\lim_{|x|\to 0}\frac{f(x)}{x}=\infty,\quad \lim_{|x|\to\infty}\frac{f(x)}{x}=0$$

蕴涵着 (5-3) 至少有 n 个非零解对.

注 5.1.1 即使对于 (5-3) 的特殊情况, 推论 5.1.5 也是新的.

5.2 第二类非线性代数系统

本小节讨论的非线性代数系统

$$Au=\lambda F(u), \tag{5-16}$$

这里要求 A 是 $n\times n$ 实矩阵, 且存在正的对角矩阵 D 使得矩阵 DA 是非负定的, 其他如前定义. 在这种情况下, 矩阵 DA 有特征值

$$0=\mu_1=\mu_2=\cdots=\mu_m<\mu_{m+1}\leqslant\cdots\leqslant\mu_n.$$

对应地, $v_1,v_2,\cdots,v_n$ 是其特征向量. 类似于 5.1 节的讨论, 有下面的定理 5.2.1.

定理 5.2.1 条件

$$\inf_{u\neq 0}\lambda\frac{\sum_{i=1}^{n}d_i\int_0^{u_i}f_i(s)\,\mathrm{d}s}{u^{\mathrm{T}}u}>\mu_n \tag{5-17}$$

蕴涵着 (5-16) 没有任何非退化解.

定理 5.2.2 假设存在 $i_0\in[m,n-1]$ 使得 $\mu_{i_0}<\mu_{i_0+1}$, 且

$$\mu_{i_0}<\frac{\lambda d_k f_k(x)}{x}<\mu_{i_0+1},\quad x\in(0,\infty),k\in[1,n]. \tag{5-18}$$

那么系统 (5-16) 没有任何非退化解.

定理 5.2.3 如果对于某个 $l\in[m+1,n]$ 使得 $\mu_{l-1}<\mu_l$ 并且

$$\mu_{l-1}<\lambda d_i f_{i0}<\mu_l,\quad \lambda d_i f_{i\infty}>\mu_n,\quad i\in[1,n]. \tag{5-19}$$

那么, (5-16) 至少有 $n-l+1$ 个非零解对.

周期边值问题是 (5-16) 的特殊情况. 如此的工作是十分重要的, 它不仅确保了方程解的振动性 [25,31,32,39,83~85], 而且是周期振动的. 特别地, 很多物理系统的稳态方程也满足系统 (5-16). 例如, 环上热扩散问题、四阶或偶数阶差分方程的周期边值问题、物理上称作间隔系统的稳态方程等, 请参考文献 [86]~[88].

5.3 第三类非线性代数系统

本小节讨论非线性系统

$$u = \lambda GF(u), \tag{5-20}$$

或者

$$u_i = \lambda \sum_{j=1}^{n} g_{ij} f(u_j), \quad i \in [1, n], \tag{5-21}$$

其中 u, F 如前定义, 而 $n \times n$ 矩阵 G 的所有元素是正的非奇异矩阵.

众多的问题可以划归为系统 (5-20) 或 (5-21), 如积分方程的离散形式 [99~106]、二阶差分方程的 Dirichlet 边值问题 [35~50]、四阶差分方程 [24,51,52,110]、偶数阶差分方程 [53~58]、偏差分方程 [24,35,58~60]、三阶差分方程边值问题 [107~109]、三点边值问题 [208]、周期解的存在性 [111~116]、复杂神经网络的稳态方程 [134,135,199] 等.

5.3.1 正解存在唯一性

首先, 考虑存在唯一性问题. 为此, 先看一下 (5-20) 的特殊情况, 即 $n = 1$ 并且令 $f(x) = x^{\alpha}$. 这时候, 问题退化成

$$x = \lambda a x^{\alpha}. \tag{5-22}$$

容易验证, 对于任意固定的 $\alpha \in (0, 1)$ 或 $(1, \infty)$ 及任意的 $\lambda > 0$, (5-22) 有唯一正根. 那么, 如此的事实对于一般情况成立吗? 也就是说, 对于非线性系统

$$u = \lambda G u^{\alpha}, \tag{5-23}$$

可以扩充上面的事实吗? 事实上, 当 $\alpha \in (0, 1)$ 的时候结论是肯定的; 而当 $\alpha \in (1, \infty)$ 的时候, 其存在性由定理 5.3.1 看出成立, 但唯一性却不一定成立. 计划给出一个反例.

定理 5.3.1 对于任意的 $\lambda > 0, \alpha \in (0, 1)$, 问题在于 (5-23) 存在唯一正解.

证明 对于任意的 $u \in \mathbf{R}^n$, 定义它的泛数为 $\|u\| = \max\limits_{i \in [1,n]} |u_i|$, 那么 $\mathbf{R}^n$ 构成一个 Banach 空间. 令

$$S = \left\{ u \in \mathbf{R}^n \,\middle|\, (\lambda g_{ii})^{\frac{1}{1-\alpha}} \leqslant u_i \leqslant (\lambda \|G\|)^{\frac{1}{1-\alpha}} \right\},$$

这里 $\|G\| = \max\limits_{i,j \in [1,n]} g_{ij}$. 并且, 对于 $u \in D$ 定义 $Tu = \lambda G u^{\alpha}$. 显然, S 是 $\mathbf{R}^n$ 的有界闭凸集, 且 $TS \subset S$. 事实上, 对于 $u \in S$, 有

$$\|Tu\| = \|\lambda G u^{\alpha}\| \leqslant \lambda \|G\| \cdot \|u\|^{\alpha} \leqslant \lambda \|G\| (\lambda \|G\|)^{\frac{\alpha}{1-\alpha}} = (\lambda \|G\|)^{\frac{1}{1-\alpha}},$$

$$(Tu)_i = \lambda \sum_{j=1}^{n} g_{ij} u_j^\alpha \geqslant \lambda g_{ii} u_i^\alpha \geqslant \lambda g_{ii} (\lambda g_{ii})^{\frac{\alpha}{1-\alpha}} = (\lambda g_{ii})^{\frac{1}{1-\alpha}}.$$

再由 $T : S \to S$ 的连续性及 Brouwer 不动点定理已证明其存在性.

现在假设 u, v 是 (5-23) 两个不同的正解. 记

$$\rho = \min_{i \in [1,n]} \frac{u_i}{v_i} = \frac{u_{i_0}}{v_{i_0}},$$

那么 $\rho > 0$ 并且

$$\rho = \frac{\lambda \sum_{j=1}^{n} g_{i_0^j} u_j^\alpha}{\lambda \sum_{j=1}^{n} g_{i_0^j} v_j^\alpha} > \min_{i \in [1,n]} \frac{u_i^\alpha}{v_i^\alpha} = \rho^\alpha,$$

这蕴涵着 $\rho \geqslant 1$. 因此, $u \geqslant v$. 类似地, 也可以证明 $v \geqslant u$. 因此, $u = v$. 证毕.

注 5.3.1 当 $\alpha > 1$ 时, 存在性没问题. 然而, 其解不一定唯一. 作为一个例子, 考虑偏差分边值问题:

$$\begin{cases} \Delta_1 u_{i-1,j} + \Delta_2 u_{i,j-1} + \lambda u_{ij}^3 = 0, & (i,j) \in S, \\ u_{i,j} = 0, & (i,j) \in \partial S, \end{cases}$$

其中 $S = \{(1,1), (1,2), (2,1), (2,2)\}, \partial S$ 是它的边界. 此问题等价于非线性代数方程组:

$$\begin{pmatrix} 4 & -1 & -1 & 0 \\ -1 & 4 & 0 & -1 \\ -1 & 0 & 4 & -1 \\ 0 & -1 & -1 & 4 \end{pmatrix} \begin{pmatrix} u_{1,1} \\ u_{1,2} \\ u_{2,1} \\ u_{2,2} \end{pmatrix} = \lambda \begin{pmatrix} u_{1,1}^3 \\ u_{1,2}^3 \\ u_{2,1}^3 \\ u_{2,2}^3 \end{pmatrix}$$

或者

$$\begin{pmatrix} u_{1,1} \\ u_{1,2} \\ u_{2,1} \\ u_{2,2} \end{pmatrix} = \lambda \frac{1}{24} \begin{pmatrix} 7 & 2 & 2 & 1 \\ 2 & 7 & 1 & 2 \\ 2 & 1 & 7 & 2 \\ 1 & 2 & 2 & 7 \end{pmatrix} \begin{pmatrix} u_{1,1}^3 \\ u_{1,2}^3 \\ u_{2,1}^3 \\ u_{2,2}^3 \end{pmatrix}.$$

当 $\lambda = 1$ 的时候, 通过 Maple 我们可以解得数值解为

$$u_{1,1} = 0.58245, \quad u_{1,2} = 1.8344, \quad u_{2,1} = 0.29783, \quad u_{2,2} = 0.58245;$$

$$u_{1,1} = 0.58245, \quad u_{1,2} = 0.29783, \quad u_{2,1} = 1.8344, \quad u_{2,2} = 0.58245;$$

$$u_{1,1} = 0.29783, \quad u_{1,2} = 0.58243, \quad u_{2,1} = 0.58243, \quad u_{2,2} = 1.8344;$$

$$u_{1,1}=1.8344,\quad u_{1,2}=0.58243,\quad u_{2,1}=0.58243,\quad u_{2,2}=0.29783;$$

$$u_{1,1}=1.4142,\quad u_{1,2}=1.4142,\quad u_{2,1}=1.4142,\quad u_{2,2}=1.4142;$$

$$u_{1,1}=0.61803,\quad u_{1,2}=0.61803,\quad u_{2,1}=1.618,\quad u_{2,2}=1.618;$$

$$u_{1,1}=0.61803,\quad u_{1,2}=1.618,\quad u_{2,1}=0.61803,\quad u_{2,2}=1.618;$$

$$u_{1,1}=1.618,\quad u_{1,2}=0.61803,\quad u_{2,1}=1.618,\quad u_{2,2}=0.61803;$$

$$u_{1,1}=1.618,\quad u_{1,2}=1.618,\quad u_{2,1}=0.61803,\quad u_{2,2}=0.61803.$$

5.3.2　正解的存在性、多解性、不存在性

令

$$m=\min_{i,j\in[1,n]}g_{ij},\quad M=\max_{i,j\in[1,n]}g_{ij},\quad \sigma=\frac{m}{M}.$$

定义

$$P=\{x\in\mathbf{R}^n\,|x_i\geqslant 0,i\in[1,n]\},$$

$$K=\{x\in\mathbf{R}^n\,|x_i\geqslant\sigma\|u\|,i\in[1,n]\},$$

那么, P,K 是 $\mathbf{R}^n$ 的锥. 记

$$\Omega_r=\{x\in K\,|\|x\|<r\},\quad \partial\Omega=\{x\in K\,|\|x\|=r\}.$$

映射 $T_\lambda:P\to\mathbf{R}^n$ 定义为

$$(T_\lambda x)_i=\lambda\sum_{j=1}^n g_{ij}f_j(x_j),\quad i\in[1,n]\tag{5-24}$$

或者为

$$T_\lambda x=\lambda GF(x).\tag{5-25}$$

那么 (5-20) 或 (5-21) 的存在性就转化为求 T_λ 的不动点.

下面是一些基本的观察:

(1) 对于 $x\in P$, 有

$$(T_\lambda x)_i\geqslant m\lambda\sum_{j=1}^n f_j(x_j)\geqslant\sigma\|x\|,\quad i\in[1,n],$$

这蕴涵着 $T_\lambda P\subset K$.

(2) 如果 $x\in K$ 并且存在 $i_0\in[1,n]$ 和 $\eta_{i_0}>0$, 使得 $f_{i_0}(x_{i_0})\geqslant\eta_{i_0}x_{i_0}$, 那么有

$$(T_\lambda x)_i\geqslant m\lambda\eta_{i_0}x_{i_0}\geqslant\lambda\sigma m\eta_{i_0}\|x\|,$$

因此有 $\|T_\lambda x\| \geqslant \lambda\sigma m\eta_{i_0}\|x\|$.

(3) 如果对于 $r>0, x\in\partial\Omega_r$, 存在 δ_i 使得 $f_i(x_i)\leqslant\delta_i x_i$, 那么

$$\|T_\lambda x\| \leqslant M\lambda\sum_{j=1}^{n}\delta_j x_j \leqslant \lambda M\sum_{j=1}^{n}\delta_j\|x\|.$$

(4) 对于 $r>0$, 定义

$$Q_i(r)=\max_{0\leqslant t\leqslant r}f_i(t),\quad q_i(r)=\min_{\sigma r\leqslant t\leqslant r}f_i(t),$$

那么, 对于 $x\in\partial\Omega_r$, 有

$$\|T_\lambda x\| \geqslant \lambda m\sum_{j=1}^{n}f_j(x_j) \geqslant \lambda m\sum_{j=1}^{n}q_j(r)=\lambda mq(r),$$

$$\|T_\lambda x\| \leqslant \lambda M\sum_{j=1}^{n}f_j(x_j) \geqslant \lambda M\sum_{j=1}^{n}Q_j(r)=\lambda MQ(r).$$

接下来, 考虑存在性. 为此, 令

$$f_i^{(0)}=\lim_{u\to0^+}\frac{f_i(u)}{u},\quad f_i^{(\infty)}=\lim_{u\to\infty}\frac{f_i(u)}{u},\quad i\in[1,n].$$

定理 5.3.2 对任意的 $i\in[1,n]$, $f_i^{(0)}=0$ 或 $f_i^{(\infty)}=0$, 那么存在 $\lambda_0>0$, 使得对任意的 $\lambda>\lambda_0$ 问题 (5-20) 至少有一个正解; 对任意的 $i\in[1,n]$, $f_i^{(0)}=f_i^{(\infty)}=0$, 那么存在 $\lambda_0>0$, 使得对任意的 $\lambda>\lambda_0$ 问题 (5-20) 至少有两个正解.

证明 令 $r_1=1, \lambda_0=1/(\lambda mq(r_1))$, 那么由 (4) 有

$$\|T_\lambda x\|>\|x\|,\quad x\in\partial\Omega_{r_1}, \lambda>\lambda_0.$$

如果对任意的 $i\in[1,n]$, $f_i^{(0)}=0$, 可以选择 $0<r_2<r_1$, 使得

$$f_i(x_i)\leqslant\delta_i x_i,\quad 0\leqslant x_i\leqslant r_2,$$

其中 δ_i 满足

$$\lambda M\sum_{j=1}^{n}\delta_j<1.$$

因此, 由 (3) 有

$$\|T_\lambda x\| \leqslant \lambda M\sum_{j=1}^{n}f_j(x_j) \leqslant \lambda M\sum_{j=1}^{n}\delta_j x_j<\|x\|,\quad x\in\partial\Omega_{r_2}.$$

因此, 由文献 [100] 可知

$$i\left(T_\lambda,\Omega_{r_1},K\right)=0,\quad i\left(T_\lambda,\Omega_{r_2},K\right)=1,\quad i\left(T_\lambda,\Omega_{r_1}\backslash\overline{\Omega}_{r_2}\right)=-1.$$

所以 T_λ 在 $\Omega_{r_1}\backslash\overline{\Omega}_{r_2}$ 上有一个不动点.

如果对任意的 $i\in[1,n]$, $f_i^{(\infty)}=0$, 那么有 $H>0,\delta_i>0$, 使得

$$f_i\left(x_i\right)\leqslant\delta_i x_i,\quad x_i\geqslant H,$$

其中 δ_i 满足

$$\lambda M\sum_{j=1}^n\delta_j<1.$$

令

$$r_3=\max\left\{2r_1,\frac{H}{\sigma}\right\},$$

那么

$$\left\|T_\lambda x\right\|\leqslant\lambda M\sum_{j=1}^n f_j\left(x_j\right)\leqslant\lambda M\sum_{j=1}^n\delta_j x_j<\|x\|,\quad x\in\partial\Omega_{r_3}.$$

因此,

$$i\left(T_\lambda,\Omega_{r_1},K\right)=0,\quad i\left(T_\lambda,\Omega_{r_3},K\right)=1,\quad i\left(T_\lambda,\Omega_{r_1}\backslash\overline{\Omega}_{r_3}\right)=1.$$

所以 T_λ 在 $\Omega_{r_1}\backslash\overline{\Omega}_{r_3}$ 上有一个不动点.

如果 $f_i^{(0)}=f_i^{(\infty)}=0$, 那么容易从上面的证明知道 T_λ 有两个不动点 $x^{(1)},x^{(2)}$ 满足

$$r_2<\left\|x^{(1)}\right\|<r_1<\left\|x^{(3)}\right\|<r_3.$$

证毕.

定理 5.3.3　如果存在 $i_0\in[1,n]$, 使得 $f_{i_0}^{(0)}=\infty$ 或者 $f_{i_0}^{(\infty)}=\infty$, 那么存在 $\lambda_0>0$ 使得对所有的 $0<\lambda<\lambda_0$, 问题 (5-20) 至少有一个正解; 如果存在 $i_0,j_0\in[1,n]$, 使得 $f_{i_0}^{(0)}=f_{j_0}^{(\infty)}=\infty$, 那么存在 $\lambda_0>0$ 使得对所有的 $0<\lambda<\lambda_0$, 问题 (5-20) 至少有两个正解.

证明　令 $r_1=1,\lambda_0=1/\lambda mQ\left(r_1\right)$, 那么由观察 (4) 有

$$\left\|T_\lambda x\right\|<\|x\|,\quad x\in\partial\Omega_{r_1},0<\lambda<\lambda_0.$$

如果 $f_{i_0}^{(0)}=\infty$, 那么可以选择 $0<r_2<r_1$, 使得

$$f_{i_0}\left(x_{i_0}\right)\geqslant\eta_{i_0}x_{i_0},\quad 0\leqslant x_{i_0}\leqslant r_2,$$

其中 η_{i_0} 满足 $\lambda m\sigma\eta_{i_0}>1$, 从而

$$\|T_\lambda x\|\geqslant\lambda m f_{i_0}\left(x_{i_0}\right)\geqslant\lambda m\eta_{i_0}x_{i_0}>\lambda m\sigma\eta_{i_0}\|x\|>\|x\|,\quad x\in\partial\Omega_{r_2}.$$

因此, 由文献 [100] 可知

$$i\left(T_\lambda,\Omega_{r_1},K\right)=1,\quad i\left(T_\lambda,\Omega_{r_2},K\right)=0,\quad i\left(T_\lambda,\Omega_{r_1}\backslash\overline{\Omega}_{r_2}\right)=1.$$

所以 T_λ 在 $\Omega_{r_1}\backslash\overline{\Omega}_{r_2}$ 上有一个不动点.

如果 $f_{i_0}^{(\infty)}=\infty$, 那么有 $H>0$, 使得

$$f_{i_0}\left(x_{i_0}\right)\geqslant\eta_{i_0}x_{i_0},\quad x_{i_0}\geqslant H,$$

其中 η_{i_0} 满足

$$\lambda m\sigma\eta_{i_0}>1.$$

令

$$r_3=\max\left\{2r_1,\frac{H}{\sigma}\right\}.$$

那么

$$\|T_\lambda x\|\geqslant\lambda m\sigma\eta_{i_0}\|x\|>\|x\|,\quad x\in\partial\Omega_{r_3}.$$

因此

$$i\left(T_\lambda,\Omega_{r_1},K\right)=1,\quad i\left(T_\lambda,\Omega_{r_3},K\right)=0,\quad i\left(T_\lambda,\Omega_{r_1}\backslash\overline{\Omega}_{r_3}\right)=-1.$$

所以 T_λ 在 $\Omega_{r_1}\backslash\overline{\Omega}_{r_3}$ 上有一个不动点.

如果 $f_{i_0}^{(0)}=f_{j_0}^{(\infty)}=\infty$, 那么容易从上面的证明知道 T_λ 有两个不动点 $x^{(1)},x^{(2)}$ 满足

$$r_2<\left\|x^{(1)}\right\|<r_1<\left\|x^{(3)}\right\|<r_3.$$

证毕.

类似地, 也可获得下面定理 5.3.4.

定理 5.3.4 对于任意的 $i\in[1,n]$, $f_i^{(0)}=0$, 并且存在 $i_0\in[1,n]$, 使得 $f_{i_0}^{(\infty)}=\infty$; 或者对任意 $i\in[1,n]$, $f_i^{(\infty)}=0$, 并且存在 $i_0\in[1,n]$, 使得 $f_{i_0}^{(0)}=\infty$. 那么对任意 $\lambda>0$, (5-20) 至少有一个正解.

定理 5.3.5 对任意的 $i\in[1,n]$, $f_i^{(0)}\neq0, f_i^{(\infty)}\neq0$, 存在 $i_0,j_0\in[1,n]$, 使得 $f_{i_0}^{(0)}<\infty, f_{j_0}^{(\infty)}<\infty$, 那么存在正数 $\lambda_1<\lambda_2$, 使得对任意的 $\lambda\in(\lambda_1,\lambda_2)$, (5-20) 至少有一个正解.

下面考虑 (5-20) 正解的不存在性.

定理 5.3.6　假设存在 $i_0, j_0 \in [1,n]$, 使得 $f_{i_0}^{(0)} > 0, f_{j_0}^{(\infty)} > 0$, 那么存在 $\lambda_0 > 0$, 使得对所有的 $\lambda > \lambda_0$, (5-20) 不存在任何正解.

证明　由定理 5.3.6 的条件可知, 存在正数 $\eta_{i_0}, \eta_{j_0}, r_1, r_2$ 使得 $r_1 < r_2$, 且

$$f_{i_0}(x_{i_0}) \geqslant \eta_{i_0} x_{i_0}, \quad x_{i_0} \in [0, r_1],$$

$$f_{j_0}(x_{j_0}) \geqslant \eta_{j_0} x_{j_0}, \quad x_{j_0} \geqslant r_2.$$

令

$$c = \min\left\{\eta_{i_0}, \eta_{j_0}, \min_{r_1 \leqslant u \leqslant r_2} \frac{f_{j_0}(u)}{u}\right\},$$

那么

$$f(u) = \begin{cases} f_{i_0}(u), & 0 \leqslant u \leqslant r_1, \\ f_{j_0}(u), & u > r_1 \end{cases}$$

蕴涵着

$$f(u) \geqslant cu, \quad u \in [0, \infty).$$

现在假设 x 是 (5-20) 的正解, 那么对于 $\lambda > 1/(mc\sigma)$,

$$\|x\| = \|T_\lambda x\| \geqslant \lambda mc\sigma \|x\| > \|x\|.$$

这是一个矛盾. 证毕.

定理 5.3.7　对所有的 $i \in [1,n]$, $f_i^{(0)} < \infty, f_i^{(\infty)} < \infty$, 那么存在 $\lambda_0 > 0$, 使得对所有的 $0 < \lambda < \lambda_0$, (5-20) 不存在任何正解.

证明　由已知条件知, 存在正数 δ_i, r_1, r_2 使得 $r_1 < r_2$, 且

$$f_i(x_i) \leqslant \delta_i x_i, \quad x_i \in [0, r_1],$$

$$f_i(x_i) \leqslant \delta_i x_i, \quad x_i \geqslant r_2.$$

令

$$\bar{c} = \max\left\{\delta_i, \max_{r_1 \leqslant u \leqslant r_2} \frac{f_i(u)}{u}\right\},$$

那么

$$f_i(u) \leqslant \bar{c} u, \quad u \in [0, \infty).$$

现在假设 x 是 (5-20) 的正解, 那么对于 $0 < \lambda > 1/(M\bar{c})$,

$$\|x\| = \|T_\lambda x\| \leqslant \lambda M\bar{c} \|x\| < \|x\|.$$

这是一个矛盾. 证毕.

类似地，有下面定理 5.3.8.

定理 5.3.8 对所有的 $i \in [1,n]$, $f_i^{(0)} \neq 0, f_i^{(\infty)} \neq 0$, 并且存在 $i_0, j_0 \in [1,n]$, 使得 $f_{i_0}^{(0)} < \infty, f_{j_0}^{(\infty)} < \infty$, 那么存在正数 $\lambda_1 < \lambda_2$, 使得对任意的 $\lambda < \lambda_1$ 和 $\lambda > \lambda_2$, (5-20) 不存在任何正解.

定理 5.3.8 的证明将省略.

5.4 第三类非线性代数系统的应用：一类 Dirichlet 边值问题的正解存在性

设 E 为一个实的 Banach 空间, 如果 E 中的一个非空闭凸集 P 满足条件①和②则被称为锥: ① 若 $x \in P$ 且 $\lambda \geqslant 0$, 则 $\lambda x \in P$; ② 若 $x \in P$ 且 $-x \in P$, 则 $x = \theta$, 其中 $\theta \in E$, 为 E 中的零元素.

引理 5.4.1[101][210] Ω_1 和 Ω_2 分别为 E 中的两个开集合, 且 $\theta \in \Omega_1, \overline{\Omega}_1 \subset \Omega_2$. 假设 $A: P \cap (\overline{\Omega}_2 \backslash \Omega_1) \to P$ 是完全连续的, 若条件 (1) 或 (2) 成立, 则对于 A 在 $P \cap (\overline{\Omega}_2 \backslash \Omega_1)$ 中至少存在一个不动点.

(1) 若 $x \in P \cap \partial\Omega_1$, 则 $\|Ax\| \leqslant \|x\|$; 若 $x \in P \cap \partial\Omega_2$, 则 $\|Ax\| \geqslant \|x\|$.

(2) 若 $x \in P \cap \partial\Omega_1$, 则 $\|Ax\| \geqslant \|x\|$; 若 $x \in P \cap \partial\Omega_2$, 则 $\|Ax\| \leqslant \|x\|$.

利用引理 5.4.1, 可以获得许多边值问题、周期系统、非线性积分方程的正解存在性结果. 在这些问题中, 无穷远点和零点处被加以非线性项的增长条件.

理论上, 利用引理 5.4.1 只要构建合适的锥 P 和两个合适的开集合 Ω_1 和 Ω_2, 就能在 Banach 空间 E 中获得不动点.

例如, 假设 $E = \mathbf{R}$ 并考虑方程 $x = f(x)$ 根的存在性问题. 在这个例子中只有两个锥 $\mathbf{R}_+ = [0, +\infty)$ 和 $\mathbf{R}_- = (-\infty, 0]$. 显然, 如果能够找到两个正数 $b > a$, 使得 $f \in C[a,b]$ 且 $f(a) \leqslant a, f(b) \geqslant b$ 或 $f(a) \geqslant a, f(b) \leqslant b$ 成立, 由引理 5.4.1 知, 存在 $x^* \in [a,b]$. 这样函数 $f(x)$ 仅仅需要在区间 $[a,b]$ 上有定义. 根据上述例子, 接下来我们要对现有结果进行改进. 即无须在无穷远点和零点处给出非线性项的增长条件.

本小节将要考虑如下形式的 Dirichlet 边值问题的正解存在性:

$$\begin{cases} \Delta^2 x_{i-1} + f(x_i) = 0, & i \in [1,n], \\ x_0 = 0 = x_{n+1}, \end{cases} \tag{5-26}$$

其中, n 为正整数, $[1,n] = \{1, 2, \cdots, n\}$, Δ 表示向前差分算子, 即 $\Delta x_{i-1} = x_i - x_{i-1}$ 且 $\Delta^2 x_{i-1} = \Delta(\Delta x_{i-1})$.

令 $x=\mathrm{col}(x_1,x_2,\cdots,x_n)$, $f(x)=\mathrm{col}(f(x_1),f(x_2),\cdots,f(x_n))$, 且

$$A=\begin{pmatrix} 2 & -1 & 0 & \cdots & 0 \\ -1 & 2 & -1 & \cdots & 0 \\ & \cdots & & \cdots & \\ 0 & \cdots & & 2 & -1 \\ 0 & \cdots & 0 & -1 & 2 \end{pmatrix}_{n\times n},$$

则矩阵 A 的逆矩阵为 $G=(g_{ij})$,

$$g_{ij}=\begin{cases} \dfrac{(n-i+1)j}{n+1}, & 1\leqslant j\leqslant i\leqslant n, \\ \dfrac{(n-j+1)i}{n+1}, & 1\leqslant i\leqslant j\leqslant n. \end{cases} \tag{5-27}$$

这样系统 (5-26) 就可以被改写成如下的矩阵和向量的形式 [24]:

$$x=Gf(x), \tag{5-28}$$

或者

$$x_i=\sum_{j=1}^{n} g_{ij}f(x_j), \quad i\in[1,n]. \tag{5-29}$$

显然, 非线性代数系统 (5-28) 或 (5-29) 能被看作 Banach 空间 $E=\mathbf{R}^n$ 上的算子方程. 利用引理 5.4.1 能够获得非线性代数系统 (5-28) 或 (5-29) 的正解存在性结果.

按照上述的思路, 也可以考虑如下的一系列问题, 即考虑如下形式的差分系统:

$$\begin{cases} \Delta^2 x_{i-1}+f(x_i,y_i)=0, & i\in[1,n], \\ \Delta^2 x_{i-1}+g(x_i,y_i)=0, & i\in[1,n], \\ x_0=x_{n+1}=y_0=y_{n+1}=0. \end{cases}$$

此时, 上述系统将被转化为下面的算子方程系统:

$$\begin{cases} u_1=N_1(u_1,u_2), \\ u_2=N_2(u_1,u_2), \end{cases}$$

也可以考虑如下形式的偏差分问题:

$$\begin{cases} -\Delta x(i,j)=f(x(i,j)), & (i,j)\in\Omega, \\ x(i,j)=0, & (i,j)\in\partial\Omega, \end{cases}$$

$$\begin{cases} -\Delta x(i,j) = f(x(i,j), y(i,j)), & (i,j) \in \Omega, \\ -\Delta y(i,j) = g(x(i,j), y(i,j)), & (i,j) \in \Omega, \\ x(i,j) = 0 = y(i,j), & (i,j) \in \partial\Omega, \end{cases}$$

其中, Δ 表示离散的 Laplace 算子并被定义为

$$\Delta x(i,j) = x(i+1,j) + x(i,j+1) + x(i-1,j) + x(i,j-1) - 4x(i,j).$$

5.4.1 正解的存在性

下面详细讨论系统 (5-26) 正解的存在性问题.

令 $P = \{x : x_i \geqslant \delta\, |x|\,, x \in \mathbf{R}^n\}$, 则 P 在 $\mathbf{R}^n$ 上是一个锥, 其中

$$|x| = \max_{i\in[1,n]}\{|x_i|\}, \quad \delta = \frac{m}{M}, \quad m = \min_{i,j\in[1,n]}\{g_{ij}\}, \quad M = \max_{i,j\in[1,n]}\{g_{ij}\}.$$

对于 $0 < a < b$, $\Omega_a = \{x : |x_i| < a, x \in \mathbf{R}^n\}$ 且 $\Omega_b = \{x : |x_i| < b, x \in \mathbf{R}^n\}$.

如果存在两个正数 $a < b$, $f(s) \geqslant 0, s \in [\delta a, b]$, 对于 $x \in P \cap (\overline{\Omega}_b \backslash \Omega_a)$, 易知

$$y_i = \sum_{j=1}^n g_{ij} f(x_j) \leqslant \max_{i,j\in[1,n]}\{g_{ij}\} \sum_{j=1}^n f(x_j), \quad i \in [1,n].$$

因此,

$$|y| \leqslant \max_{i,j\in[1,n]}\{g_{ij}\} \sum_{j=1}^n f(x_j).$$

另外,

$$\begin{aligned} y_i = & \sum_{j=1}^n g_{ij} f(x_j) \geqslant \min_{i,j\in[1,n]}\{g_{ij}\} \sum_{j=1}^n f(x_j) \\ = & \delta \max_{i,j\in[1,n]}\{g_{ij}\} \sum_{j=1}^n f(x_j) \geqslant \delta\, |y|\,. \end{aligned}$$

即 $Gf(P \cap (\overline{\Omega}_b \backslash \Omega_a)) \subset P$.

若再假设 $f(s)$ 为连续函数, $s \in [\delta a, b]$, 显然 $Gf : P \cap (\overline{\Omega}_b \backslash \Omega_a) \to P$ 是完全连续的.

对于 $x \in P \cap \partial\Omega_a$, 则 $\delta\, |x| = a\delta \leqslant x_i \leqslant a, i \in [1,n]$.

令

$$y_i = \sum_{j=1}^n g_{ij} f(x_j) \leqslant n \max_{i,j\in[1,n]}\{g_{ij}\} \max_{s\in[\delta a,a]} f(s) \leqslant a,$$

则

$$\max_{s\in[\delta a,a]} f(s) \leqslant \frac{a}{n \max\limits_{i,j\in[1,n]}\{g_{ij}\}}. \tag{5-30}$$

对于 $x \in P \cap \partial\Omega_b$, 则 $\delta|x| = b\delta \leqslant x_i \leqslant b, i \in [1,n]$.

令

$$y_i = \sum_{j=1}^{n} g_{ij} f(x_j) \geqslant n \min_{i,j\in[1,n]}\{g_{ij}\} \min_{s\in[\delta b,b]} f(s) \geqslant b,$$

则

$$\min_{s\in[\delta b,b]} f(s) \geqslant \frac{b}{n \min\limits_{i,j\in[1,n]}\{g_{ij}\}}. \tag{5-31}$$

相似地, 对于 $x \in P \cap \partial\Omega_a$, 若令

$$y_i = \sum_{j=1}^{n} g_{ij} f(x_j) \geqslant n \min_{i,j\in[1,n]}\{g_{ij}\} \min_{s\in[\delta a,a]} f(s) \geqslant a,$$

则

$$\min_{s\in[\delta a,a]} f(s) \geqslant \frac{a}{n \min\limits_{i,j\in[1,n]}\{g_{ij}\}}. \tag{5-32}$$

对于 $x \in P \cap \partial\Omega_b$, 若令

$$y_i = \sum_{j=1}^{n} g_{ij} f(x_j) \leqslant n \max_{i,j\in[1,n]}\{g_{ij}\} \max_{s\in[\delta b,b]} f(s) \leqslant b,$$

则

$$\max_{s\in[\delta b,b]} f(s) \leqslant \frac{b}{n \max\limits_{i,j\in[1,n]}\{g_{ij}\}}. \tag{5-33}$$

综上所述, 得到下面的定理 5.4.1.

定理 5.4.1 假设存在正数 $a < b$, 函数 $f : [\delta a, b] \to \mathbf{R}_+$ 是连续的, 若条件 (5-30) 和 (5-31) 或条件 (5-32) 和 (5-33) 成立, 则系统 (5-26) 至少存在一个正解 $x \in P \cap (\overline{\Omega}_b \backslash \Omega_a)$.

5.4.2 例子和注释

例 5.4.1 当 $n=2, m=\dfrac{1}{3}, M=\dfrac{2}{3}$ 且 $\delta = \dfrac{1}{2}$ 时, 从条件 (5-30) 和 (5-31) 分别得到 $\max\limits_{s\in\left[\frac{a}{2},a\right]} f(s) \leqslant \dfrac{3a}{4}$, $\min\limits_{s\in\left[\frac{b}{2},b\right]} f(s) \geqslant \dfrac{3b}{2}$. 若存在正数 $a < b$, 使得函数 $f : \left[\dfrac{a}{2}, b\right] \to \mathbf{R}_+$ 是连续的并且 $\max\limits_{s\in\left[\frac{a}{2},a\right]} f(s) \leqslant \dfrac{3a}{4}$, $\min\limits_{s\in\left[\frac{b}{2},b\right]} f(s) \geqslant \dfrac{3b}{2}$ 均成立, 则系统

$$\begin{cases} \Delta^2 x_{i-1} + f(x_i) = 0, \quad i \in [1,2], \\ x_0 = 0 = x_3, \end{cases}$$

至少存在一个正解 x, 且 $\frac{a}{2} \leqslant x_i \leqslant b, i \in [1,2]$.

例如, 令

$$f(x) = \begin{cases} \frac{3x}{4}, & \frac{1}{2} \leqslant x \leqslant 1, \\ 6x - \frac{21}{4}, & 1 < x \leqslant 4, \end{cases}$$

则

$$\max_{s \in \left[\frac{1}{2},1\right]} f(s) \leqslant \frac{3}{4} \text{ 且 } \min_{s \in [2,4]} f(s) = \frac{27}{4} > 6.$$

这样定理 5.4.1 的所有条件都被满足. 然而, 文献 [208], [211] 中介绍的方法却无法考虑这样的问题.

注 5.4.1 显然多个正解的存在性结果也能获得. 例如, 若存在 $\{a_k\}$ 和 $\{b_k\}$, $k = 1, 2, \cdots$, 满足定理 5.3.9 的所有条件, 固定 k 对于每个 a_k 和 b_k, 能够获得系统 (5-26) 的一个正解. 特别地, 如果 $\delta a_{k+1} > b_k$, 则所得到的正解满足 $x^{(1)} < x^{(2)} < \cdots$.

注 5.4.2 类似地, 也可以按照相似的思路考虑离散型 Dirichlet 边值问题:

$$\begin{cases} -\Delta x(i,j) = f(x(i,j)), & (i,j) \in \Omega, \\ x(i,j) = 0, & (i,j) \in \partial\Omega. \end{cases}$$

实际上, 上述问题可以转化为如下形式:

$$x(u,v) = \sum_{(i,j) \in \Omega} G(i,j)^{(u,v)} f(x(i,j)),$$

其中, $G(i,j)^{(u,v)}$ 称为格林函数, $G(i,j)^{(u,v)}$ 为下面边值问题的唯一解:

$$\begin{cases} -\Delta x(i,j) = \delta_{ij}^{(u,v)}, & (i,j) \in \Omega, \\ x(i,j) = 0, & (i,j) \in \partial\Omega, \end{cases}$$

其中,

$$\delta_{ij}^{(u,v)} = \begin{cases} 1, & (i,j) = (u,v), \\ 0, & (i,j) \neq (u,v). \end{cases}$$

此时, $\delta = \frac{m}{M}$, $m = \min_{(i,j),(u,v) \in \Omega} \{G(i,j)^{(u,v)}\}$, $M = \max_{(i,j),(u,v) \in \Omega} \{G(i,j)^{(u,v)}\}$.

注 5.4.3 本小节介绍的方法对于更一般的非线性代数系统 $x = Af(x)$ 也是有效的, 其中 $A = (a_{ij})$ 是 $n \times n$ 阶正矩阵. 在文献 [208], [211] 中 $\delta = \frac{m}{M}$, $m = \min_{i,j \in [1,n]} \{\lambda a_{ij}\}$, $M = \max_{i,j \in [1,n]} \{\lambda a_{ij}\}$. 这样相似的定理也能获得.

考虑如下形式的差分系统:

$$\begin{cases} \Delta^2 x_{i-1} + f(x_i, y_i) = 0, & i \in [1, n], \\ \Delta^2 x_{i-1} + g(x_i, y_i) = 0, & i \in [1, n], \\ x_0 = x_{n+1} = y_0 = y_{n+1} = 0. \end{cases} \tag{5-34}$$

上述系统也能够转为下面的系统:

$$\begin{cases} x_i = \sum_{j=1}^{n} g_{ij} f(x_j, y_j), \\ y_i = \sum_{j=1}^{n} g_{ij} g(x_j, y_j), \quad i \in [1, n]. \end{cases}$$

令 $P_1 = P_2 = \{x : x_i \geqslant \delta |x|, x \in \mathbf{R}^n\}$, 则 $P = P_1 \times P_2 \subset \mathbf{R}^n \times \mathbf{R}^n$ 是锥. 对于 $(x, y) \in \mathbf{R}^n \times \mathbf{R}^n$, 定义 $|(x, y)| = \max\{|x|, |y|\}$, $A(x, y) = (Gf(x, y), Gg(x, y))$, 其中,

$$f(x, y) = \mathrm{col}(f(x_1, y_1), f(x_2, y_2), \cdots, f(x_n, y_n)),$$

$$g(x, y) = \mathrm{col}(g(x_1, y_1), g(x_2, y_2), \cdots, g(x_n, y_n)).$$

对于 $0 < a < b$, 给出下面的记号 $\Phi_a = \{(x, y) : |x_i|, |y_i| < a, x, y \in \mathbf{R}^n\}$, $\Phi_b = \{(x, y) : |x_i|, |y_i| < b, x, y \in \mathbf{R}^n\}$. 若能找到合适的正数 a, b 且 $a < b$ 满足 $f(s, t) \geqslant 0, g(s, t) \geqslant 0$, $s, t \in [\delta a, b]$, 对于 $(x, y) \in P_1 \times P_2 \cap (\overline{\Phi}_b \backslash \Phi_a)$, 有

$$u_i = \sum_{j=1}^{n} g_{ij} f(x_j, y_j) \leqslant \max_{i,j \in [1,n]} \{g_{ij}\} \sum_{j=1}^{n} f(x_j, y_j), \quad i \in [1, n].$$

因此, 有

$$|u| \leqslant \max_{i,j \in [1,n]} \{g_{ij}\} \sum_{j=1}^{n} f(x_j, y_j).$$

另外, 有

$$\begin{aligned} u_i = \sum_{j=1}^{n} g_{ij} f(x_j, y_j) &\geqslant \min_{i,j \in [1,n]} \{g_{ij}\} \sum_{j=1}^{n} f(x_j, y_j) \\ =&\delta \max_{i,j \in [1,n]} \{g_{ij}\} \sum_{j=1}^{n} f(x_j, y_j) \geqslant \delta |u|. \end{aligned}$$

类似地, 有

$$v_i = \sum_{j=1}^{n} g_{ij} g(x_j, y_j) \geqslant \delta |v|,$$

即

$$A(P_1 \times P_2 \cap (\overline{\Phi}_b \backslash \Phi_a)) \subset P_1 \times P_2.$$

类似 5.4.1 节的讨论思路, 也可以给出定理 5.4.2.

定理 5.4.2 假设存在正数 $a < b$, 函数 $f, g : [\delta a, b]^2 \to \mathbf{R}_+$ 是连续的, 若条件 (5-35) 和 (5-36) 或条件 (5-37) 和 (5-38) 成立, 则系统 (5-34) 至少存在一个正解 $(x, y) \in P_1 \times P_2 \cap (\overline{\Phi}_b \backslash \Phi_a)$.

$$\max_{s,t\in[\delta a,a]} f(s,t),\ \max_{s,t\in[\delta a,a]} g(s,t) \leqslant \frac{a}{n \max\limits_{i,j\in[1,n]} \{g_{ij}\}}, \tag{5-35}$$

$$\min_{s,t\in[\delta b,b]} f(s,t),\ \min_{s,t\in[\delta b,b]} g(s,t) \geqslant \frac{b}{n \min\limits_{i,j\in[1,n]} \{g_{ij}\}}, \tag{5-36}$$

$$\min_{s,t\in[\delta a,a]} f(s,t),\ \min_{s,t\in[\delta a,a]} g(s,t) \geqslant \frac{b}{n \min\limits_{i,j\in[1,n]} \{g_{ij}\}}, \tag{5-37}$$

$$\max_{s,t\in[\delta b,b]} f(s,t),\ \max_{s,t\in[\delta b,b]} g(s,t) \leqslant \frac{b}{n \max\limits_{i,j\in[1,n]} \{g_{ij}\}}. \tag{5-38}$$

注 5.4.4 显然, 本小节的方法也对 k 维系统适用.

5.5 具有非负系数矩阵的第三类非线性代数系统的正解存在性

考虑非线性代数系统:

$$x = GF(x), \tag{5-39}$$

其中, $x = \mathrm{col}(x_1, x_2, \cdots, x_n)$, $F(x) = \mathrm{col}(f(x_1), f(x_2), \cdots, f(x_n))$, $G = (g_{ij})_{n\times n}$, $g_{ij} \geqslant 0$, $(i, j) \in [1, n] \times [1, n]$.

近年来, 代数方程系统解的存在性和多解性已经被广泛的研究, 并取得了一些成果 [212~216]. 应用方面, 代数系统的正解更加重要 [217~223]. 因此, 许多学者针对 (5-39) 的正解存在性进行了研究 [208,214,221~224].

如果 $g_{ij} \geqslant 0$, 则称矩阵 $G \geqslant 0$ 为非负矩阵. 如果 $g_{ij} > 0$, 则称矩阵 $G > 0$ 为正矩阵. 值得注意的是, 除了文献 [224]~[226], 关于 (5-39) 的正解存在性文章基本上均要求系数矩阵是正的. 然而文献 [224]~[226] 得到的是非负解的存在性结果, 即所获得的解中某些分量会是零. 如果是这样, 我们自然要问: 要想获得正解的存在性结果, 是不是一定要求系数矩阵 $G > 0$? 通过阅读本小节, 就会知道系数矩阵 $G > 0$ 这一条件不是必要的.

假设系统 (5-39) 存在一个正解 x^*, 则

$$x_i^* = \sum_{j=1}^{n} g_{ij} f(x_j^*), \quad i \in [1,n].$$

显然, 对每个 $i \in [1,n]$, 至少存在一个 $j_i \in [1,n]$ 使得 $g_{ij} \neq 0$. 否则, 如果存在某个 $i_0 \in [1,n]$, 使得 $g_{i_0 j} = 0$, $j \in [1,n]$, 则 $x_{i_0}^* = 0$. 而这恰恰与 x^* 为正解是矛盾的. 因此, 我们给出下面的必要条件:

(1) 对于任意的 $i \in [1,n]$, 至少存在某个 $j_0 \in [1,n]$, 使得 $g_{ij_0} > 0$.

给定条件 (1) 能否获得代数系统 (5-39) 的正解存在性结果呢? 接下来的引理 5.5.1 给出了答案. 这样本小节的结果改进了现有研究 [154,214,227].

引理 5.5.1[101,210]　Ω_1 和 Ω_2 分别为 E 中的两个开集合, 且 $\theta \in \Omega_1, \overline{\Omega}_1 \subset \Omega_2$. 假设 $A: P \cap (\overline{\Omega}_2 \backslash \Omega_1) \to P$ 是完全连续的, 若条件 (1) 或 (2) 成立, 则对于 A 在 $P \cap (\overline{\Omega}_2 \backslash \Omega_1)$ 中至少存在一个不动点.

(1) 若 $x \in P \cap \partial\Omega_1$, 则 $\|Ax\| \leqslant \|x\|$; 若 $x \in P \cap \partial\Omega_2$, 则 $\|Ax\| \geqslant \|x\|$.

(2) 若 $x \in P \cap \partial\Omega_1$, 则 $\|Ax\| \geqslant \|x\|$; 若 $x \in P \cap \partial\Omega_2$, 则 $\|Ax\| \leqslant \|x\|$.

5.5.1　正解的存在性

定理 5.5.1　假设条件 (1) 和 (2) 同时成立, 则代数系统 (5-39) 至少存在一个正解 $x \in P \cap (\overline{\Omega}_b \backslash \Omega_a)$.

(1) 对于任意 $i \in [1,n]$, 存在 $1 \leqslant j_1 < j_2 < \cdots < j_{s_i} \leqslant n$, 使得 $g_{ij} > 0$, $j = j_1, j_2, \cdots, j_{s_i}$.

(2) 存在常数 $\delta \in (0,1]$, $0 < a < b$, 使得当 $u \in [\delta a, b]$ 时, 有 $f \in C[\delta a \cdot b]$, $f(u) > 0$. 并满足如下条件

$$\frac{m \min\limits_{u \in [\delta a, b]} f(u)}{nM \max\limits_{u \in [\delta a, b]} f(u)} \geqslant \delta \tag{5-40}$$

及

$$m \min_{u \in [\delta a, a]} f(u) \geqslant a, \quad nM \max_{u \in [\delta b, b]} f(u) \leqslant b,$$

其中, $M = \max\{g_{ij}\}$ 和 $m = \min\{g_{ij} \neq 0\}$.

证明　令 $P = \{x_i \geqslant 0, i \in [1,n], x_i \geqslant \delta |x|, i = 1, 2, \cdots, n\}$, 假设 $0 < a < b$, 我们记 $\Omega_a = \{x : |x_i| < a, x \in \mathbf{R}^n\}$, $\overline{\Omega}_b = \{x : |x_i| \leqslant b, x \in \mathbf{R}^n\}$.

对于

$$0 < \delta \leqslant \frac{m \min\limits_{u \in [\delta a, b]} f(u)}{nM \max\limits_{u \in [\delta a, b]} f(u)},$$

显然, 集合

$$P=\{x_i\geqslant 0, i\in[1,n], x_i\geqslant\delta|x|, i=1,2,\cdots,n\}$$

为 $\mathbf{R}^n$ 上的锥, 其中 $|x|=\max\limits_{i\in[1,n]}|x_i|$. 当 $x\in P\cap(\overline{\Omega}_b\backslash\Omega_a)$ 时, 有

$$y_i=\sum_{j=1}^{n}g_{ij}f(x_j)\leqslant M\sum_{j=1}^{n}f(x_j),\quad i\in[1,n]$$

及

$$|y|\leqslant M\sum_{j=1}^{n}f(x_j).$$

另外

$$\begin{aligned}y_i=&\sum_{j=1}^{n}g_{ij}f(x_j)\geqslant m\min_{u\in[\delta a,b]}f(u)\\ \geqslant&\frac{m\min\limits_{u\in[\delta a,b]}f(u)}{nM\max\limits_{u\in[\delta a,b]}f(u)}M\sum_{j=1}^{n}f(x_j)\\ \geqslant&\frac{m\min\limits_{u\in[\delta a,b]}f(x)}{nM\max\limits_{u\in[\delta a,b]}f(x)}|y|\\ \geqslant&\delta|y|,\end{aligned}$$

即 $GF(P\cap(\overline{\Omega}_b\backslash\Omega_a))\subset P$.

由于函数 $f(s)\in C[\delta a,b]$, 易知 $GF:P\cap(\overline{\Omega}_b\backslash\Omega_a)\rightarrow P$ 是完全连续的.

对于 $x\in P\cap\partial\Omega_a$, 当 $i\in[1,n]$ 时有 $a\delta\leqslant x_i\leqslant a$, 且

$$y_i=\sum_{j=1}^{n}g_{ij}f(x_j)=\sum_{j=j_1,j_2,\cdots,j_{si}}g_{ij}f(x_j)\geqslant m\min_{u\in[\delta a,a]}f(u)\geqslant a.$$

类似地, 对于 $x\in P\cap\partial\Omega_b$, 有

$$y_i=\sum_{j=1}^{n}g_{ij}f(x_j)=\sum_{j=j_1,j_2,\cdots,j_{si}}g_{ij}f(x_j)\leqslant nM\max_{u\in[\delta b,b]}f(u)\leqslant b.$$

由引理 5.5.1, 证毕.

5.5.2 例子和注释

例 5.5.1 考虑以下方程式系统:

$$\begin{pmatrix}x_1\\x_2\end{pmatrix}=\begin{pmatrix}1&1\\0&0\end{pmatrix}\begin{pmatrix}3+\sin x_1\\3+\sin x_1\end{pmatrix},\tag{5-41}$$

令 $a=\dfrac{\pi}{2}$, $b=10$, $\delta=\dfrac{1}{4}$, 有

$$\frac{m\min\limits_{u\in[\delta a,b]}(3+\sin u)}{nM\max\limits_{u\in[\delta a,b]}(3+\sin u)}=\frac{\min\limits_{u\in\left[\frac{\pi}{8},10\right]}(3+\sin u)}{2\max\limits_{u\in\left[\frac{\pi}{8},10\right]}(3+\sin u)}=\frac{1}{4}=\delta,$$

则

$$m\min_{u\in[\delta a,a]}(3+\sin u)=\min_{u\in[\frac{\pi}{8},\frac{\pi}{2}]}(3+\sin u)>3>a,$$

及

$$nM\max_{u\in[\delta b,b]}(3+\sin u)=2\max_{u\in[\frac{5}{2},10]}(3+\sin u)=8<b.$$

由定理 5.5.1, 系统 (5-41) 存在正解 x, 且满足 $\dfrac{\pi}{8}<x_i<10$, $i=1,2$.

例 5.5.2 考虑下面系统:

$$\begin{pmatrix}x_1\\x_2\\x_3\end{pmatrix}=\begin{pmatrix}1&0&1\\1&0&0\\0&1&0\end{pmatrix}\begin{pmatrix}f(x_1)\\f(x_2)\\f(x_3)\end{pmatrix},\tag{5-42}$$

显然, $m=1$, $M=1$, $n=3$. 利用定理 5.5.1, 如果存在 $\delta\in(0,1]$ 且 $0<a<b$ 使得 $f\in C[\delta a,b]$, 则当 $u\in[\delta a,b]$ 时, 有 $f(u)>0$,

$$\frac{\min\limits_{u\in[\delta a,b]}f(u)}{3\max\limits_{u\in[\delta a,b]}f(u)}\geqslant\delta$$

及

$$\min_{u\in[\delta a,a]}f(u)\geqslant a \text{ 且 } 3\max_{u\in[\delta b,b]}f(u)\leqslant b$$

由以上可知, 系统 (5-42) 存在正解 x, 满足 $\delta a<x_i<b$, $i=1,2,3$.

仅考虑以下情况, 当

$$\frac{\min\limits_{u\in[\delta a,b]}f(u)}{3\max\limits_{u\in[\delta a,b]}f(u)}\geqslant\delta$$

及

$$\min_{u\in[\delta a,a]}f(u)\geqslant a \text{ 且 } 3\max_{u\in[\delta b,b]}f(u)\leqslant b.$$

令

$$f(u)=\begin{cases}10, & u\in(0,1],\\-u+11, & u\in(1,10),\\1, & u\geqslant 10.\end{cases}$$

令 $a=1$, $b=300$, 则

$$\frac{\min\limits_{u\in[\delta a,b]} f(u)}{3\max\limits_{u\in[\delta a,b]} f(u)}=\frac{1}{30}=\delta$$

及

$$\min_{u\in[\delta,1]} f(u)=10>1 \text{ 且 } 3\max_{u\in[10,300]} f(u)=3\leqslant 300.$$

由定理 5.5.1, 系统 (5-42) 存在正解 x, 满足 $\frac{1}{30}<x_i<300$, $i=1,2,3$. 实际上利用计算机求得系统 (5-42) 的正解为

$$x_1=\frac{22}{3},\quad x_2=\frac{11}{3},\quad x_3=\frac{22}{3}.$$

自然地, 定理 5.5.1 可以被推广到更一般的情况.

注 5.5.1 考虑如下二维代数系统

$$\begin{cases} x_i=\sum\limits_{j=1}^{n} a_{ij}f(x_j,y_j), \\ y_i=\sum\limits_{j=1}^{n} b_{ij}g(x_j,y_j), \quad i\in[1,n]. \end{cases}$$

定义锥 $P=P_1\times P_2\subset \mathbf{R}^n\times\mathbf{R}^n$, 其中 $P_1=\{x:x_i\geqslant\delta|x|,x\in\mathbf{R}^n\}$, $P_2=\{y:y_i\geqslant\delta|y|,y\in\mathbf{R}^n\}$. 对于 $(x,y)\in\mathbf{R}^n\times\mathbf{R}^n$, 定义 $|(x,y)|=\max\{|x|,|y|\}$, 经过计算我们也可以获得相似的结果. 显然地, 此方法也适用于 k 维系统.

注 5.5.2 下面的系统也可以利用上述的方法获得正解的存在性:

$$x_i=\sum_{j=1}^{n} g_{ij}f_j(x_1,x_2,\cdots,x_n), \quad i\in[1,n],$$

其中, 矩阵 G 为非负矩阵.

第 6 章　满足两分布规律的反应扩散方程

脉冲在反应扩散模型中会经常出现. 因此, 关于脉冲泛函微分方程或偏微分方程近年来得到众多学者的关注. 请参考文献 [136]~[145]. 脉冲差分方程也存在大量的问题有待研究, 如魏耿平等在文献 [146]~[150] 研究了脉冲差分方程的振动性. 作者认为差分方程不等同于脉冲差分方程, 本章将提出两分布扩散模型, 同时对其基本概念和解的一些性质给予了研究. 另外, 也从控制论的角度对其给予了解释.

6.1 模 型 解 释

一个典型的离散动力系统可以写成形式

$$x_{t+1} = H\left(t, x_t, x_{t-1}, \cdots, x_{t-\sigma}\right), \quad t \in \mathbf{N}.$$

例如, Malthus 模型

$$x_{t+1} - x_t = q x_t, \quad t \in \mathbf{N},$$

Logistic 模型

$$x_{t+1} = \mu x_t \left(1 - x_t\right), \quad t \in \mathbf{N},$$

就是它的特殊情况.

然而, 由于技术、生存背景、突发事件等因素系统也许在某些时候不遵守如上法则. 在时刻 $t \in \{t_k\}_{k=1}^{\infty}$ 系统将遵循法则

$$x_{t+1} = Q\left(t, x_t, x_{t-1}, \cdots, x_{t-\tau}\right), \quad t \in \{t_k\}_{k=1}^{\infty}.$$

因此, 合理的模型应该是

$$\begin{cases} x_{t+1} = F\left(t, x_t, x_{t-1}, \cdots, x_{t-\sigma}\right), & t \in \mathbf{N} \backslash \Omega, \\ x_{t+1} = G\left(t, x_{t-1}, \cdots, x_{t-\tau}\right), & t \in \Omega, \end{cases}$$

其中, $\Omega = \{t_1, t_2, \cdots\} \subset \mathbf{N}$ 是一个无界集. 如此的模型显然满足两种分布规律或满足两分布的. 尽管也可以提出满足多个分布规律的模型, 但那已经是非本质的问题. 假设 x_t 表示 t 时刻某人拥有的财富. 如果他将该财富存入银行, 自然地我们有

$$x_{t+1} = x_t + \alpha_t x_t = \left(1 + \alpha_t\right) x_t, \quad t \in \mathbf{N},$$

其中 α_t 为 t 时刻的利率.

然而, 他不会将这笔财富永远存在银行, 偶尔会拿出来作为投资. 投资的回报可正可负, 往往也会出现一些时滞. 因此, 该人的财富在某些时刻会遵循

$$x_{t+1} - x_t = \gamma_t x_{t-\sigma}.$$

这样的例子无疑满足本小节中提出的思想.

另外, 模型也可以通过控制的思想解释. 众所周知,

$$x_{t+1} - x_t + q x_{t-\tau} = 0 \tag{6-1}$$

存在最终正解的充分必要条件是

$$q \leqslant \frac{\tau^\tau}{(\tau+1)^{\tau+1}}. \tag{6-2}$$

然而, 希望在实际应用中使其所有解振动. 现在令 $\Omega = \{t_k\}_1^\infty \subset \mathbf{N}$ 并且让其在 Ω 上满足

$$x_{t+1} - x_t = b_t x_t, \quad t \in \Omega.$$

这时候, 有

$$\begin{cases} x_{t+1} - x_t + q x_{t-\tau} = 0, & t \in \mathbf{N} \backslash \Omega, \\ x_{t+1} - x_t = b_t x_t, & t \in \Omega. \end{cases} \tag{6-3}$$

显然, 对于被控系统 (6-3) 来说当条件

$$b_t \leqslant -1, \quad t \in \Omega$$

成立时, 它的所有解振动.

6.2 存在唯一性

本小节将考虑满足两分布规律模型

$$\begin{cases} x_{t+1} = f(t, x_t, x_{t-1}, \cdots, x_{t-\sigma}), & t \in \mathbf{N} \backslash \Omega, \\ x_{t+1} = g(t, x_{t-1}, \cdots, x_{t-\tau}), & t \in \Omega \end{cases} \tag{6-4}$$

的存在性和唯一性. 其中 τ, σ 是非负整数, $f: \mathbf{N} \times \mathbf{R}^{\sigma+1} \to \mathbf{R}$, $g: \mathbf{N} \times \mathbf{R}^{\tau+1} \to \mathbf{R}$, Ω 如前定义. 令 $\kappa = \max\{\sigma, \tau\}$ 并且给定初值

$$x_t = \phi_t, \quad t = -\kappa, -\kappa+1, \cdots, 0,$$

那么当 $t_1=0$, 可以唯一确定

$$x_1=g\left(0,x_0,x_{-1},\cdots,x_{-\tau}\right);$$

否则, 可以唯一确定

$$x_1=f\left(0,x_0,x_{-1},\cdots,x_{-\sigma}\right).$$

现在假设对于 $1\leqslant t\leqslant m$, x_t 已经确定. 那么如果有某 $t_j=m$, 可以唯一确定

$$x_{m+1}=g\left(m,x_m,x_{m-1},\cdots,x_{m-\tau}\right);$$

否则, 可以唯一确定

$$x_{m+1}=f\left(m,x_m,x_{m-1},\cdots,x_{m-\sigma}\right).$$

类似地, 对于给定初值

$$x_t=\phi_t,\quad T-\kappa\leqslant t\leqslant T,\quad T\geqslant 0,$$

也唯一确定 (6-4) 的解 $\{x_t\}_{t-T-\kappa}^{\infty}$. 因此, 有下面定理 6.2.1.

定理 6.2.1 令 $\kappa=\max\{\sigma,\tau\}$. 对于任意非负整数 T, 初值

$$x_t=\phi_t,\quad T-\kappa\leqslant t\leqslant T,T\geqslant 0,$$

唯一确定 (7-4) 的解 $\{x_t\}_{t-T-\kappa}^{\infty}$.

然而, 当 f,g 是连续的时候解对初值的连续依赖性却看序列 $\{\phi_t\}$ 定义在 $[T-\tau,T]\cap\Omega$ 和 $[T-\sigma,T]\cap N\backslash\Omega$ 的情况而定. 作为一个例子, 考虑系统

$$\left\{\begin{array}{ll}x_{t+1}-x_t=qx_{t-\sigma}, & t=1,3,5,\cdots,\\ x_{t+1}-x_t=bx_t, & t=0,2,4,\cdots,\end{array}\right. \tag{6-5}$$

当 $\sigma=1$ 时, $\{x_t\}_{t=-1}^{\infty}$ 被定义

$$x_t=\left\{\begin{array}{ll}(1+b)\beta(1+b+q)^{\frac{(t-1)}{2}}, & t=1,3,\cdots,\\ \beta(1+b+q)^{\frac{t}{2}}, & t=0,2,4,\cdots,\end{array}\right.$$

显然, 它被条件 $x_0=\beta$ 唯一确定, 而 $x_{-1}=\alpha$ 在 (6-5) 的解中无任何反应. 因此, (6-5) 的两个解 $\left\{x_t^{(1)}\right\},\left\{x_t^{(2)}\right\}$ 分别被不同的初值 $\left\{\phi_t^{(1)}\right\}_{T-\kappa}^{\mathrm{T}},\left\{\phi_t^{(2)}\right\}_{T-\kappa}^{\mathrm{T}}$ 确定也许会相等. 称两个 $\left\{x_t^{(1)}\right\},\left\{x_t^{(2)}\right\}$ 分别初值 $\left\{\phi_t^{(1)}\right\}_{T-\kappa}^{\mathrm{T}},\left\{\phi_t^{(2)}\right\}_{T-\kappa}^{\mathrm{T}}$ 确定的解是相等是指对于 $t\in[T-\kappa,\infty)$ 有 $x_t^{(1)}=x_t^{(2)}$. 因此, 对于 $t\in[T-\kappa,\infty)$ 有 $x_t^{(1)}=x_t^{(2)}$ 蕴涵着在 $[T-\kappa,T]\,\phi_t^{(1)}=\phi_t^{(2)}$. 因此, 有下面定理成立.

定理 6.2.2 令 $\kappa=\max\{\sigma,\tau\}$. 对于任意非负整数 T, 有效初值

$$x_t=\phi_t,\quad T-\kappa\leqslant t\leqslant T,T\geqslant 0,$$

唯一确定 (6-4) 的解 $\{x_t\}_{t-T-\kappa}^{\infty}$.

现在我们定义

$$H\left(t,u_0,u_1,\cdots,u_{\mu(t)}\right)=\begin{cases} f\left(t,u_0,\cdots,u_\sigma\right), & t\in\mathbf{N}\backslash\Omega,\\ g\left(t,u_0,\cdots,u_\tau\right), & t\in\Omega.\end{cases}$$

那么, (6-4) 等价于

$$y_{t+1}=H\left(t,x_t,\cdots,y_{t-\mu(t)}\right),\quad t\in N. \tag{6-6}$$

显然, 如果初始条件给定也可以通过 (6-6) 唯一地计算 (6-4) 的解.

6.3 线性方程的通解

众所周知, 线性方程

$$x_{t+1}=a_t\left(t\right)x_t+a_1\left(t\right)x_{t-1}+\cdots+a_\tau\left(t\right)x_{t-\tau},\quad t\in\mathbf{N} \tag{6-7}$$

的一般解可以表示. 确实, 如果获得线性无关解 $\left\{x_t^{(1)}\right\}_{t=-\tau}^{\infty},\cdots,\left\{x_t^{(\tau+1)}\right\}_{t=-\tau}^{\infty}$, 那么 (6-7) 的通解可以表示为

$$x_t=c_1x_t^{(1)}+c_2x_t^{(2)}+\cdots+c_{\tau+1}x_t^{(\tau+1)}.$$

假设 (6-7) 的两个解 $\left\{x_t^{(1)}\right\},\left\{x_t^{(2)}\right\}$ 分别被不同的初值 $\left\{\phi_t^{(1)}\right\}_{T-\kappa}^{T},\left\{\phi_t^{(2)}\right\}_{T-\kappa}^{T}$ 确定, 那么它的线性组合 $\left\{c_1x_t^{(1)}+c_2x_t^{(2)}\right\}$ 由初值 $\left\{c_1\phi_t^{(1)}+c_2\phi_t^{(2)}\right\}_{T-\kappa}^{T}$ 唯一确定. 因此, (6-7) 的解线性依赖于初值.

考虑线性两分布方程:

$$\begin{cases} x_{t+1}=a_0\left(t\right)x_t+a_1\left(t\right)x_{t-1}+\cdots+a_\tau\left(t\right)x_{t-\tau}, & t\in\mathbf{N}\backslash\Omega,\\ x_{t+1}=b_0\left(t\right)x_t+b_1\left(t\right)x_{t-1}+\cdots+b_\sigma\left(t\right)x_{t-\sigma}, & t\in\Omega,\end{cases} \tag{6-8}$$

并且假设它的两个解 $\left\{x_t^{(1)}\right\},\left\{x_t^{(2)}\right\}$ 分别被不同的初值 $\left\{\phi_t^{(1)}\right\}_{T-\kappa}^{T},\left\{\phi_t^{(2)}\right\}_{T-\kappa}^{T}$ 确定, 那么 $\left\{c_1x_t^{(1)}+c_2x_t^{(2)}\right\}$ 也由初值 $\left\{c_1\phi_t^{(1)}+c_2\phi_t^{(2)}\right\}_{T-\kappa}^{T}$ 确定. 但不能说 $\left\{c_1x_t^{(1)}+c_2x_t^{(2)}\right\}_{T+1}^{\infty}$ 由初值 $\left\{c_1\phi_t^{(1)}+c_2\phi_t^{(2)}\right\}_{T-\kappa}^{T}$ 唯一确定. 例如, 设

$$\overline{\phi}_t^{(1)}=\begin{cases} \phi_t^{(2)}, & \phi_t^{(2)}\ \text{对于}\ x_t\ \text{有效},\\ \text{任意}, & \phi_t^{(2)}\ \text{对于}\ x_t\ \text{无效},\end{cases}$$

$$\overline{\phi}_t^{(2)} = \begin{cases} \phi_t^{(2)}, & \phi_t^{(2)} \text{ 对于 } x_t \text{ 有效}, \\ \text{任意}, & \phi_t^{(2)} \text{ 对于 } x_t \text{ 无效}. \end{cases}$$

那么, $\left\{c_1 x_t^{(1)} + c_2 x_t^{(2)}\right\}_{T+1}^{\infty}$ 由初值 $\left\{c_1 \overline{\phi}_t^{(1)} + c_2 \overline{\phi}_t^{(2)}\right\}_{T-\kappa}^{T}$ 唯一确定. 因此, 可说 (6-8) 是线性的, 但对初值的依赖性是非线性的.

定理 6.3.1　方程 (6-8) 存在通解.

定理 6.3.2　假设存在 $T \in N$ 使得初值 $\{\phi_t\}_{T-\kappa}^{T}$ 点点有效, 那么 (6-8) 存在线性无关解 $\left\{x_t^{(1)}\right\}_{T-\kappa}^{\infty}, \left\{x_t^{(2)}\right\}_{T-\kappa}^{\infty}, \cdots, \left\{x_t^{(\kappa+1)}\right\}_{T-\kappa}^{\infty}$ 和通解

$$x_t = c_1 x_t^{(1)} + c_2 x_t^{(2)} + \cdots + c_{\tau+1} x_t^{(\kappa+1)},$$

其中 $c_1, c_2, \cdots, c_{\kappa+1}$ 是任意常数.

证明　选择初值

$$\varphi^{(1)} = \left(\phi_{T-\kappa}^{(1)}, \phi_{T-\kappa+1}^{(1)}, \cdots, \phi_T^{(1)}\right) = (1, 0, \cdots, 0),$$

$$\varphi^{(2)} = \left(\phi_{T-\kappa}^{(2)}, \phi_{T-\kappa+1}^{(2)}, \cdots, \phi_T^{(2)}\right) = (0, 1, \cdots, 0),$$

$$\vdots$$

$$\varphi^{(\kappa+1)} = \left(\phi_{T-\kappa}^{(\kappa+1)}, \phi_{T-\kappa+1}^{(\kappa+1)}, \cdots, \phi_T^{(\kappa+1)}\right) = (0, 0, \cdots, 1),$$

对应地 $\left\{x_t^{(1)}\right\}, \left\{x_t^{(2)}\right\}, \cdots, \left\{x_t^{(\kappa+1)}\right\}$ 是 (6-8) 的解. 那么

$$x_t = c_1 x_t^{(1)} + c_2 x_t^{(2)} + \cdots + c_{\tau+1} x_t^{(\kappa+1)}$$

是 (6-8) 的通解.

显然 $\left\{x_t^{(1)}\right\}, \left\{x_t^{(2)}\right\}, \cdots, \left\{x_t^{(\kappa+1)}\right\}$ 是线性无关的, 因为 $\phi^{(1)}, \phi^{(2)}, \cdots, \phi^{(\kappa+1)}$ 线性无关. 现在假设 $\{x_t\}$ 是由初值 $\{\phi_t\}_{-\kappa}^{0}$ 确定的 (6-8) 的解, 显然存在 $c_1, c_2, \cdots, c_{\kappa+1}$, 使得

$$x_t = c_1 \phi_t^{(1)} + c_2 \phi_t^{(2)} + \cdots + c_{\kappa+1} \phi_t^{(\kappa+1)}, \quad t \in [T-\kappa, T].$$

如果 $\{x_t\}$ 是由初值 $\{\phi_t\}_{T'-\kappa}^{T'}$ 确定的 (6-8) 的解, 这里 $T' > T$. 那么, 可以定义 $\{x_t\}_{-\kappa}^{T'-1}$ 使得 $\{x_t\}_{-\kappa}^{\infty}$ 是 (6-8) 的解并且满足初值. 证毕.

现在考虑差分方程

$$\begin{cases} x_{t+1} - x_t = q x_{t-\tau}, & t \in \mathbf{N} \backslash \Omega, \\ x_{t+1} - x_t = b x_t, & t \in \Omega. \end{cases} \tag{6-9}$$

如果 $\Omega=\{1,2,\cdots,\tau,t_1,t_2,\cdots\}$, 那么对于任意的 ϕ_0, 可获得 $x_1=(1+b)\phi_0$, $x_2=(1+b)^2\phi_0$, $\cdots$, $x_\tau=(1+b)^\tau\phi_0$, $\cdots$, 因此, $\{x_t\}$ 是 (6-9) 一个解. 但不能说 (6-9) 的所有解由初值 ϕ_0 确定. 事实上, 如果存在 $T\in N$ 使得 $[T-\kappa,T]\subset\mathbf{N}\backslash\Omega$, 那么可以选择初值

$$\varphi^{(1)}=\left(\phi_{T-\kappa}^{(1)},\phi_{T-\kappa+1}^{(1)},\cdots,\phi_{T}^{(1)}\right)=(1,0,\cdots,0),$$

$$\varphi^{(2)}=\left(\phi_{T-\kappa}^{(2)},\phi_{T-\kappa+1}^{(2)},\cdots,\phi_{T}^{(2)}\right)=(0,1,\cdots,0),$$

$$\vdots$$

$$\varphi^{(\kappa+1)}=\left(\phi_{T-\kappa}^{(\kappa+1)},\phi_{T-\kappa+1}^{(\kappa+1)},\cdots,\phi_{T}^{(\kappa+1)}\right)=(0,0,\cdots,1),$$

它们分别确定的 (6-9) 的解为 $\left\{x_t^{(1)}\right\},\left\{x_t^{(2)}\right\},\cdots,\left\{x_t^{(\kappa+1)}\right\}$. 那么

$$x_t=c_1x_t^{(1)}+c_2x_t^{(2)}+\cdots+c_{\tau+1}x_t^{(\kappa+1)} \tag{6-10}$$

是 (6-9) 的通解.

在 (6-9) 中, 假设

$$\Omega=\{0,1,\cdots,\tau-1,\tau+1,2\tau+1,\cdots\},$$

$$N\backslash\Omega=\{\tau,2\tau,3\tau,\cdots\},$$

那么, 可以得到满足初值 $\phi_0=1$ 的 (6-9) 的解 $\{x_t\}$. 在这种情况下, (6-9) 的一个解可以写成 $\{cx_t\}$.

在 (6-9) 中, 假设

$$\Omega=\{\tau+1,\cdots,2\tau-1,2\tau+1,\cdots\},\quad \mathbf{N}\backslash\Omega=\{0,1,2,\cdots,\tau,2\tau,3\tau,\cdots\},$$

那么, 由定理 6.3.2 可知 (6-9) 的通解可以写成 (6-10). 但是, 如果我们仅关心 $t\geqslant 2\tau$ 时的解, 那么其通解为 $\{cx_t\}$.

由上面的例子可以说明, (6-8) 的通解依赖于初始时刻 T.

定理 6.3.3 对于初始时刻 T, 如果 $[T-\kappa,T]$ 上的有效初值数为 r, 那么 (6-8) 最后存在 r 线性无关解.

作为一个例子, 考虑方程

$$\begin{cases} x_{t+1}-x_t=qx_{t-1}, & t=1,3,5,\cdots,\\ x_{t+1}-x_t=bx_t, & t=0,2,4,\cdots, \end{cases} \tag{6-11}$$

解序列 $\{x_t\}_{-1}^{\infty}$ 满足

$$x_t = \begin{cases} (1+b)\,\beta\,(1+b+q)^{\frac{(t-1)}{2}}, & t=1,3,5,\cdots, \\ \beta\,(1+b+q)^{\frac{t}{2}}, & t=0,2,4,\cdots, \end{cases} \tag{6-12}$$

它是 (6-11) 在初始时刻 $T=0$ 时的通解, 其中 β 是任意常数. 当 $T=1$ 时, 令 $x_0=\alpha, x_1=\beta$, 那么, 有

$$x_2 = \beta + q\alpha,$$

$$x_3 = (1+b)\,(\beta+q\alpha)\,,$$

$$x_4 = (1+b)\,(\beta+q\alpha) + q\,(\beta+q\alpha) = (1+b+q)\,(\beta+q\alpha)\,,$$

$$x_5 = (1+b)\,(1+b+q)\,(\beta+q\alpha)\,,$$

$$x_6 = (1+b+q)^2\,(\beta+q\alpha)\,,$$

$$\vdots$$

$$x_t = \begin{cases} (1+b)\,(1+b+q)^{\frac{(t-1)}{2-1}}\,(\beta+q\alpha)\,, & t=7,9,11,\cdots, \\ (1+b+q)^{\frac{t}{2-1}}\,(\beta+q\alpha)\,, & t=8,10,12,\cdots. \end{cases} \tag{6-13}$$

它是 (6-11) 在初始时刻 $T=1$ 时的通解, 其中 α,β 是任意常数.

6.4　正解的存在性

作为一种投资, 正的回报是重要的. 因此, 有关正解的存在性是重要的. 本小节不打算对一般的方程给出正解的存在性, 仅仅考虑方程

$$\begin{cases} x_{t+1} - x_t = q_t x_{t-\sigma}, & t \in \mathbf{N}\backslash\Omega, \\ x_{t+1} - x_t = b_t x_t, & t \in \Omega, \end{cases} \tag{6-14}$$

为了比较, 同时考虑方程

$$x_{t+1} - x_t = q_t x_{t-\sigma}, \quad t \in \mathbf{N}. \tag{6-15}$$

当序列 $q_0, q_1, \cdots$ 非负的时候, 给定正的初值 $x_{-\sigma}, x_{-\sigma+1}, \cdots, x_0$, 对于 $t \in \mathbf{N}$ 容易计算 $x_{t+1} = x_t + q_t x_t > 0$. 因此, 对于问题 (6-15) 容易获得它的正解. 而对于问题 (6-14) 不一定存在正解. 例如, 对于任意大的 m, 存在某个 $t_j \in \Omega$ 使得 $b_{t_j} \leqslant 1$, 那么 (6-14) 的所有解振动. 然而, 当对于 $n \in \Omega$, 有 $b_n > -1$, 那么可以获得一个正解.

取

$$x_t = \phi_t > 0, \quad t = -\sigma, -\sigma+1, \cdots, 0,$$

当 $t_1 = 0$, 有

$$x_1 = x_0 + b_0 x_0 = \phi_0 + b_0\phi_0 > \phi_0 - \phi_0 = 0;$$

否则, 有

$$x_1 = x_0 + q_0 x_{-\sigma} = \phi_0 + q_0\phi_{-\sigma} \geqslant \phi_0 > 0.$$

现在假设对于 $1 \leqslant t \leqslant m$, 有 $x_t > 0$, 类似地, 有

$$x_{m+1} = x_m + b_m x_m > x_m - x_m = 0$$

或者

$$x_{m+1} = x_m + q_m x_{m-\sigma} \geqslant x_m > 0.$$

因此, 有下面定理 6.4.1.

定理 6.4.1　序列 $\{q_t\}_{t\in\mathbf{N}\backslash\Omega}$ 是非负的, 对于 $n \in \Omega$ 有 $b_n > -1$. 那么给定任意正的初值 $x_{-\sigma}, x_{-\sigma+1}, \cdots, x_0$ 将确定 (6-14) 的一个正解.

在上面假设了 $\{q_t\}_{t\in\mathbf{N}\backslash\Omega}$ 是非负的. 事实上对于任意序列 $\{q_t\}_{t\in\mathbf{N}\backslash\Omega}$ (6-14) 也可能存在正解. 例如, 假设 $\sigma = 0$ 并且 (6-15) 有一个正解. 这时候, 只要当 $t \in \Omega$ 有 $b_t \geqslant q_t$ 时, 就可以获得 (6-14) 的一个正解. 事实上, 令

$$Q_t = \begin{cases} q_t, & t \in \mathbf{N}\backslash\Omega, \\ b_t, & t \in \Omega, \end{cases}$$

并给定初值 $y_0 = x_0$, 就可以获得对应的解 $\{y_t\}_0^\infty$ 使得 $y_t \geqslant x_t$. 确实,

$$y_1 = x_1 + y_0 - x_0 + Q_0 y_0 - q_0 x_0 = x_1 + (Q_0 - q_0) x_0 \geqslant x_1 > 0.$$

如果对于正数 m 并对于 $0 \leqslant t \leqslant m$, 有 $y_t \geqslant x_t$, 那么

$$\begin{aligned} y_{m+1} =& x_{m+1} + y_m - x_m + Q_m y_m - q_m x_m \\ \geqslant& x_{m+1} + Q_m x_m - q_m x_m \geqslant x_{m+1} > 0. \end{aligned}$$

归纳可证命题成立.

另外, 在人口模型中, 往往 q_t 是非正的. 下面就给出在这种情况下的结论.

定理 6.4.2　序列 $\{q_t\}_0^\infty$ 是非正的, 并且 (6-15) 有一个正解 $\{y_t\}_{-\sigma}^\infty$, 那么对于非负序列 $\{b_t\}_{t\in\Omega}$ 确定的系统 (7-14) 存在正解.

证明 如果 $\sigma=0$, 结论显然成立. 下面假设 $\sigma\geqslant 1$, 并且假设 $\left\{x_t^{(1)}\right\}_{t_1-\sigma+1}^{\infty}$ 是方程 (6-14) 被初值条件

$$x_t^{(1)}=\begin{cases} y_t, & t=t_1-\sigma+1,\cdots,t_1, \\ (1+b_{t_1})y_{t_1}, & t=t_1+1 \end{cases}$$

确定的唯一解. 将证明对于 $t\geqslant t_1-\sigma+1$ 有 $x_t^{(1)}\geqslant y_t$. 由定义, 显然

$$x_t^{(t)}\geqslant y_t, t_1-\sigma+1\leqslant t\leqslant t_1+1.$$

对于 $t_1+1<t\leqslant t_1+\sigma+1$, 有

$$\begin{aligned} x_t^{(1)}=&x_{t_1+1}^{(1)}+\sum_{i=t_1+1}^{t-1}q_i x_{i-\sigma}^{(1)}=x_{t_1+1}^{(1)}+\sum_{i=t_1+1}^{t-1}q_i y_{i-\sigma} \\ =&x_{t_1+1}^{(1)}+y_t-y_{t_1+1}\geqslant y_t. \end{aligned}$$

注意到 $\{y_t\}$ 递减性, 对于 $t_1+1<t\leqslant t_1+\sigma+1$ 有

$$\frac{x_t^{(1)}}{x_{t_1+\sigma+1}^{(1)}}=\frac{y_t+b_{t_1}y_{t_1}-q_{t_1}y_{t_1-\sigma}}{y_{t_1+\sigma+1}+b_{t_1}y_{t_1}-q_{t_1}y_{t_1-\sigma}}\leqslant\frac{y_t}{y_{t_1+\sigma+1}}. \tag{6-16}$$

因此, 对于 $t_1+\sigma+1<t\leqslant t_1+2\sigma+1$ 有

$$\begin{aligned} x_t^{(1)}=&x_{t_1+\sigma+1}^{(1)}+\sum_{i=t_1+\sigma+1}^{t-1}q_i x_{i-\sigma}^{(1)} \\ \geqslant&x_{t_1+\sigma+1}^{(1)}+\frac{x_{t_1+\sigma+1}^{(1)}}{y_{t_1+\sigma+1}}\sum_{i=t_1+\sigma+1}^{t-1}q_i y_{i-\sigma} \\ =&x_{t_1+\sigma+1}^{(1)}+\frac{x_{t_1+\sigma+1}^{(1)}}{y_{t_1+\sigma+1}}(y_t-y_{t_1+\sigma+1}) \\ =&\frac{x_{t_1+\sigma+1}^{(1)}}{y_{t_1+\sigma+1}}y_t\geqslant y_t. \end{aligned}$$

现在要证明

$$x_t^{(t)}\geqslant y_t,\quad t_1+2\sigma+1<t\leqslant t_1+3\sigma+1. \tag{6-17}$$

为此, 证明

$$\frac{x_t^{(1)}}{x_{t_1+2\sigma+1}}\leqslant\frac{y_t}{y_{t_1+2\sigma+1}},\quad t_1+\sigma+1\leqslant t<t_1+2\sigma+1. \tag{6-18}$$

注意到

$$\Delta\left(\frac{x_t^{(1)}}{y_t}\right)=q_t\frac{y_t x_{t-\sigma}^{(1)}-x_t^{(1)}y_{t-\sigma}}{y_t y_{t+1}},\quad t_1+\sigma+1\leqslant t<t_1+2\sigma+1. \tag{6-19}$$

不然将存在 $t^* \in [t_1+\sigma+1, t_1+2\sigma]$ 使得 $q_{t^*}<0$ 且

$$y_{t^*}x^{(1)}_{t^*-\sigma} > x^{(1)}_{t^*}y_{t^*-\sigma} \text{ 或者 } \frac{x^{(1)}_{t^*}}{x^{(1)}_{t^*-\sigma}} < \frac{y_{t^*}}{y_{t^*-\sigma}}. \tag{6-20}$$

由 (6-16) 我们知道 $t^* \neq t_1+\sigma+1$, 因此有

$$\begin{aligned}
x^{(1)}_{t^*} &= x^{(1)}_{t_1+\sigma+1} + \sum_{i=t_1+\sigma+1}^{t^*-1} q_i x^{(1)}_{i-\sigma} \\
&\geqslant x^{(1)}_{t_1+\sigma+1} + \sum_{i=t_1+\sigma+1}^{t^*-1} q_i \frac{x^{(1)}_{t_1+\sigma+1}y_{i-\sigma}}{y_{t_1+\sigma+1}} \\
&= x^{(1)}_{t_1+\sigma+1} + \frac{x^{(1)}_{t_1+\sigma+1}}{y_{t_1+\sigma+1}}(y_{t^*}-y_{t_1+\sigma+1}) \\
&= \frac{x^{(1)}_{t_1+\sigma+1}}{y_{t_1+\sigma+1}} y_{t^*}.
\end{aligned} \tag{6-21}$$

注意到 (6-16) 及 $t_1+1<t^*-\sigma \leqslant t_1+\sigma+1$, 有

$$\frac{x^{(1)}_{t^*-\sigma}}{x^{(1)}_{t_1+\sigma+1}} \leqslant \frac{y_{t^*-\sigma}}{y_{t_1+\sigma+1}}.$$

再利用 (6-20) 有

$$\frac{x^{(1)}_{t^*}}{x^{(1)}_{t_1+\sigma+1}} \leqslant \frac{y_{t^*}}{y_{t_1+\sigma+1}}.$$

这矛盾于 (6-21). 因此, (6-19) 成立. 所以, 对于 $t_1+2\sigma+1<t\leqslant t_1+3\sigma+1$, 由 (6-18) 可知

$$\begin{aligned}
x^{(1)}_{t} &= x^{(1)}_{t_1+2\sigma+1} + \sum_{i=t_1+2\sigma+1}^{t-1} q_i x^{(1)}_{i-\sigma} \\
&\geqslant x^{(1)}_{t_1+2\sigma+1} + \frac{x^{(1)}_{t_1+2\sigma+1}}{y_{t_1+2\sigma+1}} \sum_{i=t_1+2\sigma}^{t-1} q_i y_{i-\sigma} \\
&= x^{(1)}_{t_1+2\sigma+1} + \frac{x^{(1)}_{t_1+2\sigma+1}}{y_{t_1+2\sigma+1}}(y_t-y_{t_1+2\sigma+1}) \\
&= \frac{x^{(1)}_{t_1+2\sigma+1}}{y_{t_1+2\sigma+1}} y_t \geqslant y_t.
\end{aligned}$$

通过数学归纳法, 可以证明

$$x^{(1)}_t \geqslant y_t, \quad t_1+n\sigma+1<t\leqslant t_1+(n+1)\sigma+1, \quad n=-1,0,1,\cdots,$$

于是, 有

$$x_t^{(1)} \geqslant y_t, \quad t \geqslant t_1 - \sigma + 1.$$

注意到 (6-15) 有唯一解 $\left\{x_t^{(2)}\right\}_{t_2-\sigma+1}^{\infty}$, 它满足

$$x_t^{(2)} = \begin{cases} x_t^{(1)}, & t = t_2 - \sigma + 1, \cdots, t_2, \\ (1 + b_{t_2})\, x_{t_2}^{(2)}, & t = t_2 + 1. \end{cases}$$

类似地, 可以证明

$$x_t^{(2)} \geqslant x_t^{(1)}, \quad t \geqslant t_2 - \sigma + 1.$$

因此, 可以得到 (6-15) 的解序列 $\left\{x_t^{(n)}\right\}$, 它有下面性质:

(1) $x_t^{(0)} = y_t, t \geqslant -\sigma$.

(2) $\left\{x_t^{(n)}\right\}_{t_n-\sigma+1}^{\infty}$ 是 (6-15) 的解且满足初始条件

$$x_t^{(n)} = \begin{cases} x_t^{(n-1)}, & t = t_n - \sigma + 1, \cdots, t_n, \\ (1 + b_{t_n})\, x_{t_n}^{(n-1)}, & t = t_{n+1} + 1. \end{cases}$$

(3) $x_t^{(n)} \geqslant x_t^{(n-1)}, t \geqslant t_n - \sigma + 1$.

最后, 定义

$$x_t = \begin{cases} x_t^{(1)}, & t = -\sigma, \cdots, t_1, \\ x_t^{(2)}, & t = t_1 + 1, \cdots, t_2, \\ & \vdots \\ x_t^{(n)}, & t = t_n + 1, \cdots, t_{n+1}, n = 2, 3, \cdots. \end{cases}$$

容易验证 $\{x_t\}_{-\sigma}^{\infty}$ 是 (6-14) 的正解. 证毕.

可知, 方程

$$x_{t+1} - x_t + q x_{t-\tau} = 0 \tag{6-22}$$

有正解的充分必要条件是

$$q \leqslant \frac{\tau^{\tau}}{(\tau + 1)^{\tau+1}}. \tag{6-23}$$

然而, 当条件 (6-23) 不成立时, 仍然可以获得

$$\begin{cases} x_{t+1} - x_t + q x_{t-\tau} = 0, & t \in \mathbf{N} \backslash \Omega, \\ x_{t+1} - x_t = b_t x_t, & t \in \Omega \end{cases}$$

的正解. 作为例子, 考虑方程

$$\begin{cases} x_{t+1} - x_t + q x_{t-1} = 0, & t = 1, 3, 5, \cdots, \\ x_{t+1} - x_t = b x_t, & t = 0, 2, 4, \cdots. \end{cases} \tag{6-24}$$

事实上, 可以获得 (6-24) 的通解为

$$x_t = \begin{cases} (1+b)\,\beta\,(1+b-q)^{\frac{(t-1)}{2}}, & t=1,3,5,\cdots, \\ \beta\,(1+b-q)^{\frac{t}{2}}, & t=0,2,4,\cdots. \end{cases} \tag{6-25}$$

或者

$$x_t = \begin{cases} (1+b)\,(1+b-q)^{\frac{(t-1)}{2-1}}\,(\beta-q\alpha), & t=3,5,7,\cdots, \\ (1+b-q)^{\frac{t}{2-1}}\,(\beta-q\alpha), & t=2,4,6,\cdots. \end{cases} \tag{6-26}$$

因此, (6-24) 有正解当且仅当

$$b>-1, \quad 1+b>q$$

成立. 显然, 当条件 (6-23) 不成立时也可以获得 (6-24) 的正解.

作为另一个例子, 我们考虑

$$\begin{cases} x_{t+1}-x_t = qx_{t-\sigma}, & t=1,3,5,\cdots, \\ x_{t+1}-x_t = bx_t, & t=0,2,4,\cdots. \end{cases} \tag{6-27}$$

当 σ 是偶数的时候, 令

$$q=\frac{\alpha-\beta}{\beta}, \quad b=\frac{\beta-\alpha}{\alpha}, \quad \alpha\neq 0, \quad \beta\neq 0,$$

定义

$$x_t = \begin{cases} \alpha, & t=-\sigma,-\sigma+2,\cdots,0,2,\cdots, \\ \beta, & t=-\sigma+1,-\sigma+3,\cdots,1,3,\cdots. \end{cases}$$

那么, $\{x_t\}$ 是 (6-27) 的一个 2-周期解. 显然, 可以获得 $\alpha>0, \beta>0$. 这仅仅需要条件 $(1+b)(1+q)=1$.

6.5 单一方程的划归

由前面的事实可以看出, 两分布方程与单一方程具有很多不同的地方. 然而, 人们往往希望通过已知的东西去刻画未知的事情. 那么, 可以将两分布化成单一方程吗? 回答是肯定的.

6.5.1 最终正解的存在性

再来考虑问题

$$\begin{cases} x_{t+1}-x_t = q_t x_{t-\sigma}, & t\in \mathbf{N}\backslash\Omega, \\ x_{t+1}-x_t = b_t x_t, & t\in\Omega, \end{cases} \tag{6-28}$$

并且定义

$$B_t = \begin{cases} -b_t, & t \in \Omega, \\ 0, & t \in \mathbf{N}\backslash\Omega, \end{cases}$$

$$Q_t = \begin{cases} 0, & t \in \Omega, \\ -q_t, & t \in \mathbf{N}\backslash\Omega, \end{cases}$$

那么, 方程 (6-28) 就等价于方程

$$\Delta x_t + B_t x_t + Q_t x_{t-\sigma} = 0, \quad t \in \mathbf{N}. \tag{6-29}$$

伴随地, 同时考虑差分不等式

$$\Delta x_t + B_t x_t + Q_t x_{t-\sigma} \leqslant 0, \quad t \in \mathbf{N}. \tag{6-30}$$

现在假设 $\{x_t\}_{-\sigma}^{\infty}$ 是 (6-29) 的一个正解, 定义序列 $\{w_t\}_{-\sigma}^{\infty}$:

$$w_t = -\frac{\Delta x_t}{x_t}, \quad t \geqslant -\sigma.$$

那么, 有

$$0 < \frac{x_{t+1}}{x_t} = 1 - w_t, \quad t \geqslant -\sigma.$$

这时候, 称序列 $\{w_t\}_{-\sigma}^{\infty}$ 是严格 “*subnormal*”. 看文献 [170].

所以

$$\frac{x_{t-\sigma}}{x_t} = \prod_{s=t-\sigma}^{t-1} \frac{1}{1-w_s}, \quad t \geqslant 0.$$

代入 (6-30), 有

$$w_t \geqslant B_t + Q_t \prod_{s=t-\sigma}^{t-1} \frac{1}{1-w_s}, \quad t \geqslant 0. \tag{6-31}$$

注意到 $\{w_t\}_{-\sigma}^{\infty}$ 是严格 “*subnormal*” 的, 因此存在的必要条件是 $B_t < 1$.

相反, 如果 $\{w_t\}_{-\sigma}^{\infty}$ 是严格 “*subnormal*” 并且满足 (6-31). 那么, 令

$$x_{-\sigma} = 1, \quad x_{t+1} = \prod_{s=-\sigma}^{t} (1 - w_s), \quad t \geqslant -\sigma,$$

那么, 序列 $\{x_t\}_{-\sigma}^{\infty}$ 是 (6-30) 的一个正解. 也就是说: (6-30) 有一个正解当且仅当 (6-31) 有一个严格 “*subnormal*” 解.

对于 $T \geqslant \sigma$, 我们定义

$$w_t^{(0)} = B_t, \quad t \geqslant 0,$$

对于 $i=0,1,2,\cdots$, 我们定义

$$w_t^{(i+1)}=B_t+Q_t\prod_{s-t-\sigma}^{t-1}\frac{1}{1-w_s^{(i)}},\quad t\geqslant T, \tag{6-32}$$

$$w_t^{(i+1)}=w_t^{(i)},\quad t<T.$$

由文献 [228] 中的定理 2.2.2 或者文献 [31] 中的对应结果, 马上获得定理 6.5.1.

定理 6.5.1 (6-31) 有一个严格 "*subnormal*" 解当且仅当由 (6-32) 定义的序列 $\{w^{(n)}\}$ 收敛于一个严格 "*subnormal*" 序列 $\{u_t\}$.

作为定理 6.5.1 的应用, 可知道: (6-29) 有一个最终正解当且仅当 (6-30) 有一个最终正解. 因此, 将 (6-29) 的存在性转化为 (6-30).

作为文献 [228] 中定理 2.3.4 的应用, 马上得到下面定理 6.5.2.

定理 6.5.2 假设 $\sup\limits_{t\geqslant T-\sigma}B_t=a^*<1$, 使得

$$\sup_{t\geqslant T-\sigma}Q_t\left(1-a^*\right)^{-\sigma}\leqslant 1,$$

并且假设存在常数 $\psi\in(0,1-a^*)$, 使得

$$\sup_{t\geqslant T-\sigma}\left\{\frac{1}{\psi}Q_t\left(1-a^*-\psi\right)^{-\sigma}\right\}\leqslant 1, \tag{6-33}$$

那么 (6-29) 有一个最终正解.

方程

$$\Delta x_t+px_{t-1}=0,\quad t\in\mathbf{N}$$

振动的充分必要条件是 $p>1/4$. 注意到

$$\sup_{t\geqslant T-\sigma}\left\{\frac{1}{\psi}\left(1-a^*-\psi\right)^{-\sigma}\right\}=\frac{2}{\left(1-a^*\right)^2},$$

因此,

$$\frac{2p}{\left(1-a^*\right)^2}\leqslant 1$$

蕴涵着

$$\begin{cases}\Delta x_t+px_{t-1}=0, & t\in\mathbf{N}\backslash\Omega,\\ \Delta x_t+a^*x_t=0, & t\in\mathbf{N}\end{cases}$$

有一个最终正解. 例如, $p=1/2>1/4, a^*\leqslant(-1,\infty)$.

利用文献 [170] 中的结果, 可以获得其他存在结论. 这里省略.

6.5.2　最终单调正解的存在性

再令

$$P_t = \begin{cases} -b_t, & t \in \Omega, \\ -q_t, & t \in \mathbf{N} \backslash \Omega, \end{cases}$$

$$\tau(t) = \begin{cases} 0, & t \in \Omega, \\ \sigma, & t \in M \backslash \Omega. \end{cases}$$

这时候, (6-28) 也等价于方程

$$\Delta x_t + P_t x_{t-\tau(t)} = 0, \quad t \in \mathbf{N}. \tag{6-34}$$

在这里将假设 $P_t \geqslant 0$. 现在假设 $\{x_t\}_{-\sigma}^{\infty}$ 是 (6-30) 的一个正解, 定义序列 $\{w_t\}_{-\sigma}^{\infty}$:

$$w_t = -\frac{\Delta x_t}{x_t}, \quad t \geqslant -\sigma.$$

那么, 有

$$0 < \frac{x_{t+1}}{x_t} = 1 - w_t, \quad t \geqslant -\sigma,$$

$$\frac{x_{t-\tau(t)}}{x_t} = \prod_{s=t-\tau(t)}^{t-1} \frac{1}{1-w_s}, \quad t \geqslant 0.$$

因此, 有

$$w_t \geqslant P_t \prod_{s=t-\tau(t)}^{t-1} \frac{1}{1-w_s}, \quad t \geqslant 0. \tag{6-35}$$

从而, 也有如下定理 6.5.3.

定理 6.5.3　(6-34) 存在一个单调非增正解的充分必要条件是 (6-35) 存在一个最终非负的严格 “*subnormal*” 解.

利用文献 [170] 的结果, 显然可以获得一些结论, 这里省略.

6.5.3　周期解的存在性

考虑模型

$$\begin{cases} x_{t+1} = a_t x_t + \lambda q_t f(x_{t-\sigma}), & t \in \mathbf{N} \backslash \Omega, \\ x_{t+1} - x_t = b_t x_t, & t \in \mathbf{N}, \end{cases} \tag{6-36}$$

定义

$$A_t = \begin{cases} a_t, & t \in \mathbf{N} \backslash \Omega, \\ 1 + b_t, & t \in \mathbf{N}, \end{cases}$$

$$Q_t = \begin{cases} q_t, & t \in \mathbf{N}\backslash\Omega, \\ 0, & t \in \mathbf{N}, \end{cases}$$

那么, (6-36) 变为

$$y_{t+1} = A_t y_t + \lambda Q_t f\left(y_{t-\sigma}\right), \quad t \in \mathbf{N}. \tag{6-37}$$

这样一来, 在文献 [113]~[115], [229] 中获得的结果稍微做一些修改就可以应用到问题 (6-36).

6.6 关于偏差分方程

考虑满足两分布偏差分方程:

$$\begin{cases} u_i^{t+1} - u_i^t = \alpha\left(u_{i-1}^t - 2u_i^t + u_{i+1}^t\right) + \beta u_i^{t-\sigma}, & i \in [1,n], t \in \mathbf{N}\backslash\Omega, \\ u_i^{t+1} - u_i^t = b_t u_i^t, & i \in [1,n], t \in \mathbf{N}, \end{cases} \tag{6-38}$$

伴随边界条件

$$u_0^t = u_{n+1}^t = 0, \quad t \geqslant -\sigma, \tag{6-39}$$

或者

$$u_0^t = u_n^t, \quad u_1^t = u_{n+1}^t = 0, \quad t \geqslant -\sigma. \tag{6-40}$$

令

$$u^t = \left(u_1^t, u_2^t, \cdots, u_n^t\right)^{\mathrm{T}},$$

问题 (6-38), (6-39) 或 (6-38)~(6-40) 可以写成

$$\begin{cases} u^{t+1} - u^t = \alpha A u^t + \beta u^{t-\sigma}, & t \in \mathbf{N}\backslash\Omega, \\ u^{t+1} - u^t = b_t u^t, & t \in \Omega, \end{cases} \tag{6-41}$$

其中 A 为 n 阶方阵等于

$$\begin{pmatrix} -2 & 1 & 0 & \cdots & 0 \\ 1 & -2 & 1 & \cdots & 0 \\ & \cdots & & \cdots & \\ 0 & \cdots & 1 & -2 & 1 \\ 0 & \cdots & 0 & 1 & -2 \end{pmatrix}_{n\times n}$$

或者

$$\begin{pmatrix} -2 & 1 & 0 & \cdots & 1 \\ 1 & -2 & 1 & \cdots & 0 \\ & \cdots & & \cdots & \\ 0 & \cdots & 1 & -2 & 1 \\ 1 & \cdots & 0 & 1 & -2 \end{pmatrix}_{n\times n}.$$

现在, 假设 λ 是矩阵 A 一个特征值, 对应地 v 是它的特征向量. 用 v 对 (6-41) 作内积运算, 有

$$\begin{cases} \langle v, u^{t+1}\rangle - \langle v, u^t\rangle = \langle v, \alpha A u^t\rangle + \beta \langle v, u^{t-\sigma}\rangle, & t \in \mathbf{N}\backslash\Omega, \\ \langle v, u^{t+1}\rangle - \langle v, u^t\rangle = b_t \langle v, u^t\rangle, & t \in \Omega, \end{cases}$$

$$\begin{cases} \langle v, u^{t+1}\rangle - \langle v, u^t\rangle = \alpha\lambda \langle v, u^t\rangle + \beta \langle v, u^{t-\sigma}\rangle, & t \in \mathbf{N}\backslash\Omega, \\ \langle v, u^{t+1}\rangle - \langle v, u^t\rangle = b_t \langle v, u^t\rangle, & t \in \Omega. \end{cases}$$

令 $\langle v, u^t\rangle = x_t$, 那么有

$$\begin{cases} x_{t+1} - x_t = \lambda\alpha x_t + \beta x_{t-\sigma}, & t \in \mathbf{N}\backslash\Omega, \\ x_{t+1} - x_t = b_t x_t, & t \in \mathbf{N}. \end{cases} \tag{6-42}$$

设 $\{x_t\}$ 是 (6-42) 的一个解, 并令 $u^t = x_t v$. 于是有

$$\begin{cases} x_{t+1}v - x_t v = \lambda\alpha x_t v + \beta x_{t-\sigma} v, & t \in \mathbf{N}\backslash\Omega, \\ x_{t+1}v - x_t v = b_t x_t v, & t \in \mathbf{N}. \end{cases}$$

$$\begin{cases} x_{t+1}v - x_t v = \alpha\lambda v x_t + \beta x_{t-\sigma} v, & t \in \mathbf{N}\backslash\Omega, \\ x_{t+1}v - x_t v = b_t x_t v, & t \in \mathbf{N}. \end{cases}$$

$$\begin{cases} x_{t+1}v - x_t v = \alpha A v x_t + \beta x_{t-\sigma} v, & t \in \mathbf{N}\backslash\Omega, \\ x_{t+1}v - x_t v = b_t x_t v, & t \in \mathbf{N}. \end{cases}$$

$$\begin{cases} u^{t+1} - u^t = \alpha A u^t + \beta u^{t-\sigma}, & t \in \mathbf{N}\backslash\Omega, \\ u^{t+1} - u^t = b_t u^t, & t \in \Omega. \end{cases}$$

定理 6.6.1 假设 λ 是矩阵 A 一个特征值, 对应地 v 是它的特征向量. $\{u^t\}$ 是 (6-41) 的一个解, 令 $\langle v, u^t\rangle = x_t$, 那么 $\{x_t\}$ 是 (6-42) 的一个解; 相反, $\{x_t\}$ 是 (6-42) 的一个解, 那么 $u^t = x_t v$ 是 (6-41) 的一个解

注 6.6.1 显然, 定理 6.6.1 对所有的对称矩阵成立.

注 6.6.2 对于单一方程

$$u^{t+1} - u^t = \alpha A u^t + \beta u^{t-\sigma}, \quad t \in \mathbf{N},$$

定理 6.6.1 也成立.

注 6.6.3 当矩阵 A 是非对称的时候, 类似的定理也可以建立.

注 6.6.4 应用 (6-42) 的一些存在性结果可以获得 (6-41) 的对应结论.

第 7 章　离散行波解

对于一个两足标序列 $\{u_n^t\}_{n\in\mathbf{Z},t\in\mathbf{N}}$, 如果存在某个整数 l 使得对于所有的 $n\in\mathbf{Z},t\in\mathbf{N}$, 有 $u_n^{t+1}=u_{n+l}^t$ 成立, 称该序列为一行波序列. 显然, 当 l 为正整数时, 此行波向左传播; 而当 l 是负整数时, 它却向右传播. 当 $l=0$, 称其为驻波.

容易看到, 一个序列 $\{u_n^t\}_{n\in\mathbf{Z},t\in\mathbf{N}}$ 是传播速度为 $-l$ 的行波当且仅当存在某个 $\varphi:\mathbf{Z}\to\mathbf{R}$ 使得它满足

$$u_n^t=\varphi(n+lt),\quad n\in\mathbf{Z},t\in\mathbf{N}. \tag{7-1}$$

确实, 如果对于某个 φ, (7-1) 成立, 那么 $u_n^{t+1}=\varphi(n+l+t)=u_{n+l}^t$. 相反, 可以令 $\varphi(k)=u_k^0$, 那么

$$u_n^t=u_{n+l}^{t-1}=u_{n+2l}^{t-2}=\cdots=u_{n+lt}^0=\varphi(n+lt).$$

更一般地, 可以给出广义行波序列的概念. 对于一个两足标序列 $\{u_n^t\}_{n\in\mathbf{Z},t\in\mathbf{N}}$, 存在正整数 k 和整数 l 使得 $n\in\mathbf{Z},t\in\mathbf{N}$, 有 $u_n^{t+k}=u_{n+l}^t$ 成立, 则称其为传播速度为 $-l/k$ 的广义行波序列. 类似地, 如果 $\{u_n^t\}_{n\in\mathbf{Z},t\in\mathbf{N}}$ 是一个传播速度为 $-l/k$ 的广义行波序列, 那么存在某个 $\varphi:\mathbf{Z}\to\mathbf{R}$ 使得它满足

$$u_n^t=\varphi(kn+lt),\quad n\in\mathbf{Z},t\in\mathbf{N}.$$

本章研究几类偏差分方程的行波解, 此问题是十分重要的, 有关这方面的专著可参见文献 [154]. 7.1 节研究一类线性偏差分方程的精确行波解, 内容发表在文献 [230]. 7.2 节研究一类非线性耦合映射格的精确周期行波解, 内容发表在文献 [231]. 7.3 节利用隐函数定理, 研究一类耦合映射格周期行波解的存在性, 内容发表在文献 [232].

7.1　一类线性偏差分方程的精确行波解

在本小节中, 将考虑方程

$$u_n^{t+1}=au_n^t+bu_{n-1}^t,\quad n\in\mathbf{Z},t\in\mathbf{N},ab\neq 0 \tag{7-2}$$

正弦、余弦、双曲正弦和双曲余弦型行波解.

当 $l=0$ 时, 行波解被称为驻波. 这时候, 有

$$u_n^t=\varphi(n)=u_n^0,\quad t\in\mathbf{N},n\in\mathbf{Z},$$

$$(1-a)\varphi(n)=b\varphi(n-1),\quad n\in\mathbf{Z}.$$

因此

$$\varphi(n)=\frac{1-a}{b}\varphi(n-1),\quad n\in\mathbf{Z}.\tag{7-3}$$

逆也成立. 因此, 有如下定理 7.1.1.

定理 7.1.1 设 $\{\varphi(n)\}_{n\in\mathbf{Z}}$ 是由 (7-3) 定义的实数列, 那么由初值分布 $\{u_n^0\}=\{\varphi(n)\}_{n\in\mathbf{Z}}$ 确定 (7-2) 的一个驻波解. 相反, 如果 $\{u_n^t\}$ 是 (7-2) 的一个驻波解, 那么 $u_n^0=b^{-1}(1-a)u_{n+1}^0$ 对所有的 $n\in\mathbf{Z}$ 成立.

接下来将讨论 (7-2) 的非驻波行波解. 在这种情况下, 将 $\varphi(n-mt)$ 代入 (7-2), 有

$$\varphi(n-mt-m)=a\varphi(n-mt)+b\varphi(n-mt-1).\tag{7-4}$$

令 $k=n-mt$, 有

$$\varphi(k-m)=a\varphi(k)+b\varphi(k-1),\quad k\in\mathbf{Z}.\tag{7-5}$$

因此, 如果可以找到 m 及 $\{\varphi(k)\}_{k\in\mathbf{Z}}$ 满足 (7-5), 那么由 (7-1) 可以定义 (7-2) 的一个行波解. 而方程 (7-5) 的特征方程是

$$a\lambda^m+b\lambda^{m-1}-1=0.\tag{7-6}$$

对于每个整数 m, 试图找到对应的特征根 λ.

作为例子, 考虑方程

$$\varphi(k-3)=4\varphi(k)+2\varphi(k-1).$$

它对应的特征方程有特征根 $\frac{1}{2},-\frac{1}{2}-\frac{1}{2}\mathrm{i},-\frac{1}{2}+\frac{1}{2}\mathrm{i}$, 因此方程

$$u_n^{t+1}=4u_n^t+2u_{n-1}^t,\quad t\in\mathbf{N},n\in\mathbf{Z}$$

有行波解

$$u_n^t=\left(\frac{1}{2}\right)^{n-3t},\ \left(-\frac{1}{\sqrt{2}}\right)^{n-3t}\cos\frac{(n-3t)\pi}{4},\ \left(-\frac{1}{\sqrt{2}}\right)^{n-3t}\sin\frac{(n-3t)\pi}{4}.$$

为了后边方便, 记

$$\xi=\frac{1-a^2-b^2}{2ab},\quad \eta=\frac{1+a^2-b^2}{2a},\quad \zeta=\frac{1-a^2+b^2}{2b}.\tag{7-7}$$

注意, 这里 $ab \neq 0$ 且

$$a + b\xi = \eta, \quad b + a\xi = \zeta,$$

而 $v = \cos^{-1} u$ 作为 $y = \cos x$ 的逆函数被定义在 $x \in [0, \pi]$.

7.1.1 正弦、余弦型行波解

本小节将寻找 (7-6) 的特殊根. 这里令 $\lambda = \mathrm{e}^{i\theta}$, 其中 $\theta \in [0, \pi]$, 也就是要寻找 (7-2) 的复值行波解 $\left\{\left(\mathrm{e}^{i\theta}\right)^{n-mt}\right\}$. 注意到 (7-2) 的线性性, 如此的解可以导致实的行波解

$$u_n^t = \sin(n - mt)\theta, \quad v_n^t = \cos(n - mt)\theta, \quad n \in \mathbf{Z}, t \in \mathbf{N}.$$

另外, 发现它们的线性组合也是 (7-2) 的解. 特别地, $\left\{\left(\mathrm{e}^{-i\theta}\right)^{n-mt}\right\}$ 也是 (7-2) 的复值行波解, 这时候 $-\theta \in [\pi, 2\pi]$. 因此, 仅讨论 $\theta \in [0, \pi]$ 的情况.

当系数对 (a, b) 属于区域

$$\Omega = \{(x, y) : -1 \leqslant |x|\,|y| \leqslant 1 \leqslant |x| + |y|\} \tag{7-8}$$

时, 行波解可以被找到.

引理 7.1.1 假设 $ab \neq 0$, ξ, η, ζ 由 (7-7) 定义. 那么

$$|\xi| \leqslant 1 \Leftrightarrow |\eta| \leqslant 1 \Leftrightarrow |\zeta| \leqslant 1 \Leftrightarrow -1 \leqslant |a| - |b| \leqslant 1 \leqslant |a| + |b|. \tag{7-9}$$

证明 首先有

$$\begin{aligned}
|\eta| \leqslant 1 \Leftrightarrow & \left|1 + a^2 - b^2\right| \leqslant 2|a| \Leftrightarrow -2|a| \leqslant 1 + a^2 - b^2 \leqslant 2|a| \\
\Leftrightarrow & 1 + a^2 - 2|a| \leqslant b^2 \leqslant 1 + a^2 + 2|a| \\
\Leftrightarrow & (1 - |a|)^2 \leqslant b^2 \leqslant (1 + |a|)^2 \Leftrightarrow -|b| \leqslant 1 - |a| \leqslant |b| \leqslant 1 + |a| \\
\Leftrightarrow & -1 \leqslant |a| - |b| \leqslant 1 \leqslant |a| + |b|.
\end{aligned}$$

类似地, 也有 $|\zeta| \leqslant 1 \Leftrightarrow -1 \leqslant |a| - |b| \leqslant 1 \leqslant |a| + |b|$.

而

$$\begin{aligned}
|\xi| \leqslant 1 \Leftrightarrow & \left|1 - a^2 - b^2\right| \leqslant 2|ab| \Leftrightarrow -2|ab| \leqslant 1 - a^2 - b^2 \leqslant 2|ab| \\
\Leftrightarrow & (|a| - |b|)^2 \leqslant 1 \leqslant (|a| + |b|)^2 \\
\Leftrightarrow & -1 \leqslant |a| - |b| \leqslant 1 \leqslant |a| + |b|.
\end{aligned}$$

证毕.

定理 7.1.2　假设 $ab \neq 0, (a,b) \in \Omega$, 其中 Ω 由 (7-8) 定义. 如果 $\left\{\left(\mathrm{e}^{i\theta}\right)^{n-mt}\right\}$(其中, $\theta \in [0,\pi], m \in \mathbf{Z}$) 是 (7-2) 的一个行波解, 那么 θ, m 满足

$$\begin{cases} \cos\theta = \xi, \\ \cos(m-1)\theta = \zeta, \\ \cos m\theta = \eta. \end{cases} \tag{7-10}$$

相反地, 如果 $\theta \in [0,\pi], m \in \mathbf{Z}$ 满足 (7-10), 那么 $\left\{\left(\mathrm{e}^{i\theta}\right)^{n-mt}\right\}$ 是 (7-2) 的一个行波解.

证明　如果 $\theta \in [0,\pi], m \in \mathbf{Z}$ 使得 $\left\{\left(\mathrm{e}^{i\theta}\right)^{n-mt}\right\}$ 是 (7-2) 的一个行波解, 那么 $\mathrm{e}^{i\theta}$ 将满足

$$a\mathrm{e}^{im\theta} + b\mathrm{e}^{i(m-1)\theta} = 1.$$

于是, θ, m 满足

$$\begin{cases} a\cos m\theta + b\cos(m-1)\theta = 1, \\ a\sin m\theta + b\sin(m-1)\theta = 0. \end{cases} \tag{7-11}$$

因此,

$$[a\cos m\theta + b\cos(m-1)\theta]^2 + [a\sin m\theta + b\sin(m-1)\theta]^2 = 1,$$

这蕴涵着

$$\cos\theta = \frac{1-a^2-b^2}{2ab}. \tag{7-12}$$

重新写 (7-11) 为

$$\begin{cases} a\cos m\theta = 1 - b\cos(m-1)\theta, \\ a\sin m\theta = -b\sin(m-1)\theta, \end{cases}$$

也有

$$\cos(m-1)\theta = \frac{1+b^2-a^2}{2b}. \tag{7-13}$$

类似地, 也有

$$\cos m\theta = \frac{1+a^2-b^2}{2a}. \tag{7-14}$$

相反地, 假设 (7-10) 成立, 将证明 (7-11) 成立. 确实,

$$a\cos m\theta + b\cos(m-1)\theta = a\frac{1+a^2-b^2}{2a} + b\frac{1+b^2-a^2}{2b} = 1.$$

如果 $\theta = 0, \pi$, (7-11) 的第二式显然是事实. 如果 $\theta \in (0,\pi)$, 那么

$$\begin{aligned} &\sin\theta\,[a\sin m\theta + b\sin(m-1)\theta] \\ =&a\sin\theta\sin m\theta + b\sin\theta\,(\sin m\theta\cos\theta - \sin\theta\cos m\theta) \end{aligned}$$

$$
\begin{aligned}
&= a\sin\theta\sin m\theta + b\sin\theta\sin m\theta\cos\theta - b\sin^2\theta\cos m\theta \\
&= (a + b\cos\theta)\sin\theta\sin m\theta - b\left(1-\cos^2\theta\right)\cos m\theta \\
&= (a + b\cos\theta)\left[\cos(m-1)\theta - \cos m\theta\cos\theta\right] - b\left(1-\cos^2\theta\right)\cos m\theta \\
&= \left(a + b\frac{1-a^2-b^2}{2ab}\right)\left(\frac{1+b^2-a^2}{2b} - \frac{1+a^2-b^2}{2a}\frac{1-a^2-b^2}{2ab}\right) \\
&\quad - b\left(1-\left(\frac{1-a^2-b^2}{2ab}\right)\right)\frac{1+a^2-b^2}{2a} = 0.
\end{aligned}
$$

证毕.

如果 $\theta \in [0,\pi], m \in \mathbf{Z}$ 满足 (7-10), 那么

$$
\left\{\begin{array}{l}
\cos\theta = \xi, \\
\cos(m-1)\theta = \zeta, \\
\cos m\theta = \eta
\end{array}\right. \Leftrightarrow \left\{\begin{array}{l}
\theta = \cos^{-1}\xi, \\
(m-1)\theta = \pm\cos^{-1}\zeta + 2l\pi, \\
m\theta = \pm\cos^{-1}\eta + 2k\pi
\end{array}\right.
$$

$$
\Leftrightarrow \left\{\begin{array}{l}
\theta = \cos^{-1}\xi, \\
m-1 = \left(\pm\cos^{-1}\zeta + 2l\pi\right)/\cos^{-1}\xi, \\
m = \left(\pm\cos^{-1}\eta + 2k\pi\right)/\cos^{-1}\xi
\end{array}\right.
$$

$$
\Leftrightarrow \theta = \cos^{-1}\xi, 1 + \left(\pm\cos^{-1}\zeta + 2l\pi\right)/\cos^{-1}\xi = \left(\pm\cos^{-1}\eta + 2k\pi\right)/\cos^{-1}\xi.
$$

因此, 有下面的推论 7.1.1.

推论 7.1.1 假设 $ab \neq 0, (a,b) \in \Omega$, 其中 Ω 由 (7-8) 定义. 如果 $\left\{\left(\mathrm{e}^{i\theta}\right)^{n-mt}\right\}$(其中, $\theta \in [0,\pi], m \in \mathbf{Z}$) 是 (7-2) 的一个行波解当且仅当存在整数 k, l 使得

$$
\theta = \cos^{-1}\xi, 1 + \left(\pm\cos^{-1}\zeta + 2l\pi\right)/\cos^{-1}\xi = \left(\pm\cos^{-1}\eta + 2k\pi\right)/\cos^{-1}\xi
$$

成立.

作为一个例子, 考虑方程

$$
u_n^{t+1} = -2u_n^t + \sqrt{3}u_{n-1}^t, \quad n \in \mathbf{Z}, t \in \mathbf{N}.
$$

注意到 $(a,b) = \left(-2, \sqrt{3}\right) \in \Omega$,

$$
\theta = \cos^{-1}\xi = \cos^{-1}\frac{\sqrt{3}}{2} = \frac{\pi}{6},
$$

$$
m = \left(\pm\cos^{-1}\eta + 2k\pi\right)/\cos^{-1}\xi = \pm 4 + 12k.
$$

现在验证 θ, m 是否满足系统 (7-10) 中的第二个方程. 事实上,

$$\cos(m-1)\theta=\begin{cases}\cos(3+12k)\dfrac{\pi}{6}, & m=4+12k\\ \cos(-5+12k)\dfrac{\pi}{6}, & m=-4+12k\end{cases}=\begin{cases}0, & m=4+12k\\ -\dfrac{\sqrt{3}}{2}, & m=-4+12k.\end{cases}$$

因此, $m=4+12k$ 满足要求. 于是得到行波解

$$u_n^t=\mathrm{e}^{i\theta(n-mt)}=\mathrm{e}^{i\frac{\pi}{6}(n-(4+12k)t)}.$$

对于 $k=0$, 得到 $m=4$ 及行波解 $\{\sin\pi(n-4t)/6\},\{\cos\pi(n-4t)/6\}$; 对于 $k=-1$, 可得到 $m=-8$ 及行波解 $\{\sin\pi(n+8t)/6\},\{\cos\pi(n+8t)/6\}$.

如果 $\xi=\eta,\zeta=1$, 那么 $\left\{\mathrm{e}^{i\theta(n-t)}\right\}$(这里 $\theta=\cos^{-1}\xi$) 是 (7-2) 的一个行波解. 注意到 $\cos 2\theta=2\cos^2\theta-1$, 那么 $2\xi^2-1=\eta,\xi=\eta$ 蕴涵着 $\left\{\mathrm{e}^{i\theta(n-2t)}\right\}$(这里 $\theta=\cos^{-1}\xi$) 是 (7-2) 的一个行波解. 定义 Tchebysheff 多项式如下: $T_m:[-1,1]\to\mathbf{R}, T_0(x)=1, T_1(x)=x$ 和 $T_m(\cos\theta)=\cos m\theta, m=2,3,\cdots$. 有如下推论 7.1.2.

推论 7.1.2 假设 $ab\neq 0,(a,b)\in\Omega$, 其中 Ω 由 (7-8) 定义. 如果对于 $m\geqslant 1$, $T_m(\xi)=\eta, T_{m-1}(\xi)=\zeta$, 那么 $\left\{\mathrm{e}^{i\theta(n-mt)}\right\}$(这里 $\theta=\cos^{-1}\xi$) 是 (7-2) 的一个行波解.

特别地, 如果

$$\begin{cases}T_3(\xi)=4\xi^3-3\xi=\eta,\\ T_2(\xi)=2\xi^2-1=\zeta,\end{cases}$$

或者

$$\begin{cases}T_3(\xi)=8\xi^4-8\xi^2+1=\eta,\\ T_2(\xi)=4\xi^3-3\xi=\zeta,\end{cases}$$

由此可见, (7-2) 分别有行波解 $\left\{\mathrm{e}^{i\theta(n-3t)}\right\}$ 或 $\left\{\mathrm{e}^{i\theta(n-4t)}\right\}$.

7.1.2 双曲正弦、双曲余弦型行波解

现在考虑特征方程 (7-6) 具有双曲正弦或双曲余弦型精确解, 为此记集合

$$\Gamma=\left\{(x,y):\frac{1-\left(x^2+y^2\right)}{2xy}>1,\frac{1+x^2-y^2}{2x}>1\right\}. \tag{7-15}$$

可以证明 Γ 也等于集合

$$\left\{(x,y):\frac{1-\left(x^2+y^2\right)}{2xy}>1,\frac{1+x^2-y^2}{2x}>1,\frac{1+y^2-x^2}{2y}\right\}.$$

定理 7.1.3 假设 $ab \neq 0, (a,b) \in \Gamma$, 其中 Ω 由 (7-15) 定义. 如果对于 $m \in \mathbf{Z}, \theta \in \mathbf{R}$ 序列, $\{\cosh(n-mt)\theta\}, \{\sinh(n-mt)\theta\}$ 是 (7-2) 的行波解, 那么 $\mathrm{e}^{\theta} = \xi \pm \sqrt{\xi^2-1}$ 且 m 满足

$$\left(\xi + \sqrt{\xi^2-1}\right)^m = \eta + \sqrt{\eta^2-1}, \quad b > 0 \tag{7-16}$$

或者

$$\left(\xi + \sqrt{\xi^2-1}\right)^m = \eta - \sqrt{\eta^2-1}, \quad b < 0. \tag{7-17}$$

相反地, 如果 $\mathrm{e}^{\theta} = \xi \pm \sqrt{\xi^2-1}$ 且 m 满足 (7-16) 或者 (7-17), 那么

$$\{\cosh(n-mt)\theta\}, \quad \{\sinh(n-mt)\theta\}$$

是 (7-2) 的行波解.

证明 如果 $\{\cosh(n-mt)\theta\}, \{\sinh(n-mt)\theta\}$ 是 (7-2) 的行波解, 那么 $\{\cosh k\theta\}, \{\sinh k\theta\}$ 是 (7-6) 的解. 因此,

$$\begin{cases} a + b\cosh\theta = \cosh m\theta, \\ b\sinh\theta = \sinh m\theta. \end{cases} \tag{7-18}$$

从而

$$\begin{cases} a + b(\cosh\theta + \sinh\theta) = \cosh m\theta + \sinh m\theta, \\ a + b(\cosh\theta - \sinh\theta) = \cosh m\theta - \sinh m\theta, \end{cases} \tag{7-19}$$

$$\begin{cases} a + b\mathrm{e}^{\theta} = \mathrm{e}^{m\theta}, \\ a + b\mathrm{e}^{-\theta} = \mathrm{e}^{-m\theta}. \end{cases}$$

令 $t = \mathrm{e}^{\theta}$, 有

$$\begin{cases} a + bt = t^m, \\ a + \dfrac{b}{t} = \dfrac{1}{t^m}, \end{cases} \quad a^2 + b^2 + ab\left(t + \frac{1}{t}\right) = 1.$$

因为 $\xi > 1$, 所以有

$$t = \xi \pm \sqrt{\xi^2-1}. \tag{7-20}$$

另一方面, 也有

$$\begin{cases} a - t^m = bt, \\ a - \dfrac{1}{t^m} = \dfrac{b}{t}. \end{cases}$$

由此可得

$$t^m = \eta \pm \sqrt{\eta^2-1}. \tag{7-21}$$

如果 $b>0$, 由 (7-18) 可知 $\sinh m\theta, \sinh\theta$ 同号且 $m>0$. 从而

$$t=\xi+\sqrt{\xi^2-1},\quad t^m=\eta+\sqrt{\eta^2-1}$$

或者

$$t=\xi-\sqrt{\xi^2-1},\quad t^m=\eta-\sqrt{\eta^2-1}.$$

因此,

$$\left(\xi+\sqrt{\xi^2-1}\right)^m=\eta+\sqrt{\eta^2-1}.$$

如果 $b<0$, 由 (7-18) 可知 $\sinh m\theta, \sinh\theta$ 不同号且 $m<0$. 这时有

$$t=\xi+\sqrt{\xi^2-1},\quad t^m=\eta-\sqrt{\eta^2-1}$$

或者

$$t=\xi-\sqrt{\xi^2-1},\quad t^m=\eta+\sqrt{\eta^2-1}.$$

因此,

$$\left(\xi+\sqrt{\xi^2-1}\right)^m=\eta-\sqrt{\eta^2-1}.$$

现在来证明充分性. 首先假设 $\mathrm{e}^\theta=\xi+\sqrt{\xi^2-1}$, 那么

$$\cosh(n-mt)\theta=\frac{1}{2}\left\{\left(\xi+\sqrt{\xi^2-1}\right)^{n-mt}+\left(\xi-\sqrt{\xi^2-1}\right)^{n-mt}\right\},\quad n\in\mathbf{Z},t\in\mathbf{N},$$

$$\sinh(n-mt)\theta=\frac{1}{2}\left\{\left(\xi+\sqrt{\xi^2-1}\right)^{n-mt}-\left(\xi-\sqrt{\xi^2-1}\right)^{n-mt}\right\},\quad n\in\mathbf{Z},t\in\mathbf{N}.$$

假设 $b>0, \left(\xi+\sqrt{\xi^2-1}\right)^m=\eta+\sqrt{\eta^2-1}$, 那么 $\{u_n^t\}=\{\cosh(n-mt)\theta\}$ 满足

$$\begin{aligned}u_n^{t+1}=&\frac{1}{2}\left\{\left(\xi+\sqrt{\xi^2-1}\right)^{n-mt}\left(\eta-\sqrt{\eta^2-1}\right)\right.\\&\left.+\left(\xi-\sqrt{\xi^2-1}\right)^{n-mt}\left(\eta+\sqrt{\eta^2-1}\right)\right\},\\u_{n-1}^t=&\frac{1}{2}\left\{\left(\xi+\sqrt{\xi^2-1}\right)^{n-mt}\left(\xi-\sqrt{\xi^2-1}\right)\right.\\&\left.+\left(\xi-\sqrt{\xi^2-1}\right)^{n-mt}\left(\xi+\sqrt{\xi^2-1}\right)\right\}.\end{aligned}$$

因此,

$$au_n^t+bu_{n-1}^t$$

$$
\begin{aligned}
=&\frac{1}{2}\left\{\left(\xi+\sqrt{\xi^2-1}\right)^{n-mt}\left[a+b\left(\xi-\sqrt{\xi^2-1}\right)\right]\right.\\
&\left.+\left(\xi-\sqrt{\xi^2-1}\right)^{n-mt}\left[a+b\left(\xi+\sqrt{\xi^2-1}\right)\right]\right\}.
\end{aligned}
$$

为了证明 $u_n^{t+1}=au_n^t+bu_{n-1}^t$, 需要证明

$$
\left\{\begin{array}{l}
\eta-\sqrt{\eta^2-1}=a+b\left(\xi-\sqrt{\xi^2-1}\right),\\
\eta+\sqrt{\eta^2-1}=a+b\left(\xi+\sqrt{\xi^2-1}\right).
\end{array}\right.
$$

它等价于

$$
\left\{\begin{array}{l}
\eta=a+b\xi,\\
\sqrt{\eta^2-1}=b\sqrt{\xi^2-1}.
\end{array}\right.
$$

事实上,

$$
a+b\xi=a+b\cdot\frac{1-a^2-b^2}{2ab}=\frac{1+a^2-b^2}{2a}=\eta,
$$

$$
\begin{aligned}
\sqrt{\eta^2-1}=&\sqrt{\left(\frac{1+a^2-b^2}{2a}\right)^2-1}\\
=&\frac{1}{|2a|}\sqrt{\left(1-(a-b)^2\right)\left(1-(a+b)^2\right)},
\end{aligned}
$$

$$
\begin{aligned}
b\sqrt{\xi^2-1}=&b\sqrt{\left(\frac{1-a^2-b^2}{2ab}\right)^2-1}\\
=&\frac{1}{|2a|}\sqrt{\left(1-(a-b)^2\right)\left(1-(a+b)^2\right)}=\sqrt{\eta^2-1}.
\end{aligned}
$$

因此, 当$b>0, \mathrm{e}^{\theta}=\xi+\sqrt{\xi^2-1}, \left(\xi+\sqrt{\xi^2-1}\right)^m=\eta+\sqrt{\eta^2-1}$ 时, $\{u_n^t\}=\{\cosh{(n-mt)\theta}\}$ 是 (7-2) 的行波解. 其他情况可以类似证明.

例如, 方程 $u_n^{t+1}=3\sqrt{5}u_n^t-4u_{n-1}^t$ 有行波解

$$
u_n^t=\frac{1}{2}\left\{\left(\frac{\sqrt{5}-1}{2}\right)^{n+3t}+\left(\frac{\sqrt{5}+1}{2}\right)^{n+3t}\right\}
$$

和

$$
u_n^t=\frac{1}{2}\left\{\left(\frac{\sqrt{5}-1}{2}\right)^{n+3t}-\left(\frac{\sqrt{5}+1}{2}\right)^{n+3t}\right\}.
$$

7.1.3　应用

作为应用, 考虑定义在一个离散环上的偏差分方程

$$u_n^{t+1} = au_n^t + bu_{n-1}^t, \quad ab \neq 0, (n,t) \in \{1,2,\cdots,M\} \times N. \tag{7-22}$$

现在寻找定义在

$$(n,t) \in \Psi = \{0,1,\cdots,M\} \times N$$

满足周期边界条件

$$u_0^t = u_M^t, \quad t \in \mathbf{N} \tag{7-23}$$

的解. 注意到 (7-22)~(7-23) 可以写成系统

$$\begin{cases} u_1^{t+1} = au_1^t + bu_M^t, \\ u_2^{t+1} = au_2^t + bu_1^t, \\ \quad\vdots \\ u_n^{t+1} = au_n^t + bu_{n-1}^t, \\ \quad\vdots \\ u_M^{t+1} = au_M^t + bu_{M-1}^t. \end{cases} \tag{7-24}$$

如果 $\{u_n^t\}_{(n,t)\in\mathbf{Z}\times\mathbf{N}} = \left\{\mathrm{e}^{\mathrm{i}(n-mt)\theta}\right\}$ 是 (7-2) 的一个行波解, 那么除去第一个方程外 $\{u_n^t\}_{(n,t)\in\Psi} = \left\{\mathrm{e}^{\mathrm{i}(n-mt)\theta}\right\}$ 满足 (7-24) 的所有方程. 为使第一个方程也成立, 必需附加条件

$$\mathrm{e}^{-\mathrm{i}mt\theta} = \mathrm{e}^{\mathrm{i}(M-mt)\theta} \quad 或者 \quad \mathrm{e}^{\mathrm{i}M\theta} = 1.$$

因此, 有如下结论.

定理 7.1.4　假设 $ab \neq 0$ 且 $(a,b) \in \Omega$, $\theta \in [0,\pi]$, $m \in \mathbf{Z}$ 满足系统 (7-10), $\mathrm{e}^{\mathrm{i}M\theta} = 1$. 那么 $\left\{\mathrm{e}^{\mathrm{i}\theta(n-mt)}\right\}_{(n,t)\in\Psi}$ 是 (7-24) 的一个复值解.

例如, 动力系统

$$\begin{cases} u_1^{t+1} = -2u_1^t + \sqrt{3}u_{12}^t, \\ u_2^{t+1} = -2u_2^t + \sqrt{3}u_1^t, \\ \quad\vdots \\ u_{12}^{t+1} = -2u_{12}^t + \sqrt{3}u_{11}^t \end{cases}$$

有解

$$u_n^t = \mathrm{e}^{\mathrm{i}\frac{\pi}{6}(n-(4+12k)t)}, \quad n \in \{1,2,\cdots,12\}, t \in \mathbf{N}.$$

7.2 一个非线性耦合映射格精确周期行波解

本节将考虑

$$u_n^{t+1}=u_{n-1}^t-2u_n^t+u_{n+1}^t+\beta u_n^t\left(1-u_n^t\right),\quad n\in\mathbf{Z},t\in\mathbf{N},\tag{7-25}$$

其中 $\beta\in\mathbf{R}$ 被看作参数.

(7-25) 的一个广义行波解

$$u_n^t=\varphi\left(kn+lt\right),\tag{7-26}$$

其中 $\varphi:\mathbf{Z}\to\mathbf{R}$ 是周期的, 这时称它是一个周期行波解. 将 (7-26) 代入 (7-25), 有

$$\varphi\left(m+l\right)=\varphi\left(m-k\right)-2\varphi\left(m\right)+\varphi\left(m+k\right)+\beta\varphi\left(m\right)\left(1-\varphi\left(m\right)\right),\tag{7-27}$$

其中 $m=kn+lt$.

周期行波解的存在性非常重要, 因为由此可以获得径向周期解和时间周期解. 对于方程 (7-25) 一个解 $\{u_n^t\}_{n\in\mathbf{Z},t\in\mathbf{N}}$, 如果存在正整数 l 使得 $u_{n+l}^t=u_n^t$ 成立, 则称其为径向周期解; 如果存在正整数 τ 使得 $u_n^{t+\tau}=u_n^t$ 成立, 则称其为时间周期解.

现在假设 φ 是 δ 周期的, 即 $\varphi\left(m+\delta\right)=\varphi\left(m\right)$. 那么显然存整数 σ 使得 $\sigma\delta/k$ 是一个正整数. 在这种情况下, 有

$$u_n^t=\varphi\left(kn+lt\right)=\varphi\left(kn+lt+\sigma\delta\right)=\varphi\left(k\left(n+\sigma\delta/k\right)+lt\right)=u_{n+\sigma\delta/k}^t.$$

即 $\{u_n^t\}_{n\in\mathbf{Z},t\in\mathbf{N}}$ 是一个周期为 $\sigma\delta/k$ 的径向周期解. 类似地, 也可以证明它是时间周期的.

在这一节中, 主要寻找 (7-25) 的 2-周期或 3-周期行波解. 由文献 [231], 可以获得下面事实: 一个实数列 $\{x_n\}_{n\in\mathbf{Z}}$ 是 ω-周期的, 那么当 ω 是奇数时有

$$x_n=a_0+\sum_{j=1}^{(\omega-1)/2}\left\{a_j\cos\frac{2jn\pi}{\omega}+b_j\sin\frac{2jn\pi}{\omega}\right\};\tag{7-28}$$

而当 ω 是偶数时有

$$x_n=a_0+a_{\omega/2}\cos n\pi+\sum_{j=1}^{\omega/2-1}\left\{a_j\cos\frac{2jn\pi}{\omega}+b_j\sin\frac{2jn\pi}{\omega}\right\}.\tag{7-29}$$

7.2.1　2-周期波

现在来寻找 (7-27) 的 2-周期解. 由 (7-29), 有

$$\varphi(m) = a_0 + a_1 \cos m\pi = a_0 + a_1 (-1)^m, \tag{7-30}$$

其中 $a_0, a_1 \in \mathbf{R}$. 显然, 可以假设 $a_1 \neq 0$.

因为在 (7-27) 中 k, l 是未知的, 因此需要考虑三种不同的情况:

(1) k, l 是奇数;

(2) k 是偶数, l 是奇数;

(3) k 是奇数, l 是偶数.

首先, 考虑情况 (1). 这时候 (7-27) 变为

$$\varphi(m+1) + (\beta - 2)\varphi(m) - \beta\varphi^2(m) = 0.$$

将 (7-30) 代入上面的方程, 有

$$\begin{aligned} 0 =& a_0 - a_1(-1)^m + (\beta-2)(a_0 - a_1(-1)^m) - \beta(a_0 - a_1(-1)^m)^2 \\ =& -a_0 - 3a_1(-1)^m + \beta a_0 + \beta a_1(-1)^m - \beta a_0^2 - 2\beta a_1 a_0 (-1)^m - \beta a_1^2. \end{aligned}$$

因此, 有

$$\begin{cases} -a_0 + \beta a_0 - \beta a_0^2 - \beta a_1^2 = 0, \\ -3a_1 + \beta a_1 - 2\beta a_1 a_0 = 0. \end{cases}$$

当 $\beta \neq 0$, 应用 Maple 可以解得

$$a_0 = \frac{1}{2\beta}(\beta - 3), \quad a_1 = \rho, \tag{7-31}$$

其中 ρ 是方程

$$2\beta + 3 - \beta^2 + 4\beta^2\rho^2 = 0, \tag{7-32}$$

即

$$\rho = \pm\frac{1}{2\beta}\sqrt{-2\beta - 3 + \beta^2}. \tag{7-33}$$

为了使 a_1 是实数, 需要条件

$$-2\beta - 3 + \beta^2 \geqslant 0$$

或者等价地,

$$\beta \leqslant 1 \text{或} \beta \geqslant 3.$$

也就是说, 当 k,l 是奇数并且 $\beta \leqslant 1$ 或 $\beta \geqslant 3$, 那么 (7-25) 有 2-周期行波解

$$u_n^t = \frac{1}{2\beta}(\beta-3) \pm \frac{1}{2\beta}\sqrt{-2\beta-3+\beta^2}\,(-1)^{kn+lt}. \tag{7-34}$$

容易看出, 它也是径向 2-周期解和时间 2-周期解.

作为一个例子, 令 $\beta=3.1, k=5, l=3$, 容易获得其数值解

$$u_n^t \approx 0.016123 \pm 0.10328\,(-1)^{5n+3t}, \quad t \in \mathbf{N}, n \in \mathbf{Z}.$$

当 k 是偶数, l 是奇数, 由 (7-27) 有

$$\varphi(m+1) = \beta\varphi(m) - \beta\varphi^2(m).$$

类似地, 可以求得

$$a_0 = \frac{1+\beta}{2\beta}, \quad a_1 = \rho,$$

其中 ρ 被 (7-33) 定义.

当 k 是偶数, l 是奇数并且 $\beta \leqslant 1$ 或 $\beta \geqslant 3$, 那么 (7-25) 有 2-周期行波解

$$u_n^t = \frac{\beta+1}{2\beta} \pm \frac{1}{2\beta}\sqrt{-2\beta-3+\beta^2}\,(-1)^{kn+lt}. \tag{7-35}$$

当 $\beta=3.1, k=2, l=3$, 可以获得行波解

$$u_n^t \approx 0.67213 \pm 0.10328\,(-1)^{2n+3t}.$$

当 k 是奇数, l 是偶数时, 有

$$2\varphi(m+1) + (\beta-3)\varphi(m) - \beta\varphi^2(m) = 0.$$

由此可以得到

$$a_0 = \frac{-5+\beta}{2\beta}, \quad a_1 = \overline{\rho},$$

其中 $\overline{\rho}$ 是方程

$$15 + 2\beta - \beta^2 + 4\beta^2\rho^2 = 0 \tag{7-36}$$

的根, 即

$$\overline{\rho} = \pm\frac{1}{2\beta}\sqrt{-15-2\beta+\beta^2}, \tag{7-37}$$

这要求条件

$$-15 - 2\beta + \beta^2 \geqslant 0,$$

或等价地,

$$\beta \leqslant -3 \quad \text{或} \quad 5 \leqslant \beta.$$

这时候有 2-周期行波解

$$u_n^t = \frac{-5+\beta}{2\beta} \pm \frac{1}{2\beta}\sqrt{-15-2\beta+\beta^2}\,(-1)^{kn+lt}. \tag{7-38}$$

7.2.2 3-周期波

本小节将寻找 (7-27) 的 3-周期解. 为此, 令

$$\varphi(m) = a_0 + a_1\cos\frac{2m\pi}{3} + b_1\sin\frac{2m\pi}{3}, \tag{7-39}$$

其中 $a_0, a_1, b_1 \in \mathbf{R}$. 为了保持非退化性, 也假设 $a_1^2 + b_1^2 \neq 0$. 这时, 有

$$\varphi(m+1) = a_0 + \frac{-a_1+\sqrt{3}b_1}{2}\cos\frac{2m\pi}{3} - \frac{\sqrt{3}a_1+b_1}{2}\sin\frac{2m\pi}{3}, \tag{7-40}$$

$$\varphi(m+1) = a_0 - \frac{a_1+\sqrt{3}b_1}{2}\cos\frac{2m\pi}{3} + \frac{\sqrt{3}a_1-b_1}{2}\sin\frac{2m\pi}{3}. \tag{7-41}$$

另外, 也有等式

$$\cos\frac{4m\pi}{3} = \cos\frac{2m\pi}{3}, \quad \sin\frac{4m\pi}{3} = \sin\frac{2m\pi}{3}.$$

需要考虑五种情况:

(1) $l = 1\text{mod}3$且$K = 1\text{mod}3$或$k = 2\text{mod}3$;

(2) $l = 2\text{mod}3$且$K = 1\text{mod}3$或$k = 2 \bmod 3$;

(3) $l = 1\text{mod}3$且$K = 0\text{mod}3$;

(4) $l = 2\text{mod}3$且$K = 0\text{mod}3$;

(5) $l = 0\text{mod}3$且$K = 1\text{mod}3$或$K = 2 \bmod 3$.

情况 (5) 不同于其他情况, 所以先考虑这种情况. 这时有

$$\varphi(m+2) + \varphi(m+1) - 3\varphi(m) + \beta\varphi(m)(1-\varphi(m)) = 0. \tag{7-42}$$

将 (7-39)~(7-41) 代入 (7-42) 并且比较系数可以得到非线性系统:

$$\begin{cases} a_0 = \beta\left(a_0 - a_0^2 - \dfrac{1}{2}a_1^2 - \dfrac{1}{2}b_1^2\right), \\ 4a_1 = \beta\left(a_1 - 2a_0a_1 - \dfrac{1}{2}a_1^2 + \dfrac{1}{2}b_1^2\right), \\ 4b_1 = \beta b_1(1 - 2a_0 + a_1). \end{cases}$$

应用 Maple, 可以找到

$$b_1 = 0, \quad a_0 = \rho, \quad a_1 = -\frac{8 - 2\beta + 4\beta\rho}{\beta},$$

$$b_1 = \sqrt{3}\rho, \quad a_1 = \rho, \quad a_0 = \frac{-4 + \beta + \beta\rho}{2\beta}$$

或者

$$b_1 = -\sqrt{3}\rho, \quad a_1 = \rho, \quad a_0 = \frac{-4 + \beta + \beta\rho}{2\beta},$$

其中 ρ 是方程

$$8 + 2\beta - 6\beta\rho - \beta^2 + 9\beta^2\rho^2 = 0$$

的根. 即

$$\rho = \frac{1}{3\beta}\left(1 \pm \sqrt{-7 - 2\beta + \beta^2}\right).$$

由此可见, 应该要求

$$\beta \geqslant 1 + 2\sqrt{2}, \quad 或\beta \leqslant 1 - 2\sqrt{2}.$$

情况 (1), 这时候, 有

$$\varphi(m+2) + (\beta - 2)\varphi(m) - \beta\varphi^2(m) = 0. \tag{7-43}$$

类似地, 可以获得非线性代数系统:

$$\begin{cases} a_0 = \beta\left(a_0 - a_0^2 - \dfrac{1}{2}a_1^2 - \dfrac{1}{2}b_1^2\right), \\ \dfrac{5}{2}a_1 + \dfrac{1}{2}\sqrt{3}b_1 = \beta\left(a_1 - 2a_0a_1 - \dfrac{1}{2}a_1^2 + \dfrac{1}{2}b_1^2\right), \\ -\dfrac{1}{2}\sqrt{3}a_1 + \dfrac{5}{2}b_1 = \beta b_1(1 - 2a_0 + a_1). \end{cases} \tag{7-44}$$

然而, 如此的非线性系统难于解出它的根. 为此, 令

$$\beta\varphi(m) = \psi(m).$$

(7-43) 变为

$$\psi(m+2) + (\beta - 2)\psi(m) - \psi^2(m) = 0.$$

再令

$$\phi(m) = \psi(m) - (\beta - 2), \quad r = \beta - 2,$$

有

$$\phi(m+2) + r = \phi(m)(r + \phi(m)). \tag{7-45}$$

它有 3-周期解当且仅当存在 $y_0, y_1, y_2 \in \mathbf{R}$, 使得它们满足

$$\begin{cases} y_2 + r = y_0 (r + y_0), \\ y_0 + r = y_1 (r + y_1), \\ y_1 + r = y_2 (r + y_2). \end{cases} \tag{7-46}$$

容易看出 $(y_0, y_1, y_2) = (-r, -r, -r), (1,1,1)$ 是 (7-46) 的解. 当 $y_0 \neq r, y_1 \neq r, y_2 \neq r$ 时, (7-46) 可以化成

$$\begin{cases} y_2 + r = y_0 (r + y_0), \\ y_0 + r = y_1 (r + y_1), \\ y_0 y_1 y_2 = 1. \end{cases} \tag{7-47}$$

现在设 (y_0, y_1, y_2) 是 (7-47) 的解, 那么

$$y_0 = y_1 (r + y_1) - r,$$

$$y_2 = y_0 (r + y_0) - r = (y_1 (r + y_1) - r)(r + (y_1 (r + y_1) - r)) - r,$$

$$y_0 y_1 y_2 = \{y_1 (r + y_1) - r\} \{y_1\} \{(y_1 (r + y_1) - r)(r + (y_1 (r + y_1) - r)) - r\}.$$

因此, $y = y_1$ 满足方程

$$y^7 + 3ry^6 + (3r^3 - 2r) y^5 - (4r^2 - r^3) y^4 - (2r^3 - r^2 + r) y^3 + (r^3 - r^2) y^2 + r^2 y - 1 = 0. \tag{7-48}$$

这时候, 情况 (2) 也能获得非线性方程 (7-48).

这时, 情况 (3) 能获得方程

$$\begin{aligned} & y^7 - 3\beta y^6 + (3\beta^3 + 2\beta) y^5 - (4\beta^2 + \beta^3) y^4 \\ & + (2\beta^3 + \beta^2 + \beta) y^3 - (\beta^3 + \beta^2) y^2 + \beta^2 y - 1 = 0. \end{aligned}$$

如此的方程也可以划为 (7-48). 而情况 (4) 也可以化为如上方程.

由此可见, 所有的问题都集中到多项式

$$\begin{aligned} \Psi (y \,|a) = & y^7 - 3ay^6 + (3a^3 + 2a) y^5 - (4a^2 + a^3) y^4 \\ & + (2a^3 + a^2 + a) y^3 - (a^3 + a^2) y^2 + a^2 y - 1 \end{aligned}$$

根的存在性问题. 容易验证

$$\Psi (y \,|a) = (y - 1) P (y \,|a) Q (y \,|a),$$

其中

$$
\begin{aligned}
P(y|a) =& y^3 - \frac{1}{2}\left(3a - 1 - \sqrt{a^2 - 2a - 7}\right) y^2 \\
& + \frac{1}{2}(a-1)\left(a + 1 - \sqrt{a^2 - 2a - 7}\right) y - 1,
\end{aligned}
\tag{7-49}
$$

$$
\begin{aligned}
Q(y|a) =& y^3 - \frac{1}{2}\left(3a - 1 + \sqrt{a^2 - 2a - 7}\right) y^2 \\
& + \frac{1}{2}(a-1)\left(a + 1 - \sqrt{a^2 - 2a - 7}\right) y - 1.
\end{aligned}
\tag{7-50}
$$

当 $a \geqslant 1 + 2\sqrt{2}$ 或者 $a \leqslant 1 - 2\sqrt{2}$ 时, 容易验证 (7-49) 和 (7-50) 有实根.

下面通过情况 (3) 说明 a_0, a_1, b_1 的求法. 这时候有

$$
\varphi(m+1) = \beta\varphi(m)(1 - \varphi(m)),
\tag{7-51}
$$

$$
\begin{cases}
\beta - z_1 = z_0(1 - z_0), \\
\beta - z_2 = z_1(1 - z_1), \\
\beta - z_0 = z_2(1 - z_2),
\end{cases}
\tag{7-52}
$$

其中 $z = z_0, z_1, z_2$ 满足方程

$$
\Psi(z|\beta) = (z-1) P(z|\beta) Q(z|\beta) = 0.
\tag{7-53}
$$

而由 (7-39) 和 (7-40) 可知

$$
\begin{cases}
\beta(1 - a_0 - a_1) = z_0, \\
\beta\left(1 - a_0 + \dfrac{1}{2}a_1 - \dfrac{\sqrt{3}}{2}b_1\right) = z_1, \\
\beta\left(1 - a_0 + \dfrac{1}{2}a_1 + \dfrac{\sqrt{3}}{2}b_1\right) = z_2.
\end{cases}
$$

这是关于 a_0, a_1, b_1 的线性方程.

例如, 对于 $\beta = 4, l = 1, k = 4$, 容易求得

$$
a_0 = \frac{7}{12} \approx 0.58333,
$$

$$
a_1 \approx -0.39508, \quad b_1 \approx \pm 0.19585,
$$

$$
a_1 \approx 2.7927 \times 10^{-2}, \quad b_1 = \pm 0.44007,
$$

$$
a_1 \approx 0.36715, \quad b_1 = \pm 0.24422.
$$

因此, 获得 3-周期行波解

$$u_n^t \approx 0.58333 - 0.39508 \cos \frac{2(3n+t)\pi}{3} \pm 0.19585 \sin \frac{2(3n+t)\pi}{3},$$

$$u_n^t \approx 0.58333 + 2.7927 \times 10^{-2} \cos \frac{2(3n+t)\pi}{3} \pm 0.44007 \sin \frac{2(3n+t)\pi}{3},$$

$$u_n^t \approx 0.58333 + 0.36715 \cos \frac{2(3n+t)\pi}{3} \pm 0.24422 \sin \frac{2(3n+t)\pi}{3}.$$

它们也是时间 3-周期解和径向 1-周期解.

7.3 一类耦合映射格的周期行波解

本小节考虑耦合映射格 (CMLs)

$$u_n^{t+1} = u_n^t + \alpha(u_{n-1}^t - 2u_n^t + u_{n+1}^t) + \beta f(u_n^t), \tag{7-54}$$

其中,$t \in \mathbf{N} = \{0, 1, 2, \cdots\}$ 表示时间变量, $n \in \mathbf{Z} = \{\cdots, -2, -1, 0, 1, 2, \cdots\}$ 表示空间变量, α 是一个正常数,β 是一个正参数, $f(u) = u(u-a)(1-u)$,$0 < a < 1$.

给定初始分布 $\{u_n^0\}_{n\in\mathbf{Z}}$, 可以由迭代法计算问题 (7-54) 的解 $\{u_n^t\}_{n\in\mathbf{Z}}^{t\in\mathbf{N}}$. 以下用记号 $\{u_n^t\}$ 表示 $\{u_n^t\}_{n\in\mathbf{Z}}^{t\in\mathbf{N}}$. 本小节寻找问题 (7-54) 的满足条件 $u_n^{t+1} = u_{n+l}^t$ 的解, 其中 l 是某个整数, 这种形式的解称为行波解, 因为在一个时间周期内, 当 $l > 0$ 时, 初始分布向左平移 l 个单位; 当 $l < 0$ 时, 向右平移 $-l$ 个单位; 特别地, 当 $l = 0$ 时, 没有平移, 所得的解称为定态波解. 一般地, 称实值双向序列 $\{u_n^t\}_{n\in\mathbf{Z}}^{t\in\mathbf{N}}$ 为行波, 若对任意 $t \in \mathbf{N}, n \in \mathbf{Z}$, 有 $u_n^{t+1} = u_{n+l}^t$ 成立, 称波速为 $-l \in \mathbf{Z}$.

引理 7.3.1 问题 (7-54) 的解 $\{u_n^t\}$ 满足对某个整数 $l \in \mathbf{Z}$, $u_n^{t+1} = u_{n+l}^t$ 的充要条件为存在函数 $\varphi : \mathbf{Z} \to \mathbf{R}$, 使得对任意 $t \in \mathbf{N}, n \in \mathbf{Z}$ 有 $u_n^t = \varphi(n + lt)$.

证明 若存在 $l \in \mathbf{Z}$ 与 $\varphi : \mathbf{Z} \to \mathbf{R}$, 使得 $u_n^t = \varphi(n + lt)$, 则对任意 $t \in \mathbf{N}$, $n \in \mathbf{Z}$, 有

$$u_n^{t+1} = \varphi(n + l(t+1)) = \varphi(n + l + lt) = u_{n+l}^t.$$

反之, 对任意 $k \in \mathbf{Z}$, 令 $\varphi(k) = u_k^0$, 则 $u_n^t = u_{n+l}^{t-1} = u_{n+2l}^{t-2} = \cdots = u_{n+lt}^0 = \varphi(n + lt)$. 证毕.

问题 (7-54) 的解 $\{u_n^t\}$ 称为空间周期的, 若存在常数 $\omega \in \mathbf{N}$, 使得对任意 $t \in \mathbf{N}, n \in \mathbf{Z}$, 有 $u_{n+\omega}^t = u_n^t$ 成立, $\{u_n^t\}$ 称为时间周期的; 若存在常数 $\tau \in \mathbf{N}$, 使得对任意 $t \in \mathbf{N}, n \in \mathbf{Z}$, 有 $u_n^{t+\tau} = u_n^t$ 成立. 称行波解 $u_n^t = \varphi(n + lt)$ 为周期的, 若存在 $\delta \in \mathbf{N}$, 使得对任意 $m = n + lt \in \mathbf{Z}$, 有 $\varphi(m + \delta) = \varphi(m)$ 成立. 注意到, 周

期行波解既在空间传播也在时间上传播, 它是时空周期的. 事实上, 由引理 7.3.1, $\varphi((n+\delta)+lt)=\varphi(n+lt)$ 推出 $u_{n+\delta}^{t}=u_{n}^{t}$. 类似地, $u_{n}^{t+\delta/l}=u_{n}^{t}$. 因此, 存在 $k\in\mathbf{N}$, 使得周期 $\delta=kl$.

7.3.1 周期行波解的理论结果

令

$$u_{n}^{t}=\varphi(n+lt),\quad m=n+lt(l>0), \tag{7-55}$$

把 (7-55) 代入 (7-54), 得

$$\varphi(m+l)=\alpha[\varphi(m-1)+\varphi(m+1)]+(1-2\alpha)\varphi(m)+\beta f(\varphi(m)). \tag{7-56}$$

由引理 7.3.1, 求问题 (7-54) 的周期行波解, 等价于求问题 (7-56) 的周期解 φ. 下面为方便起见, 记 $\varphi_{m}=\varphi(m)$ 并在集合 $E=\{\varphi:\varphi_{m+\delta}=\varphi_{m},\forall m\in\mathbf{Z}\}$ 上, 寻求问题 (7-56) 的周期解 φ, 其中, 正整数 δ 表示 φ 的周期. 当 $\delta=1$ 时, 对任意 $m\in\mathbf{Z}$, 有 $\varphi(m)\equiv\varphi(1)$, 此为平凡情况. 下面假设 $\delta>1$.

令 $\lambda=1/\beta$, 方程 (7-56) 转化成

$$\lambda\varphi_{j+l}=\alpha\lambda(\varphi_{j-1}+\varphi_{j+1})+(1-2\alpha)\lambda\varphi_{j}+f(\varphi_{j}),$$

其中, $f(\varphi_{j})=\varphi_{j}(\varphi_{j}-a)(1-\varphi_{j})$. 为研究上面方程解的存在性, 定义泛函:

$$F_{j}(\Phi,\lambda)=-\lambda\varphi_{j+l}+\alpha\lambda(\varphi_{j-1}+\varphi_{j+1})+(1-2\alpha)\lambda\varphi_{j}+f(\varphi_{j}), \tag{7-57}$$

其中, $j=1,2,\cdots,\delta,\Phi=(\varphi_{1},\varphi_{2},\cdots,\varphi_{\delta})^{\mathrm{T}}$ 表示列向量. 易知, $\varphi\in E$ 是问题 (7-54) 的周期行波解, 当且仅当对任意 $j=1,2,\cdots,\delta$, 有 $F_{j}(\Phi,\lambda)=0$.

易见,$\varphi^{*}\equiv 0,a,1$ 是问题 (7-54) 的平凡周期行波解, 下面讨论非平凡周期解 $\varphi\in E$ 的存在性.

1. $l=1$ 的情形

当 $l=1$ 时, 对任意 $j=1,2,\cdots,\delta$, (7-57) 表示为

$$F_{j}(\Phi,\lambda)=\alpha\lambda\varphi_{j-1}+(\alpha-1)\lambda\varphi_{j+1}+(1-2\alpha)\lambda\varphi_{j}+f(\varphi_{j}). \tag{7-58}$$

因为 $\varphi\in E$ 是周期解, 故满足条件 $\varphi_{0}=\varphi_{\delta},\varphi_{1}=\varphi_{\delta+1}$. 记

$$F(\Phi,\lambda)=(F_{1}(\Phi,\lambda),F_{2}(\Phi,\lambda),\cdots,F_{\delta}(\Phi,\lambda))^{\mathrm{T}},$$

则 $F(\Phi,\lambda)$ 关于 Φ 的 Frechet 导数作用于 $\Psi=(\psi_{1},\psi_{2},\cdots,\psi_{\delta})^{\mathrm{T}}$ 表示成

$$\frac{\partial F(\Phi,\lambda)}{\partial\Phi}\Psi=(a_{ij})_{\delta\times\delta}, \tag{7-59}$$

其中,

$$a_{ij}=\begin{cases} g(\varphi_i)\psi_i, & j=i=1,2,\cdots,\delta,\\ \alpha\lambda\psi_{i-1}, & j=i-1,i=2,\cdots,\delta,\\ (\alpha-1)\lambda\psi_{i+1}, & j=i+1,i=1,\cdots,\delta-1,\\ \alpha\lambda\psi_\delta, & j=\delta,i=1,\\ (\alpha-1)\lambda\psi_1, & j=1,i=\delta,\\ 0, & \text{其他}, \end{cases}$$

$$g(\varphi_j)=-3\varphi_j^2+2(a+1)\varphi_j-a+(1-2\alpha)\lambda.$$

相应地,

$$\frac{\partial F(\Phi^*,0)}{\partial \Phi}\Psi=(b_{ij})_{\delta\times\delta}, \tag{7-60}$$

其中,

$$b_{ij}=\begin{cases} g(\varphi_i^*)\psi_i, & j=i=1,2,\cdots,\delta,\\ 0, & \text{其他}, \end{cases}$$

$\Phi^*=(\varphi_1^*,\varphi_2^*,\cdots,\varphi_\delta^*)^{\mathrm{T}}$ 是 $F(\Phi,0)=0$ 的平凡解, $g(\varphi_j^*)=-3(\varphi_j^*)^2+2(a+1)\varphi_j^*-a$, 对任意 $j=1,2,\cdots,\delta,\varphi_j^*=0,a$ 或 1. 简单计算得

$$g(\varphi_j^*)=\begin{cases} -a, & \varphi_j^*=0,\\ a(1-a), & \varphi_j^*=a,\\ -(1-a), & \varphi_j^*=1. \end{cases} \tag{7-61}$$

注意到,$F(\Phi,0)=0$ 的所有平凡解 $\Phi^*=(\varphi_1^*,\varphi_2^*,\cdots,\varphi_\delta^*)^{\mathrm{T}}$ 为 $0,a$ 或 1. 事实上, 当 $\lambda=0,l=1$ 时, 方程 (7-56) 变为 $f(\varphi_j)=\varphi_j(\varphi_j-a)(1-\varphi_j)=0$. 因此, $0,a$ 或 1 是它的所有解. 例如, 当 $\delta=4$ 时, Φ^* 可以取为 $(1,a,1,0)^{\mathrm{T}},(0,0,a,1)^{\mathrm{T}}$ 等.

定义向量 $\eta=(\eta_1,\eta_2,\cdots,\eta_\delta)^{\mathrm{T}}$ 的范数为 $||\eta||=\max\limits_{1\leqslant j\leqslant\delta}|\eta_j|$. 在上述范数下, $\mathbf{R}^\delta$ 构成一个 Banach 空间. 相应地, 矩阵 $A=(a_{ij})_{\delta\times\delta}$ 的范数定义为 $||A||=\max\limits_{1\leqslant i,j\leqslant\delta}|a_{ij}|$.

为讨论问题 (7-56) 的解的存在性, 利用下面的隐函数定理 [6].

引理 7.3.2　设 X,Y 是 Banach 空间, $\Lambda\subset\mathbf{R}$ 是指标集, $F\in C^1(X\times\Lambda,Y)$ 具有性质: $F(x_0,\lambda_0)=0,F_x^{-1}(x_0,\lambda_0)\in L(Y,X),||F_x^{-1}(x_0,\lambda_0)||=M$, 其中,$M$ 是正常数. 假设存在常数 r 与 μ, 使得下面两个条件成立:

(1) 当 $||x-x_0||\leqslant r,|\lambda-\lambda_0|\leqslant\mu$ 时,$||F_x(x,\lambda)-F_x(x_0,\lambda)||\leqslant\dfrac{1}{2M}$;

(2) 当 $|\lambda-\lambda_0|\leqslant\mu$ 时, $||F(x_0,\lambda)||\leqslant\dfrac{r}{2M}$.

则存在唯一一个函数 $T:B_\mu(\lambda_0)\to B_r(x_0),T(\lambda)=x_\lambda$, 使得 $x_{\lambda_0}=x_0,F(x_\lambda,\lambda)=0$, 其中,$B_\mu(\lambda_0)=\{\lambda\in\Lambda:|\lambda-\lambda_0|\leqslant\mu\},B_r(x_0)=\{x\in X:||x-x_0||\leqslant r\}$.

下面只考虑 $0 < a \leqslant 1/2$ 的情况, $1/2 < a < 1$ 的情况可类似考虑. 由 (7-61) 得

$$\begin{cases} \max\limits_{1\leqslant j\leqslant \delta} |g(\varphi_j^*)| = \max\{a, a(1-a), 1-a\} = 1-a, \\ \min\limits_{1\leqslant j\leqslant \delta} |g(\varphi_j^*)| = \min\{a, a(1-a), 1-a\} = a(1-a). \end{cases} \tag{7-62}$$

记 $\partial_\Phi F = \partial_\Phi F/\partial\Phi, \partial_\Phi F^{-1} = \partial_\Phi F^{-1}/\partial\Phi$, 下面验证引理 7.3.2 的条件.

由 (7-60) 知, 算子 $\partial_\Phi F(\Phi, 0)$ 是可逆的, 并且

$$\partial_\Phi F^{-1}(\Phi^*, 0)\Psi = (c_{ij})_{\delta\times\delta}, \tag{7-63}$$

其中,

$$c_{ij} = \begin{cases} \dfrac{1}{g(\varphi_i^*)}\psi_i, & j = i = 1, 2, \cdots, \delta, \\ 0, & \text{其他}. \end{cases}$$

因此,

$$\begin{aligned} ||\partial_\Phi F^{-1}(\Phi^*, 0)|| &= \sup_{||\Psi||=1} ||\partial_\Phi F^{-1}(\Phi^*, 0)\Psi|| \\ &= \sup_{||\Psi||=1} \max_{1\leqslant j\leqslant\delta} \left\{ \frac{|\psi_j|}{|g(\varphi_j^*)|} \right\} = \frac{1}{a(1-a)}, \end{aligned} \tag{7-64}$$

从而 $M = 1/[a(1-a)]$.

另一方面, 由 $||\Phi - \Phi^*|| \leqslant r$ 推出, 对任意的 $1 \leqslant j \leqslant \delta$, 有 $|\varphi_j - \varphi_j^*| \leqslant r$, 并注意到

$$\max_{1\leqslant j\leqslant\delta} |(a+1) - 3\varphi_j^*| = \max\{a+1, |a+1-3a|, |a+1-3|\} = 2-a,$$

可得

$$\begin{aligned} |g(\varphi_j) - g(\varphi_j^*)| &\leqslant |(\varphi_j - \varphi_j^*)[-3(\varphi_j + \varphi_j^*) + 2(a+1)] + (1-2\alpha)\lambda| \\ &\leqslant |\varphi_j - \varphi_j^*| \cdot |3(\varphi_j^* - \varphi_j) - 6\varphi_j^* + 2(a+1)| + |1-2\alpha|\lambda \\ &\leqslant 3|\varphi_j - \varphi_j^*|^2 + |2(a+1) - 6\varphi_j^*| \cdot |\varphi_j - \varphi_j^*| + |1-2\alpha|\lambda \\ &\leqslant 3r^2 + 2(2-a)r + |1-2\alpha|\lambda. \end{aligned} \tag{7-65}$$

注意到 $|\lambda - 0| \leqslant \mu$, 由 (7-59), (7-60) 与 (7-65) 得

$$\begin{aligned} &||\partial_\Phi F(\Phi, \lambda) - \partial_\Phi F(\Phi^*, 0)|| \\ = &\sup_{||\Psi||=1} ||(\partial_\Phi F(\Phi, \lambda) - \partial_\Phi F(\Phi^*, 0))\Psi|| \end{aligned}$$

$$
\begin{aligned}
&= \sup_{||\Psi||=1} \max_{1\leqslant j\leqslant \delta}\{|g(\varphi_j)-g(\varphi_j^*)|\cdot|\psi_j|, |\alpha-1|\lambda|\psi_j|, \alpha\lambda|\psi_j|\}\\
&= \max_{1\leqslant j\leqslant \delta}\{|g(\varphi_j)-g(\varphi_j^*)|, |\alpha-1|\lambda, \alpha\lambda\}\\
&= \max\{\max_{1\leqslant j\leqslant \delta}|g(\varphi_j)-g(\varphi_j^*)|, |\alpha-1|\lambda, \alpha\lambda\}\\
&\leqslant \max\{3r^2+2(2-a)r+|1-2\alpha|\mu, |\alpha-1|\mu, \alpha\mu\}.
\end{aligned}
\tag{7-66}
$$

另一方面, 有

$$
\begin{aligned}
||F(\Phi^*,\lambda)|| &= \max_{1\leqslant j\leqslant \delta}|F_j(\Phi^*,\lambda)|\\
&= \max_{1\leqslant j\leqslant \delta}|\alpha\lambda\varphi_{j-1}^*+(\alpha-1)\lambda\varphi_{j+1}^*+(1-2\alpha)\lambda\varphi_j^*|\\
&\leqslant \max_{1\leqslant j\leqslant \delta}|\alpha\varphi_{j-1}^*+(\alpha-1)\varphi_{j+1}^*+(1-2\alpha)\varphi_j^*|\mu,
\end{aligned}
\tag{7-67}
$$

其中, 对任意 $1\leqslant j\leqslant \delta$, 有 $\varphi_j^*=0, a$ 或 $1, \varphi_0^*=\varphi_\delta^*, \varphi_{\delta+1}^*=\varphi_1^*$. 下面按如下方法确定 r 与 μ 的界.

情形一　对任意 $0<\alpha\leqslant 1/2$, 有

$$
\begin{aligned}
&\max\{3r^2+2(2-a)r+|1-2\alpha|\mu, |\alpha-1|\mu, \alpha\mu\}\\
=&\max\{3r^2+2(2-a)r+(1-2\alpha)\mu, (1-\alpha)\mu\},
\end{aligned}
\tag{7-68}
$$

$$
\begin{aligned}
&\max_{1\leqslant j\leqslant \delta}|\alpha\varphi_{j-1}^*+(\alpha-1)\varphi_{j+1}^*+(1-2\alpha)\varphi_j^*|\mu\\
=&|\alpha\varphi_{j-1}^*-(1-\alpha)\varphi_{j+1}^*+(1-2\alpha)\varphi_j^*|\mu\\
\leqslant&(1-\alpha)\mu.
\end{aligned}
\tag{7-69}
$$

事实上,

$$
\alpha\varphi_{j-1}^*-(1-\alpha)\varphi_{j+1}^*+(1-2\alpha)\varphi_j^*\leqslant \alpha\cdot 1-(1-\alpha)\cdot 0+(1-2\alpha)\cdot 1=1-\alpha,
$$

$$
\alpha\varphi_{j-1}^*-(1-\alpha)\varphi_{j+1}^*+(1-2\alpha)\varphi_j^*\geqslant \alpha\cdot 0-(1-\alpha)\cdot 1+(1-2\alpha)\cdot 0=-(1-\alpha).
$$

令 $\rho=1/2M=a(1-a)/2$. 为了使

$$
||\partial_\Phi F(\Phi,\lambda)-\partial_\Phi F(\Phi^*,0)||\leqslant \frac{1}{2M},\quad ||F(\Phi^*,\lambda)||\leqslant \frac{r}{2M}
$$

成立, 由 (7-68) 与 (7-69) 式, 只要

$$
\begin{cases}
(1-\alpha)\mu\leqslant \rho,\\
3r^2+2(2-a)r+(1-2\alpha)\mu\leqslant \rho,\\
(1-\alpha)\mu\leqslant r\rho,
\end{cases}
\tag{7-70}
$$

满足即可. 选取 $\mu=r\rho/(1-\alpha)$ 与 $r\leqslant 1$ 满足条件

$$3r^2+2(2-a)r+\frac{1-2\alpha}{1-\alpha}\rho r=\rho,$$

计算得

$$r=\frac{-A+\sqrt{A^2+12\rho}}{6},\tag{7-71}$$

其中,$A=2(2-a)+(1-2\alpha)\rho/(1-\alpha)$.

情形二 对任意 $1/2<\alpha<1$, 有

$$\begin{aligned}&\max\{3r^2+2(2-a)r+|1-2\alpha|\mu,|\alpha-1|\mu,\alpha\mu\}\\=&\max\{3r^2+2(2-a)r+(2\alpha-1)\mu,\alpha\mu\},\end{aligned}\tag{7-72}$$

$$\begin{aligned}&\max_{1\leqslant j\leqslant\delta}|\alpha\varphi_{j-1}^*+(\alpha-1)\varphi_{j+1}^*+(1-2\alpha)\varphi_j^*|\mu\\=&|\alpha\varphi_{j-1}^*-(1-\alpha)\varphi_{j+1}^*-(2\alpha-1)\varphi_j^*|\\\leqslant&\alpha\mu.\end{aligned}\tag{7-73}$$

类似地, $||\partial_\Phi F(\Phi,\lambda)-\partial_\Phi F(\Phi^*,0)||\leqslant 1/2M$, $||F(\Phi^*,\lambda)||\leqslant r/2M$ 成立的充分条件为

$$\begin{cases}\alpha\mu\leqslant\rho,\\3r^2+2(2-a)r+(2\alpha-1)\mu\leqslant\rho,\\\alpha\mu\leqslant r\rho.\end{cases}\tag{7-74}$$

选取 $\mu=r\rho/\alpha$ 与 $r\leqslant 1$ 满足条件

$$3r^2+2(2-a)r+\frac{2\alpha-1}{\alpha}\rho r=\rho,$$

经计算, 得 r 仍满足 (7-71) 式, 其中, $A=2(2-a)+(2\alpha-1)\rho/\alpha$.

情形三 当 $\alpha\geqslant 1$ 时, 同理可得

$$r=\frac{-A+\sqrt{A^2+12\rho}}{6},\quad \mu=\frac{\rho}{2\alpha-1}r,\tag{7-75}$$

其中, $A=2(2-a)+\rho$.

综合上面三种情形, 当 $||\Phi-\Phi^*||\leqslant r,|\lambda-0|\leqslant\mu$ 时, 引理 7.3.2 的条件 (i) 成立. 故方程 $F(\Phi,\lambda)=0$ 存在解 $\Phi=\Phi(\lambda)$ 满足 $\Phi(0)=\Phi^*,F(\Phi(\lambda),\lambda)=0$. 因此, 有如下定理 7.3.1 成立.

定理 7.3.1 当 $0<\alpha\leqslant 1/2,l=1$ 时, 若 $0<1/\beta\leqslant\mu$, 则方程 (7-54) 在 Φ^* 的邻域 $B_r(\Phi^*)=\{\Phi:||\Phi-\Phi^*||\leqslant r\}$ 内, 存在非平凡周期行波解 $u_n^t=\varphi(n+lt)\in E$,

其中, Φ^* 是 $F(\Phi^*,0)=0$ 的解, $r=(-A+\sqrt{A^2+12\rho})/6$, $\rho=a(1-a)/2$, A 与 μ 按如下方式确定:

$$\begin{cases} A=2(2-a)+\dfrac{(1-2\alpha)\rho}{(1-\alpha)}, \mu=\dfrac{\rho r}{1-\alpha}, & 0<\alpha\leqslant\dfrac{1}{2}, \\ A=2(2-a)+\dfrac{(2\alpha-1)\rho}{\alpha}, \mu=\dfrac{\rho r}{\alpha}, & \dfrac{1}{2}<\alpha<1, \\ A=2(2-a)+\rho, \mu=\dfrac{\rho r}{2\alpha-1}, & \alpha\geqslant 1. \end{cases}$$

2. $2\leqslant l<\delta$ 的情形

当 $2\leqslant l<\delta$(存在 $k\in\mathbf{N}$, 使得 $\delta=kl$) 时, 则对任意 $j=1,2,\cdots,\delta$, (7-57) 写为

$$F_j(\Phi,\lambda)=-\lambda\varphi_{j+l}+\alpha\lambda(\varphi_{j-1}+\varphi_{j+1})+(1-2\alpha)\lambda\varphi_j+f(\varphi_j), \tag{7-76}$$

其中, $\varphi_0=\varphi_\delta$, 当 $j+l>\delta$ 时,$\varphi_{j+l}=\varphi_{j+l-\delta}$.$F(\Phi,\lambda)$ 关于 Φ 的 Frechet 导数作用于 $\Psi=(\psi_1,\psi_2,\cdots,\psi_\delta)^{\mathrm{T}}$ 可表示为

$$\frac{\partial F(\Phi,\lambda)}{\partial\Phi}\Psi=(d_{ij})_{\delta\times\delta}, \tag{7-77}$$

其中,

$$d_{ij}=\begin{cases} g(\varphi_i)\psi_i, & j=i=1,2,\cdots,\delta, \\ \alpha\lambda\psi_{i-1}, & j=i-1, i=2,\cdots,\delta, \\ \alpha\lambda\psi_{i+1}, & j=i+1, i=1,\cdots,\delta-1, \\ -\lambda\psi_{i+2}, & j=i+2, i=1,\cdots,\delta-2, \\ -\lambda\psi_{i+(2-\delta)}, & j=i+(2-\delta), i=\delta-1,\delta, \\ \alpha\lambda\psi_1, & j=1, i=\delta, \\ \alpha\lambda\psi_\delta, & j=\delta, i=1, \\ 0, & \text{其他}, \end{cases}$$

$$g(\varphi_j)=-3\varphi_j^2+2(a+1)\varphi_j-a+(1-2\alpha)\lambda.$$

当 $3\leqslant l<\delta$ 时, 也可以得到类似矩阵, 唯一区别是当 $1\leqslant j\leqslant\delta$ 时, 项 $-\lambda\psi_{j+l}$ 的位置. 但是这个差别对当 $\lambda=0$ 时的表达式 (7-60) 没有影响, 故 (7-63)~(7-65) 仍成立. 类似地, 可得

$$\begin{aligned} & ||\partial_\Phi F(\Phi,\lambda)-\partial_\Phi F(\Phi^*,0)|| \\ = & \sup_{||\Psi||=1}\max_{1\leqslant j\leqslant\delta}\{|g(\varphi_j)-g(\varphi_j^*)|\cdot|\psi_j|, \alpha\lambda|\psi_j|, \lambda|\psi_j|\} \end{aligned}$$

$$
\begin{aligned}
&=\max\{\max_{1\leqslant j\leqslant\delta}|g(\varphi_j)-g(\varphi_j^*)|,\alpha\lambda,\lambda\}\\
&\leqslant\max\{3r^2+2(2-a)r+|1-2\alpha|\mu,\alpha\mu,\mu\}
\end{aligned}
$$

与

$$
\begin{aligned}
&||F(\Phi^*,\lambda)||\\
=&\max_{1\leqslant j\leqslant\delta}|\alpha\lambda(\varphi_{j-1}^*+\varphi_{j+1}^*)-\lambda\varphi_{j+l}^*+(1-2\alpha)\lambda\varphi_j^*|\\
\leqslant&\max_{1\leqslant j\leqslant\delta}|\alpha(\varphi_{j-1}^*+\varphi_{j+1}^*)-\varphi_{j+l}^*+(1-2\alpha)\varphi_j^*|\mu,
\end{aligned}
$$

其中, 对任意 $1\leqslant j\leqslant\delta$, 有 $\varphi_j^*=0,a$ 或 1.

因此, $||\partial_\Phi F(\Phi,\lambda)-\partial_\Phi F(\Phi^*,0)||\leqslant 1/2M$, $||F(\Phi^*,\lambda)||\leqslant r/2M$ 成立的充分条件为

$$
r=\frac{-A+\sqrt{A^2+12\rho}}{6},\tag{7-78}
$$

其中, A 与 μ 按如下方式确立:

$$
\begin{cases}
A=2(2-a)+(1-2\alpha)\rho,\mu=\rho r, & 0<\alpha\leqslant\dfrac{1}{2},\\
A=2(2-a)+\left(1-\dfrac{1}{2\alpha}\right)\rho,\mu=\dfrac{\rho}{2\alpha}r, & \alpha>\dfrac{1}{2}.
\end{cases}\tag{7-79}
$$

因此有如下定理.

定理 7.3.2 当 $0<\alpha\leqslant 1/2, 2\leqslant l<\delta$ 时, 若 $0<1/\beta\leqslant\mu$, 则方程 (7-54) 在 Φ^* 的邻域 $B_r(\Phi^*)=\{\Phi:||\Phi-\Phi^*||\leqslant r\}$ 内, 存在非平凡周期行波解 $u_n^t=\varphi(n+lt)\in E$, 其中, Φ^* 是 $F(\Phi^*,0)=0$ 的解, r 与 μ 由 (7-78) 与 (7-79) 定义.

3. $l=\delta$ 的情形

当 $l=\delta$ 时, 对任意 $j=1,2,\cdots,\delta$, (7-57) 式可写为

$$
F_j(\Phi,\lambda)=\alpha\lambda(\varphi_{j-1}+\varphi_{j+1})-2\alpha\lambda\varphi_j+f(\varphi_j),
$$

其中, $\varphi_0=\varphi_\delta,\varphi_{\delta+1}=\varphi_1$.

$F(\Phi,\lambda)$ 关于 Φ 的 Frechet 导数作用于 $\Psi=(\psi_1,\psi_2,\cdots,\psi_\delta)^{\mathrm{T}}$ 可表示为

$$
\frac{\partial F(\Phi,\lambda)}{\partial\Phi}\Psi=(\mathrm{e}_{ij})_{\delta\times\delta},
$$

其中,

$$e_{ij}=\begin{cases}g(\varphi_i)\psi_i, & j=i=1,2,\cdots,\delta,\\ \alpha\lambda\psi_{i-1}, & j=i-1,i=2,\cdots,\delta,\\ \alpha\lambda\psi_{i+1}, & j=i+1,i=1,\cdots,\delta-1,\\ \alpha\lambda\psi_1, & j=1,i=\delta,\\ \alpha\lambda\psi_\delta, & j=\delta,i=1,\\ 0, & \text{其他},\end{cases}$$

$$g(\varphi_j)=-3\varphi_j^2+2(a+1)\varphi_j-a-2\alpha\lambda.$$

易见, 在这种情况下, (7-60)~(7-64) 仍成立. 相应地, 得到

$$|g(\varphi_j)-g(\varphi_j^*)|\leqslant 3r^2+2(2-a)r+2\alpha\lambda.$$

因此,

$$\begin{aligned}&||\partial_\Phi F(\Phi,\lambda)-\partial_\Phi F(\Phi^*,0)||\\=&\sup_{||\Psi||=1}\max_{1\leqslant j\leqslant\delta}\{|g(\varphi_j)-g(\varphi_j^*)|\cdot|\psi_j|,\alpha\lambda|\psi_j|\}\\=&\max\{\max_{1\leqslant j\leqslant\delta}|g(\varphi_j)-g(\varphi_j^*)|,\alpha\lambda\}\\\leqslant&\max\{3r^2+2(2-a)r+2\alpha\mu,\alpha\mu\},\end{aligned}$$

$$\begin{aligned}&||F(\Phi^*,\lambda)||\\=&\max_{1\leqslant j\leqslant\delta}|\alpha\lambda(\varphi_{j-1}^*+\varphi_{j+1}^*)-2\alpha\lambda\varphi_j^*|\\\leqslant&\max_{1\leqslant j\leqslant\delta}|\alpha(\varphi_{j-1}^*+\varphi_{j+1}^*)-2\alpha\varphi_j^*|\mu\\\leqslant&2\alpha\mu,\end{aligned}$$

其中, 对任意 $1\leqslant j\leqslant\delta$, 有 $\varphi_j^*=0,a$ 或 1.

因此 $||\partial_\Phi F(\Phi,\lambda)-\partial_\Phi F(\Phi^*,0)||\leqslant 1/2M,||F(\Phi^*,\lambda)||\leqslant r/2M$ 成立的充分条件为

$$\begin{cases}\alpha\mu\leqslant\rho,\\ 3r^2+2(2-a)r+2\alpha\mu\leqslant\rho,\\ 2\alpha\mu\leqslant r\rho,\end{cases}\tag{7-80}$$

其中,$\rho=1/2M$. 选取 $\mu=r\rho/2\alpha$ 与 $r\leqslant 1$, 则 (7-80) 成立的充分条件为

$$r=\frac{-A+\sqrt{A^2+12\rho}}{6},\tag{7-81}$$

其中, $A=2(2-a)+\rho$. 因此有如下定理.

定理 7.3.3 当 $0<\alpha\leqslant 1/2, l=\delta$ 时, 若 $0<1/\beta\leqslant\mu$, 则方程 (7-54) 在 Φ^* 的邻域 $B_r(\Phi^*)=\{\Phi:||\Phi-\Phi^*||\leqslant r\}$ 内, 存在非平凡周期行波解 $u_n^t=\varphi(n+lt)\in E$, 其中, Φ^* 是 $F(\Phi^*,0)=0$ 的解, $\mu=r\rho/2\alpha,r$ 由 (7-81) 式定义.

7.3.2 二周期行波解

这一部分, 寻求行波解的精确表达式, 特别地, 寻求二周期波解. 分两种情况讨论, ① l 是奇数, ② l 是偶数.

当 l 是奇数时, (7-56) 可表示成

$$(2\alpha-1)\varphi(m+1)+(1-2\alpha)\varphi(m)+\beta f(\varphi(m))=0. \tag{7-82}$$

一个简单的方法是求解代数系统

$$\begin{cases}\gamma(x-y)+y(y-a)(1-y)=0,\\ \gamma(y-x)+x(x-a)(1-x)=0,\end{cases} \tag{7-83}$$

其中, $\gamma=\dfrac{2\alpha-1}{\beta}$. 然而这是非常困难的, 由于 (7-83) 是一个 9 阶代数系统. 下面采用另外一种方法.

令

$$\varphi(m)=a_0+a_1(-1)^m,\quad \varphi(m+1)=a_0-a_1(-1)^m, \tag{7-84}$$

其中, $a_0,a_1\in\mathbf{R}$, $a_1\neq 0$. 在这种假设下, 有 $-2\gamma a_1(-1)^m+f(\varphi(m))=0$. 因此,

$$\begin{cases}a_1^2=2a_0(1+a)-3a_0^2-(a+2\gamma),\\ a_0^2-aa_0-a_0^3+aa_0^2+(1+a-3a_0)a_1^2=0.\end{cases} \tag{7-85}$$

故 a_0 满足方程

$$x^3-(1+a)x^2+\frac{1}{4}(1+3a+3\gamma+a^2)x-\frac{1}{8}(a+2\gamma)(a+1)=0, \tag{7-86}$$

即

$$x^3+bx^2+cx+d=0, \tag{7-87}$$

其中, $b=-(1+a)$, $c=\dfrac{1}{4}(1+3a+3\gamma+a^2)$, $d=-\dfrac{1}{8}(a+2\gamma)(a+1)$.

因此, 只需求解代数方程 (7-87). 为此, 令 $x=y-\dfrac{b}{3}$, (7-87) 式转换成

$$y^3+py+q=0,$$

其中, $p=c-\dfrac{b^2}{3},q=d-\dfrac{bc}{3}+\dfrac{2b^3}{27}$.

设 $y=u+v$, 得 $(u+v)^3+p(u+v)+q=0$, 即, $(u+v)(3uv+p)+u^3+v^3+q=0$. 显然, 若 $u^3v^3=-\dfrac{p^3}{27}, u^3+v^3=-q$, 则上式成立. 因此, 得到

$$u^3=v^3=\frac{q}{2}\pm\sqrt{\frac{q^2}{4}+\frac{p^3}{27}}.$$

因此,

$$\begin{cases} u_1=A^{\frac{1}{3}}, v_1=B^{\frac{1}{3}}, \\ u_2=A^{\frac{1}{3}}\omega, v_2=B^{\frac{1}{3}}\omega^2, \\ u_3=A^{\frac{1}{3}}\omega^2, v_3=B^{\frac{1}{3}}\omega, \end{cases}$$

$$\begin{cases} y_1=A^{\frac{1}{3}}+B^{\frac{1}{3}}, \\ y_2=A^{\frac{1}{3}}\omega+B^{\frac{1}{3}}\omega^2, \\ y_3=A^{\frac{1}{3}}\omega^2+B^{\frac{1}{3}}\omega, \end{cases}$$

$$\begin{cases} x_1=A^{\frac{1}{3}}+B^{\frac{1}{3}}-\dfrac{b}{3}, \\ x_2=A^{\frac{1}{3}}\omega+B^{\frac{1}{3}}\omega^2-\dfrac{b}{3}, \\ x_3=A^{\frac{1}{3}}\omega^2+B^{\frac{1}{3}}\omega-\dfrac{b}{3}, \end{cases}$$

其中, $A=\dfrac{q}{2}+\sqrt{\dfrac{q^2}{4}+\dfrac{p^3}{27}}, B=\dfrac{q}{2}-\sqrt{\dfrac{q^2}{4}+\dfrac{p^3}{27}}$. 记 $\Delta=\dfrac{q^2}{4}+\dfrac{p^3}{27}$, 则下面结果成立.

定理 7.3.4　当 $\Delta>0$ 时, (7-86) 只有一个实根 $x_1=A^{\frac{1}{3}}+B^{\frac{1}{3}}-\dfrac{b}{3}$; 当 $\Delta=0$ 时, (7-86) 有三个实根 $x_1=2\times\left(\dfrac{q}{2}\right)^{\frac{1}{3}}-\dfrac{b}{3}, x_2=x_3=-\left(\dfrac{q}{2}\right)^{\frac{1}{3}}-\dfrac{b}{3}$; 当 $\Delta<0$ 时, (7-86) 有三个实根

$$x_1=2\sqrt{-\frac{p}{3}}\cos\frac{\varphi}{3}-\frac{b}{3},$$

$$x_2=2\sqrt{-\frac{p}{3}}\cos\left(\frac{\varphi}{3}+\frac{2\pi}{3}\right)-\frac{b}{3},$$

$$x_2=2\sqrt{-\frac{p}{3}}\cos\left(\frac{\varphi}{3}+\frac{4\pi}{3}\right)-\frac{b}{3},$$

其中, $\cos\varphi=-\dfrac{q}{2}\left(-\dfrac{p}{3}\right)^{-3/2}, 0<\varphi<\pi$.

为得到 (7-54) 的二周期行波解, 需要 a_0 是 (7-86) 的实根. 另一方面, 由 (7-85), 需要条件

$$a_1^2=2a_0(1+a)-3a_0^2-(a+2\gamma)>0.$$

在这样的假设下,a_0 满足

$$\frac{1}{3}a-\frac{1}{3}\sqrt{a^2-a-6\gamma+1}+\frac{1}{3}<a_0<\frac{1}{3}a+\frac{1}{3}\sqrt{a^2-a-6\gamma+1}+\frac{1}{3}, \tag{7-88}$$

其中, $a^2-a-6\gamma+1>0$. 因此, 有如下定理 7.3.5.

定理 7.3.5 设 $a^2-a-6\gamma+1>0$,a_0 是 (7-86) 的一个实根且满足 (7-88) 式. 则问题 (7-54) 可能存在非平凡二周期行波解.

当 $a+2\gamma=0$, 即 $a=2(1-2\alpha)/\beta, 0<\alpha<1/2$ 时, 由定理 7.3.5, 当

$$0<a_0<\frac{2}{3}(1+a) \tag{7-89}$$

时, 问题 (7-54) 可能存在非平凡二周期行波解. 在这种情况下, 方程 (7-86) 转化成

$$x^3-(1+a)x^2+\frac{1}{4}\left(1+\frac{3a}{2}+a^2\right)x=0,$$

该方程的根为

$$x_{1,2}=\frac{a+1}{2}\pm\frac{\sqrt{2a}}{4},\quad x_3=0.$$

注意到 $a_1^2=2a_0(1+a)-3a_0^2$. 因此, 当 $x_3=0$ 时, 得到平凡解 $\varphi(m)=0$.

当 $a_0=x_1=\dfrac{a+1}{2}+\dfrac{\sqrt{2a}}{4}$,$a_0$ 满足 (7-89), $0<\alpha<\dfrac{1}{2}$ 时, 有

$$a_1=\pm\sqrt{\frac{1}{4}\left(a^2+\frac{1}{2}a+1\right)-\frac{\sqrt{2a}}{4}(1+a)}.$$

当 $a_0=x_2=\dfrac{a+1}{2}-\dfrac{\sqrt{2a}}{4}$,$a_0$ 满足 (7-89), $0<\alpha<1$ 时, 有

$$a_1=\pm\sqrt{\frac{1}{4}\left(a^2+\frac{1}{2}a+1\right)+\frac{\sqrt{2a}}{4}(1+a)}.$$

因此, 有如下结果.

定理 7.3.6 当 l 是奇数,

$$a=\frac{2(1-2\alpha)}{\beta},\quad 0<\alpha<\frac{1}{2} \tag{7-90}$$

时, 问题 (7-54) 存在二周期行波解 $u_n^t=a_0+a_1(-1)^{n+lt}$, 其中,

$$a_0=\frac{a+1}{2}-\frac{\sqrt{2a}}{4}, a_1=\pm\sqrt{\frac{1}{4}\left(a^2+\frac{1}{2}a+1\right)+\frac{\sqrt{2a}}{4}(1+a)}.$$

当 l 是奇数, $a=2(1-2\alpha)/\beta<1/2$ 时, 问题 (7-54) 存在另外一个二周期行波解

$$u_n^t = a_0 + a_1(-1)^{n+lt},$$

其中,

$$a_0 = \frac{a+1}{2} + \frac{\sqrt{2a}}{4},\quad a_1 = \pm\sqrt{\frac{1}{4}\left(a^2+\frac{1}{2}a+1\right) - \frac{\sqrt{2a}}{4}(1+a)}.$$

注 7.3.1 在定理 7.3.1 中, 可看到当 $1/\beta$ 有界时, 问题 (7-54) 存在非平凡周期行波解. 然而, 在定理 7.3.6 中, 当 α 从左侧趋于 1/2 时, $1/\beta$ 趋于无界. 在这种情况下, 问题 (7-54) 仍存在非平凡周期行波解.

例如, 令 $l=1, a=0.5, \alpha=0.4<1/2$, 由定理 7.3.1, 当 $\beta\geqslant 121.36$ 时, 问题 (7-54) 存在非平凡周期行波解. 但是, 当 $\beta=0.8<121.36$ 时, 则 $a+2\gamma=0$, 问题 (7-54) 仍存在周期行波解:

$$\varphi(m) = 0.5 \pm 0.866 * (-1)^m.$$

因此, 定理 7.3.1 是问题 (7-54) 存在周期行波解的充分非必要条件.

当 l 是偶数时,(7-56) 可表示成

$$2\alpha\varphi(m+1) - 2\alpha\varphi(m) + \beta f(\varphi(m)) = 0.$$

当 $\varphi(m)=a_0+a_1(-1)^m, \varphi(m+1)=a_0-a_1(-1)^m$ 时, 上面式子可简化成

$$-2\gamma a_1(-1)^m + f(\varphi(m)) = 0,$$

其中, $\gamma=\alpha/\beta$. 在这种情况下, 仍可得到定理 7.3.4 与定理 7.3.5. 然而, 由于 $a+2\gamma>0$, 定理 7.3.6 不再成立. 但是, 利用数学软件, 可以得到数值二周期行波解. 例如, 令 $l=2, a=0.5, \alpha=0.2, \beta=83, a+2\gamma=0.505>0$, 存在三个二周期行波解

$$\begin{aligned}
\varphi_1(m) &= 0.5 \pm 0.495 * (-1)^m,\\
\varphi_2(m) &= 0.254 \pm 0.251 * (-1)^m,\\
\varphi_3(m) &= 0.746 \pm 0.251 * (-1)^m.
\end{aligned}$$

第 8 章　同　宿　轨

本章研究几类二阶差分方程同宿轨的存在性. 例如, 若差分方程

$$-\Delta^2 x_{i-1} = f(i, x_i), \quad i \in \mathbf{Z} \tag{8-1}$$

的解 $x = \{x_i\}_{i\in\mathbf{Z}}$ 满足条件 $\lim\limits_{|i|\to\infty} x_i = 0$, 则称 x 为方程 (8-1) 的同宿轨. 8.1 节考虑一类出生率可正可负的离散定态 logistic 模型, 利用上下解定理、特征值理论等研究正同宿轨的存在性与唯一性, 以及正解的存在性. 该节内容选自文献 [206]. 8.2 节利用环绕定理, 研究一类离散波动方程同宿轨的存在性. 所考虑方程的线性算子是强不定的, 方程不具有周期性, 非线性项不满足 Ambrosetti-Rabinowitz 条件. 该节内容选自文献 [233]. 8.3 节利用变分法研究一类非线性项变号的二阶差分系统同宿轨的存在性, 此节内容是文献 [234] 的一个推广.

8.1　正同宿轨的存在及唯一性

8.1 节, 考虑二阶差分方程

$$-\Delta^2 x_{i-1} = \lambda(p_i x_i - x_i^{1+\alpha}), \quad i \in \mathbf{Z}, \tag{8-2}$$

其中, $\mathbf{Z}$ 表示整数集, $\alpha > 0, \lambda > 0$ 是正常数, $\Delta x_i = x_{i+1} - x_i, \Delta^2 x_{i-1} = \Delta(\Delta x_{i-1})$, $\{p_i\}_{i\in\mathbf{Z}}$ 待定.

8.1.1　准备知识

对任意 $a, b \in \mathbf{Z}, a < b$, 考虑特征值问题

$$\begin{cases} -\Delta^2 x_{i-1} = \lambda p_i x_i, \quad i \in [a,b], \\ x_{a-1} = 0 = x_{b+1}, \end{cases} \tag{8-3}$$

其中, $[a,b] = \{a, a+1, \cdots, b\}$, $\{p_i\}_{i=a}^{b}$ 是实值数列, 且存在 $i_0 \in [a,b]$, 使得 $p_{i_0} > 0$.

记

$$x = \begin{pmatrix} x_a \\ x_{a+1} \\ \vdots \\ x_b \end{pmatrix}, \quad A = \begin{pmatrix} 2 & -1 & 0 & \cdots & 0 \\ -1 & 2 & -1 & \cdots & 0 \\ \vdots & \ddots & \ddots & \ddots & \vdots \\ 0 & \cdots & \ddots & 2 & -1 \\ 0 & 0 & \cdots & -1 & 2 \end{pmatrix}_{(b-a+1)\times(b-a+1)}, \tag{8-4}$$

$$P=\begin{pmatrix} p_a & 0 & \cdots & 0 \\ 0 & p_{a+1} & \ddots & \vdots \\ \vdots & \ddots & \ddots & 0 \\ 0 & \cdots & 0 & p_b \end{pmatrix}_{(b-a+1)\times(b-a+1)}.$$

则问题 (8-3) 可写成矩阵形式

$$Ax=\lambda Px. \tag{8-5}$$

令 H 表示满足条件 $x_{a-1}=0=x_{b+1}$ 的所有实值数列 $\{x_i\}_{i=a-1}^{b+1}$ 的全体. 对任意 $u,v\in H$, 定义内积与范数如下:

$$\langle u,v\rangle=\sum_{i=a}^{b}u_iv_i,\quad ||u||=\sqrt{\langle u,u\rangle}=\sqrt{\sum_{i=a}^{b}u_i^2}.$$

对任意 $v\in H$, 定义

$$Q_\lambda(v)=v^{\mathrm{T}}Av-\lambda\sum_{i=a}^{b}p_iv_i^2.$$

考虑 Rayleigh 商

$$K(v)=\frac{v^{\mathrm{T}}Av}{\sum\limits_{i=a}^{b}p_iv_i^2},$$

并记 $\lambda_1=\inf\left\{K(v):v\in H,\sum\limits_{i=a}^{b}p_iv_i^2>0\right\}$, 则有下面引理 8.1.1.

引理 8.1.1　λ_1 是问题 (8-3) 或 (8-5) 的正的、单特征值, 并且可以取相应的特征函数 φ 满足条件 $\varphi_i>0,\forall i\in[a,b]$.

证明　首先证明 $\lambda_1>0$. 对任意 $v\in H, Q_{\lambda_1}(v)=v^{\mathrm{T}}Av-\lambda_1\sum\limits_{i=a}^{b}p_iv_i^2$. 由特征值理论, $\langle Av,v\rangle\geqslant\gamma_1\langle v,v\rangle$, 其中, $\gamma_1=4\sin^2\dfrac{\pi}{2(b-a+2)}$ 是特征值问题

$$\begin{cases} -\Delta^2x_{i-1}=\gamma x_i, & i\in[a,b], \\ x_{a-1}=0=x_{b+1} \end{cases} \tag{8-6}$$

的第一特征值. 因此, 若 $v\in H$ 且 $\sum\limits_{i=a}^{b}p_iv_i^2>0$, 则

$$K(v)=\frac{v^{\mathrm{T}}Av}{\sum\limits_{i=a}^{b}p_iv_i^2}\geqslant\frac{\gamma_1\langle v,v\rangle}{\sum\limits_{i=a}^{b}p_iv_i^2}\geqslant\frac{\gamma_1}{\max\{|p_i|,i=a,a+1,\cdots,b\}}>0.$$

因此, $\lambda_1 > 0$.

其次, 考虑如下特征值问题

$$\begin{cases} -\Delta^2 u_{i-1} - \lambda_1 p_i u_i = \mu u_i, & i \in [a,b], \\ u_{a-1} = 0 = u_{b+1}, \end{cases} \tag{8-7}$$

并定义 $(Su)_i = -\Delta^2 u_{i-1} - \lambda_1 p_i u_i$. 易知 λ_1 是 (8-3) 的特征值, φ 是相应的特征函数当且仅当 0 是 S(8-7) 的特征值, φ 是相应的特征函数. S 的最小特征值 α_1 可表示成

$$\begin{aligned} \alpha_1 &= \inf\left\{ v^{\mathrm{T}} A v - \lambda_1 \sum_{i=a}^{b} p_i v_i^2 : v \in H, ||v|| = 1 \right\} \\ &= \inf\left\{ Q_{\lambda_1}(v) : v \in H, ||v|| = 1 \right\}. \end{aligned} \tag{8-8}$$

注意到对任意 $v \in H, Q_{\lambda_1}(v) \geqslant 0$. 因此,$\alpha_1 \geqslant 0$. 由 λ_1 的定义, 存在序列 $v^{(n)} \in H$ 与 $\sum p_i \left(v_i^{(n)}\right)^2 > 0$, 使得

$$\lim_{n\to\infty} \frac{\left(v^{(n)}\right)^{\mathrm{T}} A v^{(n)}}{\sum_{i=a}^{b} p_i \left(v_i^{(n)}\right)^2} = \lambda_1. \tag{8-9}$$

因此, $\lim\limits_{n\to\infty} Q_{\lambda_1}(v^{(n)}) = 0$. 故 $\alpha_1 \leqslant 0$. 综上, $\alpha_1 = 0$ 是 (8-7) 的最小特征值. 由下面引理 8.1.3, α_1 是单的, 且相应的特征函数可以取成正的. 证毕.

设 $\lambda > \lambda_1$, 考虑如下特征值问题

$$\begin{cases} -\Delta^2 u_{i-1} - \lambda p_i u_i = \mu u_i, & i \in [a,b], \\ u_{a-1} = 0 = u_{b+1}. \end{cases} \tag{8-10}$$

有如下引理 8.1.2.

引理 8.1.2 设 $\lambda > \lambda_1$, 则 (8-10) 的最小特征值是负的, 且可取相应的特征函数 $\varphi^{(1)}$ 满足条件 $\varphi_i^{(1)} > 0$, 任意 $i \in [a,b]$.

证明 设 φ 是由引理 8.1.1 得到的特征函数, 且 $||\varphi|| = 1$, 则有

$$\begin{aligned} \varphi^{\mathrm{T}} A \varphi - \lambda \sum_{i=a}^{b} p_i \varphi_i^2 &= \frac{\lambda}{\lambda_1} \varphi^{\mathrm{T}} (A - \lambda_1 P) \varphi - \frac{\lambda - \lambda_1}{\lambda_1} \varphi^{\mathrm{T}} A \varphi \\ &= -\frac{\lambda - \lambda_1}{\lambda_1} \varphi^{\mathrm{T}} A \varphi < 0. \end{aligned}$$

因此,

$$\mu_1 = \min\left\{ \psi^{\mathrm{T}} A \psi - \lambda \sum_{i=a}^{b} p_i \psi_i^2 : ||\psi|| = 1 \right\} < 0.$$

由下面引理 8.1.3, 对应 μ_1 的特征函数可以取成正的. 证毕.

以下引理 8.1.3 的证明参考文献 [235].

引理 8.1.3 对任意 $(b-a+1)$ 阶对角矩阵

$$Q=\begin{pmatrix} q_a & 0 & \cdots & 0 \\ 0 & q_{a+1} & \cdots & 0 \\ & \cdots & \cdots & \\ 0 & \cdots & 0 & q_b \end{pmatrix}, \quad q_i\in\mathbf{R}, i\in[a,b],$$

设 μ_1 是 $A+Q$ 的最小特征值, 其中 A 的定义见 (8-4). 则 μ_1 是单的, 相应的特征函数 $\varphi^{(1)}$ 可以取成正的.

证明 不妨设对任意 $i\in[a,b]$,$q_i>0$. 否则选取充分大的 $C>0$, 使得 $q_i+C>0$. 相应地, 考虑矩阵 $A+Q+CE$, 其中 E 是 $(b-a+1)$ 阶单位矩阵. 记 $\overline{Q}=Q+CE$, 则 $\overline{q_i}>0$, 任意 $i\in[a,b]$.

因为 $A+Q$ 是 $(b-a+1)$ 阶对称正定矩阵,$A+Q$ 有 $(b-a+1)$ 个实特征值. 特征值从小到大排列如下:

$$0<\mu_1\leqslant\mu_2\leqslant\cdots\leqslant\mu_{b-a+1}. \tag{8-11}$$

相应地, 选取 $A+Q$ 的特征函数 $\varphi^{(1)},\varphi^{(2)},\cdots,\varphi^{(b-a+1)}$ 使得 $\{\varphi^{(1)},\varphi^{(2)},\cdots,\varphi^{(b-a+1)}\}$ 构成 $\mathbf{R}^{b-a+1}$ 的标准正交基. 下面分四步证明引理 8.1.3 的结论.

第一步: 对任意 $u,v\in\mathbf{R}^{b-a+1}$, 定义 $B[u,v]=v^{\mathrm{T}}(A+Q)u$. 显然,

$$B[\varphi^{(i)},\varphi^{(j)}]=\begin{cases} 0, & i\neq j, \\ \mu_i, & i=j, \end{cases} \quad i,j\in[a,b],$$

$$\mu_1=\min\{B[u,u]|u\in\mathbf{R}^{b-a+1},||u||=1\}.$$

第二步: 断言, 若 $u\in\mathbf{R}^{b-a+1}$ 且 $||u||=1$, 则 u 是

$$(A+Q)u=\mu_1 u \tag{8-12}$$

的解当且仅当 u 满足

$$B[u,u]=\mu_1. \tag{8-13}$$

显然, (8-12) 暗含 (8-13). 另一方面, 设 (8-13) 成立. 记 $d_k=(u,\varphi^{(k)})$, 则

$$u=\sum_{k=1}^{b-a+1}\left(u,\varphi^{(k)}\right)\varphi^{(k)}=\sum_{k=1}^{b-a+1}d_k\varphi^{(k)},$$

$$\sum_{k=1}^{b-a+1} d_k^2\mu_1 = \mu_1 = B[u,u] = \sum_{k=1}^{b-a+1} d_k^2\mu_k.$$

因此,

$$\sum_{k=1}^{b-a+1} d_k^2(\mu_k - \mu_1) = 0. \tag{8-14}$$

因此, 若 $\mu_k > \mu_1$, 则 $d_k = \left(u, \varphi^{(k)}\right) = 0$. 因而, 存在整数 m, 使得

$$u = \sum_{k=1}^{m} \left(u, \varphi^{(k)}\right)\varphi^{(k)}, \tag{8-15}$$

其中, $(A+Q)\varphi^{(k)} = \mu_1\varphi^{(k)}, k = 1, 2, \cdots, m$. 因此,

$$(A+Q)u = \sum_{k=1}^{m} \left(u, \varphi^{(k)}\right)(A+Q)\varphi^{(k)} = \mu_1 u. \tag{8-16}$$

从而 (8-12) 成立.

第三步: 证明若 $u \in \mathbf{R}^{b-a+1}$ 且 $u \neq 0$, 满足 $(A+Q)u = \mu_1 u$, 则 $u > 0$ 或 $u < 0$. 为此, 不妨设 $||u|| = 1$, 则 $\alpha + \beta = 1$, 其中

$$\alpha = ||u^+||^2, \quad \beta = ||u^-||^2, \quad u_i^+ = \max\{u_i, 0\}, \quad u_i^- = \max\{-u_i, 0\}.$$

从而

$$\mu_1 = B[u,u] = B[u^+,u^+] + B[u^-,u^-] \geqslant \mu_1||u^+||^2 + \mu_1||u^-||^2 = \mu_1.$$

因此, $B[u^+,u^+] = \mu_1||u^+||^2, B[u^-,u^-] = \mu_1||u^-||^2$. 由第二步, u^+ 与 u^- 分别满足 $(A+Q)u^+ = \mu_1 u^+, (A+Q)u^- = \mu_1 u^-$. 因此, $(A+Q)u^+ \geqslant 0, (A+Q)u^- \geqslant 0$. 即

$$\begin{gathered}
2u_a^+ - u_{a+1}^+ + q_a u_a^+ \geqslant 0, \\
-u_a^+ + 2u_{a+1}^+ - u_{a+2}^+ + q_{a+1}u_{a+1}^+ \geqslant 0, \\
-u_{a+1}^+ + 2u_{a+2}^+ - u_{a+3}^+ + q_{a+2}u_{a+2}^+ \geqslant 0, \\
\vdots \\
-u_{b-1}^+ + 2u_b^+ + q_b u_b^+ \geqslant 0.
\end{gathered}$$

若存在 $i_0 \in [a,b]$, 使得 $u_{i_0}^+ = 0$, 则 $u^+ = 0$. 上述过程对 u^- 同样适用, 因此 $u > 0$ 或 $u < 0$. 故对应于最小特征值 μ_1 的特征函数可取成正的.

第四步: 假设 u 与 $\overline{u}$ 是对应于最小特征值 μ_1 的两个特征函数, 由第三步,

$$\sum_{i=a}^{b} u_i \neq 0, \quad \sum_{i=a}^{b} \overline{u}_i \neq 0,$$

则存在实数 k, 使得

$$\sum_{i=a}^{b} u_i = k\sum_{i=a}^{b} \overline{u}_i, \quad \text{即} \sum_{i=a}^{b} (u_i - k\overline{u}_i) = 0. \tag{8-17}$$

由于 $u - k\overline{u}$ 满足 $(A+Q)(u-k\overline{u}) = \mu_1(u-k\overline{u})$. 由第三步, $u-k\overline{u}=0$ 或 $u-k\overline{u}>0$ 或 $u-k\overline{u}<0$. 考虑到 (8-17), 有 $u-k\overline{u}=0$. 因此, μ_1 是单的.

8.1.2 正同宿轨的存在性

首先给出上下解的定义, 并证明一个一般的上下解定理.

对任意 $a, b \in \mathbf{Z}, a < b$, 考虑 Dirichlet 边值问题

$$\begin{cases} -\Delta^2 x_{i-1} = f(i, x_i), & i \in [a, b], \\ x_{a-1} = 0 = x_{b+1}. \end{cases} \tag{8-18}$$

当 $a = -n, b = n$ 时, 用 $(8\text{-}18)_n$ 表示问题 (8-18).

定义 8.1.1 序列 $\overline{x} = \{\overline{x_i}\}_{i=a-1}^{b+1}$ 称为 (8-18) 的上解, 若

$$\begin{cases} -\Delta^2 \overline{x}_{i-1} \geqslant f(i, \overline{x}_i), & i \in [a, b], \\ \overline{x}_{a-1} \geqslant 0, & \overline{x}_{b+1} \geqslant 0. \end{cases}$$

序列 $\overline{x} = \{\overline{x_i}\}_{i=a-1}^{b+1}$ 称为 (8-18) 的下解, 若

$$\begin{cases} -\Delta^2 \overline{x}_{i-1} \leqslant f(i, \overline{x}_i), & i \in [a, b], \\ \overline{x}_{a-1} \leqslant 0, & \overline{x}_{b+1} \leqslant 0. \end{cases}$$

定理 8.1.1 设 $\underline{x}, \overline{x} : \mathbf{Z} \to \mathbf{R}$ 满足 $\underline{x} \leqslant \overline{x}$(即 $\underline{x}_i \leqslant \overline{x}_i, \forall i \in \mathbf{Z}$), 且对任意充分大的 n,$\underline{x}|_n, \overline{x}|_n$ 分别为 $(8\text{-}18)_n$ 的下解与上解. 假设 $f(i, z)$ 关于 $z \in [\alpha, \beta]$ 连续且存在常数 $k > 0$, 使得对任意 $i \in \mathbf{Z}$ 及 $s_1, s_2 \in [\alpha, \beta], s_1 \leqslant s_2$, 有不等式

$$f(i, s_2) - f(i, s_1) \geqslant -k(s_2 - s_1) \tag{8-19}$$

成立, 其中, $\alpha = \inf\limits_{i \in \mathbf{Z}} \underline{x}_i$,$\beta = \sup\limits_{i \in \mathbf{Z}} \overline{x}_i$. 则问题

$$-\Delta^2 x_{i-1} = f(i, x_i), \quad i \in \mathbf{Z} \tag{8-20}$$

存在解 x 满足 $\underline{x} \leqslant x \leqslant \overline{x}$.

证明 由于 $\underline{x}, \overline{x}$ 分别是问题 $(8\text{-}18)_n$ 的下解与上解, 则存在 $(8\text{-}18)_n$ 的解 φ 满足 $\underline{x}_i \leqslant \varphi_i \leqslant \overline{x}_i$, 任意 $|i| \leqslant n$.

事实上, 对任意序列 $u = \{u_i\}_{i=-n}^{n}$, 显然, 问题

$$\begin{cases} -\Delta^2 w_{i-1} + kw_i = f(i, u_i) + ku_i, \quad i \in [-n, n], \\ w_{-n-1} = 0 = w_{n+1} \end{cases} \tag{8-21}$$

存在唯一解 w. 从而定义映射 $T: u \to w$. 则可断言, T 在 $[\underline{x}, \overline{x}]$ 是单调递增的. 事实上, 对任意序列 $\{\tilde{u}_i\}_{i=-n}^{n}, \{\tilde{v}_i\}_{i=-n}^{n} \in [\underline{x}, \overline{x}]$, $\tilde{v} \leqslant \tilde{u}$, 有

$$\begin{aligned} \Gamma(T\tilde{u} - T\tilde{v}) =& f(i, \tilde{u}_i) + k\tilde{u}_i - f(i, \tilde{v}_i) - k\tilde{v}_i \\ \geqslant& -k(\tilde{u}_i - \tilde{v}_i) + k(\tilde{u}_i - \tilde{v}_i) \geqslant 0, \end{aligned} \tag{8-22}$$

其中, 算子 Γ 定义为 $(\Gamma u)_i = -\Delta^2 u_{i-1} + ku_i, i \in [-n, n]$. 由于

$$(T\tilde{u})_{-n-1} - (T\tilde{v})_{-n-1} \geqslant 0, \quad (T\tilde{u})_{n+1} - (T\tilde{v})_{n+1} \geqslant 0,$$

由 Γ 的单调性, 可得 $T\tilde{u} \geqslant T\tilde{v}$, 见文献 [212].

令 $u^{(m)} = Tu^{(m-1)}, u^{(0)} = \underline{x}; v^{(m)} = Tv^{(m-1)}, v^{(0)} = \overline{x}$. 下面证明式 (8-23) 成立:

$$\underline{x} \leqslant u^{(0)} \leqslant u^{(1)} \leqslant u^{(2)} \leqslant \cdots \leqslant v^{(2)} \leqslant v^{(1)} \leqslant v^{(0)} = \overline{x}. \tag{8-23}$$

首先, 利用 (8-21) 与下解的定义, 可得到

$$\begin{aligned} -\Delta^2\left(u_{i-1}^{(0)} - u_{i-1}^{(1)}\right) + k\left(u_i^{(0)} - u_i^{(1)}\right) &= -\Delta^2 u_{i-1}^{(0)} + ku_i^{(0)} - \left[f(i, u_i^{(0)}) + ku_i^{(0)}\right] \\ &= -\Delta^2 \underline{x}_{i-1} - f(i, \underline{x}_i) \leqslant 0, \quad i \in [-n, n], \end{aligned}$$

$u_{-n-1}^{(0)} - u_{-n-1}^{(1)} \leqslant 0, u_{n+1}^{(0)} - u_{n+1}^{(1)} \leqslant 0$. 由 Γ 的单调性得, $u^{(0)} - u^{(1)} \leqslant 0$. 同理可证 $v^{(1)} \leqslant v^{(0)}$. 由 Γ 与 T 的单调性, 可以证明 (8-23) 式. 因此, 存在 u 与 v, 使得

$$\lim_{m\to\infty} u^{(m)} = u, \quad \lim_{m\to\infty} v^{(m)} = v.$$

由 u 与 v 的定义, u 与 v 满足 $(8\text{-}18)_n$ 并且 $\underline{x} \leqslant u \leqslant v \leqslant \overline{x}$. 用 $x^{(n)}$ 表示 $(8\text{-}18)_n$ 的解.

由先验估计及对角线法则, 存在 $\{x^{(n)}\}$ 的子列, 使得在 $\mathbf{Z}$ 的每个有界子集上, 该子列收敛到 (8-20) 的解 x. 进一步, 因为 $\underline{x} \leqslant x^{(n)} \leqslant \overline{x}$, 对任意 n, 故 $\underline{x} \leqslant x \leqslant \overline{x}$ 在 $\mathbf{Z}$ 上成立.

下面, 利用上下解定理证明问题 (8-2) 的正解的存在性与正孤立子的存在唯一性.

对于问题 (8-2), 假设存在 $i_0 \in \mathbf{Z}$, 使得 $p_{i_0} > 0$. 对任意 $n > |i_0|$, 当 $a = -n, b = n$ 时, 考虑特征值问题 (8-3), 把引理 8.1.1 上面一行定义的正特征值 λ_1 记为 $\lambda_1^{(n)}$, 则

$$\lambda_1^{(\infty)} := \lim_{n\to\infty} \lambda_1^{(n)} \geqslant 0. \tag{8-24}$$

定理 8.1.2 对任意 $\lambda > \lambda_1^{(\infty)}$, 问题 (8-2) 存在一个正解, 其中 $\lambda_1^{(\infty)}$ 由 (8-24) 定义.

证明 对任意 $\lambda > \lambda_1^{(\infty)}$, 显然, 存在正整数 $n_1 \geqslant |i_0|$, 使得 $i_0 \in [-n_1, n_1]$ 及 $\lambda_1^{(\infty)} < \lambda_1^{(n_1)} < \lambda$. 由引理 8.1.2, 特征值问题

$$\begin{cases} -\Delta^2 x_{i-1} - \lambda p_i x_i = \mu x_i, & i \in [-n_1, n_1], \\ x_{-n_1-1} = 0 = x_{n_1+1} \end{cases}$$

存在负特征值 $\mu_1^{(n_1)}$, 相应的特征函数 $\varphi^{(n_1)}$ 可以取成 $\varphi_i^{(n_1)} > 0$, 任意 $i \in [-n_1, n_1]$ 与 $||\varphi^{(n_1)}|| = 1$. 对任意 $\varepsilon > 0$, 定义

$$\underline{x}_i = \begin{cases} \varepsilon\varphi_i^{(n_1)}, & i \in [-n_1, n_1], \\ 0, & i \in \mathbf{Z}\backslash[-n_1, n_1]. \end{cases} \tag{8-25}$$

则对于任意 $i \in [-n_1, n_1]$ 与充分小的 ε, 有

$$\begin{aligned} &-\Delta^2(\varepsilon\varphi_{i-1}^{(n_1)}) - \lambda p_i(\varepsilon\varphi_i^{(n_1)}) + \lambda(\varepsilon\varphi_i^{(n_1)})^{1+\alpha} \\ =&\mu_1^{(n_1)}(\varepsilon\varphi_i^{(n_1)}) + \lambda(\varepsilon\varphi_i^{(n_1)})^{1+\alpha} \leqslant 0. \end{aligned}$$

当 $i = n_1 + 1$ 时,$-\Delta^2\underline{x}_{i-1} = -\underline{x}_{n_1+2} + 2\underline{x}_{n_1+1} - \underline{x}_{n_1} = -\varepsilon\varphi_{n_1}^{(n_1)} < 0$; 当 $i > n_1 + 1$ 时, $-\Delta^2\underline{x}_{i-1} = 0$; 类似可证, $-\Delta^2\underline{x}_{i-1} \leqslant 0$, 任意 $i \leqslant -n_1 - 1$. 因此, (8-25) 式定义的 $\underline{x}$ 是问题 (8-2) 的一个下解.

注意到 $\alpha > 0$, $\{p_i\}$ 有界, 则充分大的正常数 $M(\geqslant \underline{x})$ 是问题 (8-2) 的一个上解.

对 $f(i, x_i) = \lambda(p_i x_i - x_i^{1+\alpha})$, 有

$$\begin{aligned} f(i, s_2) - f(i, s_1) =&\lambda(p_i s_2 - s_2^{1+\alpha}) - \lambda(p_i s_1 - s_1^{1+\alpha}) \\ =&\lambda(p_i - (1+\alpha)\xi^\alpha)(s_2 - s_1), \end{aligned}$$

其中 $\xi \in (s_1, s_2)$. 注意到 $\{p_i\}$,$\{\underline{x}_i\}$ 与 M 有界, 因此, (8-2) 满足条件 (8-19). 由定理 8.1.1, 问题 (8-2) 存在解 u 满足 $0 \leqslant \underline{x} \leqslant u \leqslant M$. 可断言 $u > 0$. 反证, 若存在

$i_1\in\mathbf{Z}$, 使得 $u_{i_1}=0$, 由 $-\Delta^2u_{i_1-1}=\lambda(p_{i_1}u_{i_1}-u_{i_1}^{1+\alpha})$ 得 $u_{i_1-1}+u_{i_1+1}=0$. 因此, $u_{i_1-1}=u_{i_1+1}=u_{i_1}=0$. 因此 $u\equiv 0$, 与 u 非平凡矛盾.

定理 8.1.3 假设 $\lambda>\lambda_1^{(\infty)}$, 且存在常数 $C>6/\lambda$ 与 $n_0>|i_0|$, 使得对任意 $|i|>n_0$, 有

$$p_i\leqslant\begin{cases}\dfrac{C}{[i(i+1)]^\alpha}, & \alpha\in(0,1],\\ -\dfrac{C}{i(i+1)}, & \alpha>1.\end{cases}$$

则问题 (8-2) 存在正同宿轨, 确切地, 存在正常数 $M>0$ 与 $n_2\geqslant n_0$, 使得

$$x_i\leqslant\frac{M}{i(i+1)},\quad 任意|i|\geqslant n_2.$$

证明 设 $\underline{x}$ 是由定理 8.1.2 得到的问题 (8-2) 的下解, 令

$$\phi_i=\frac{M}{i(i+1)},\quad i\neq 0,\pm1,\pm2,$$

其中, $M>0$ 是待定常数. 直接计算得

$$\Delta\phi_{i-1}=\frac{M}{i(i+1)}-\frac{M}{i(i-1)}=-\frac{2M}{i(i^2-1)},$$

$$-\Delta^2\phi_{i-1}=\frac{2M}{i(i+1)(i+2)}-\frac{2M}{i(i^2-1)}=-\frac{2M}{i(i+1)}\frac{3}{(i-1)(i+2)},$$

$$-\Delta^2\phi_{i-1}-\lambda p_i\phi_i+\lambda\phi_i^{1+\alpha}=\frac{\lambda M}{i(i+1)}\left(\frac{-6}{\lambda(i-1)(i+2)}+\left(\frac{M}{i(i+1)}\right)^\alpha-p_i\right).$$

由对 p 的假设, 存在 $n_2\geqslant n_0$ 与 $M_1>0$, 使得对任意 $M\geqslant M_1$ 及 $|i|\geqslant n_2$, 有

$$\frac{-6}{\lambda(i-1)(i+2)}+\left(\frac{M}{i(i+1)}\right)^\alpha-p_i\geqslant 0.$$

对任意 $M\geqslant M_1$, 定义

$$\psi_i=\begin{cases}\dfrac{M}{i(i+1)}, & |i|\geqslant n_2,\\ M, & |i|<n_2.\end{cases}$$

下面证明适当选取 M, ψ 是问题 (8-2) 的一个上解. 事实上,

(1) 当 $|i|>n_2$ 时, 由 M 的选择, 有 $-\Delta^2\psi_{i-1}-\lambda p_i\psi_i+\lambda\psi_i^{1+\alpha}\geqslant 0$;

(2) 当 $|i|<n_2-1$ 时, 考虑到 $\alpha>0$ 与 p 有界, 选取充分大的 $M(>M_1)$, 有

$$-\Delta^2\psi_{i-1}-\lambda p_i\psi_i+\lambda\psi_i^{1+\alpha}=-\lambda p_iM+\lambda M^{1+\alpha}\geqslant 0.$$

(3) 类似地, 当 $i=n_2,n_2-1,-n_2,-n_2+1$ 时, 选取充分大的 $M(>M_1)$, 有

$$-\Delta^2\psi_{i-1}-\lambda p_i\psi_i+\lambda\psi_i^{1+\alpha}\geqslant 0.$$

由 (1)~(3), 得到了 (8-2) 的一个上解 $\psi(\geqslant \underline{x})$, 利用上下解定理 8.1.1, 本定理证毕.

定理 8.1.4　假设存在正整数 $m>|i_0|$, 使得对任意 $|i|\geqslant m$, 有 $p_i\leqslant 0$. 设 x 是问题 (8-2) 的一个有界正解, 则 $\lim\limits_{|i|\to\infty}x_i=0$.

证明　由假设, 对任意 $|i|\geqslant m$, 有 $-\Delta^2x_{i-1}=\lambda(p_ix_i-x_i^{1+\alpha})\leqslant 0$. 因此, 当 $|i|\geqslant m$ 时,Δx_{i-1} 是单调递增序列, 则存在正整数 n_1, 使得当 $|i|>n_1$ 时, Δx_i 不变号. 故当 $|i|>n_1$ 时, x 是一个单调数列. 注意到 x 有界, $\lim\limits_{n\to+\infty}x_n$ 与 $\lim\limits_{n\to-\infty}x_n$ 存在.

若 $\lim\limits_{n\to+\infty}x_n\neq 0$, 则当 $i\geqslant m$ 时,$\Delta^2x_{i-1}\geqslant\lambda x_i^{1+\alpha}$,$\Delta x_n-\Delta x_{n_0-1}\geqslant\lambda\sum\limits_{i=n_0}^{n}x_i^{1+\alpha}$, 故 $\lim\limits_{n\to+\infty}x_n=+\infty$, 与 x 有界矛盾. 因此, $\lim\limits_{n\to+\infty}x_n=0$. 同理可证, $\lim\limits_{n\to-\infty}x_n=0$.

定理 8.1.5　对任意 $\lambda\neq 0$, 问题 (8-2) 至多存在一个正解满足条件

$$\lim_{|i|\to\infty}x_i=0.$$

证明　假设 u 与 v 是两个不同的解. 构造一个任意小的下解, 因此问题 (8-2) 存在解 w 满足 $w\leqslant u$ 与 $w\leqslant v$. 用 w 乘 u 的方程, u 乘 w 的方程, 得

$$\sum_{i=-n}^{n}(u_i\Delta^2w_{i-1}-w_i\Delta^2u_{i-1})=\lambda\sum_{i=-n}^{n}u_iw_i(w_i^\alpha-u_i^\alpha),$$

即

$$u_n\Delta w_n-u_{-n}\Delta w_{-n-1}-w_n\Delta u_n+w_{-n}\Delta u_{-n-1}=\lambda\sum_{i=-n}^{n}u_iw_i(w_i^\alpha-u_i^\alpha).$$

令 $n\to+\infty$, 得 $\sum\limits_{i=-\infty}^{\infty}u_iw_i(w_i^\alpha-u_i^\alpha)=0$, 因此 $u=w$. 类似可证 $v=w$.

推论 8.1.1　设定理 8.1.5 的条件成立, 则问题 (8-2) 存在唯一正同宿轨.

8.2　离散波动方程同宿轨的存在性

本节考虑离散波动方程

$$\begin{cases}\Delta^2u_{n-1}^i-\delta^2\nabla^2u_n^{i-1}+\alpha u_n^i-\gamma_nf(n,u_n^i)=0, & i\in[1,N],n\in\mathbf{Z},\\ u_n^0=0=u_n^{N+1}, & n\in\mathbf{Z},\end{cases}\tag{8-26}$$

其中,

$$\Delta^2 u_{n-1}^i = u_{n+1}^i - 2u_n^i + u_{n-1}^i, \quad \nabla^2 u_n^{i-1} = u_n^{i+1} - 2u_n^i + u_n^{i-1},$$

$$\alpha = ah^2, \delta^2 = h^2 \left(\frac{N+1}{\pi}\right)^2, \quad f(n, u_n^i) = h^2 g\left(nh, u\left(\frac{i\pi}{N+1}, nh\right)\right).$$

利用向量及矩阵知识, 问题 (8-26) 可转化为如下形式:

$$\Delta^2 U_{n-1} + \delta^2 A U_n + \alpha U_n - \gamma_n \nabla H(n, U_n) = 0, \quad n \in \mathbf{Z}, \tag{8-27}$$

其中,

$$U_n = \left(u_n^1, u_n^2, \cdots, u_n^N\right)^{\mathrm{T}}, \quad H(n, U_n) = \sum_{i=1}^{N} \int_0^{u_n^i} f(n, s)\mathrm{d}s,$$

$$A = \begin{pmatrix} 2 & -1 & \cdots & 0 \\ -1 & 2 & \ddots & 0 \\ 0 & -1 & \ddots & -1 \\ 0 & 0 & \ddots & 2 \end{pmatrix}_{N\times N}, \quad \nabla H(n, U_n) = (f(n, u_n^1), f(n, u_n^2), \cdots, f(n, u_n^N))^{\mathrm{T}}.$$

下面利用环绕定理, 研究问题 (8-26) 的同宿轨的存在性.

8.2.1 准备知识

1. 空间理论

定义集合与空间 $X = \{U = \{U_n\}_{n\in\mathbf{Z}} : U_n \in \mathbf{R}^N, N \in \mathbf{Z}\}$,

$$l^p = l^p(\mathbf{Z}) = \left\{U \in X : \|U\|_{l^p} = \left(\sum_{n\in\mathbf{Z}} |U_n|^p\right)^{\frac{1}{p}} < \infty\right\}, \quad 1 \leqslant p < \infty$$

$$l^\infty = l^\infty(\mathbf{Z}) = \left\{U \in X : \|U\|_{l^\infty} = \sup_n |U_n| < \infty\right\},$$

则如下结论成立 [236]:

(1) 当 $1 \leqslant p \leqslant q \leqslant \infty$ 时, $l^p \subseteq l^q$, 且存在常数 C, 使得对任意 $U \in l^p$, $\|U\|_{l^q} \leqslant C\|U\|_{l^q}$.

(2) l^2 是希尔伯特空间, 对任意 $U, V \in l^2$, 内积定义为 $\langle U, V\rangle_{l^2} = \sum_{n\in\mathbf{Z}} (U_n, V_n)$.

对任意正实值有界序列 $\eta = \{\eta_n : 0 < \eta_n \leqslant \overline{\eta} < \infty\}_{n\in\mathbf{Z}}$, 定义加权序列空间 l_η^p:

$$l_\eta^p = \left\{U \in X : \|U\|_{l_\eta^p} = \left(\sum_{n\in\mathbf{Z}} \eta_n |U_n|^p\right)^{\frac{1}{p}} < \infty\right\}.$$

当权函数 η 满足一定条件时, 有如下紧嵌入定理 [237].

定理 8.2.1 (嵌入定理) 设正实值序列 $\eta=\{\eta_n\}_{n\in\mathbf{Z}}$ 满足 $\lim\limits_{|n|\to\infty}\eta_n=0$, 则嵌入 $l^2\to l^2_\eta$ 是紧嵌入.

1. 环绕定理

设 E 是一个希尔伯特空间, 范数与内积分别记为 $\|\cdot\|$, $\langle\cdot,\cdot\rangle$. 设 N 是 E 的一个可分闭子空间, 则 E 有正交分解 $E=N\oplus N^{\perp}$. 由于 N 可分, 定义 N 的一个新范数 $|\cdot|_\omega$, 使得对任意 $v\in N$, 有 $|v|_\omega\leqslant\|v\|$, 并且由此范数诱导的拓扑等价于 N 在其有界子集上的弱拓扑. 对任意 $u\in E$, 有分解式 $u=v+w, v\in N, w\in N^{\perp}$, 定义 $|u|^2_\omega=|v|^2_\omega+\|w\|^2$, 则 $|u|_\omega\leqslant\|u\|$. 特别地, 若 $\{u_n=v_n+w_n\}_{n=1}^{\infty}\in E$ 是 $|.|_\omega$ 有界的, 且 $u_n\to_{|.|_\omega}u$, 则 $v_n\to v$ 弱收敛于 N, $w_n\to w$ 强收敛于 $N^{\perp}$, $u_n\to v+w$ 弱收敛于 E, 参考文献 [238].

设 $E=E^-\oplus E^+, z_0\in E^+, \|z_0\|=1$. 对任意 $u\in E$, 记 $u=u^-\oplus sz_0\oplus w^+$, 其中,

$$u^-\in E^-,\quad s\in\mathbf{R},\quad w^+\in(E^-\oplus\mathbf{R}z_0)^{\perp}:=E_1^+.$$

对任意 $R>0$, 定义 $Q=\{u=u^-+sz_0|s\in\mathbf{R}^+, u^-\in E^-, \|u\|<R\}$, 其中 $p_0=s_0z_0\in Q, s_0>0$. 定义 $D=\{u=sz_0+w^+|s\geqslant0, w^+\in E_1^+, \|sz_0+w^+\|=s_0\}$. 对 $I\in C^1(E,\mathbf{R})$, 定义 $|.|_\omega$ 连续函数 $h:[0,1]\times\overline{Q}\to E$, $h(0,u)=u$, $I(h(s,u))\leqslant I(u)$, $u\in\overline{Q}$. 对任意 $(s_0,u_0)\in[0,1]\times\overline{Q}$, 存在它的一个 $|\cdot|_\omega$ 邻域 $U_{(s_0,u_0)}$ 满足 $\{u-h(t,u)|(t,u)\in U_{(s_0,u_0)}\cap[0,1]\times\overline{Q}\}\subset E_{fin}$, 其中 E_{fin} 是 E 的有限维子空间的集合, 依赖 (s_0,u_0). 记 $\Gamma=\{h|h:[0,1]\times\overline{Q}\to E\}$, 则 $id\in\Gamma,\Gamma\neq\varnothing$.

定理 8.2.2 (环绕定理 [238]) 设 C^1 函数族 $\{I_\lambda\}$ 具有形式 $I_\lambda(u)=J(u)-\lambda K(u),\lambda\in[1,2]$. 假设如下条件成立:

(1) $K(u)\geqslant0, u\in E, I_1=I$.

(2) 当 $\|u\|\to\infty$ 时,$J(u)\to\infty$ 或 $K(u)\to\infty$.

(3) I_λ 是 $|\cdot|_\omega$ 上半连续, I'_λ 在 E 上弱序列连续, I_λ 把有界集映射到有界集.

(4) 对任意 $\lambda\in[1,2]$,$\sup\limits_{\partial Q}I_\lambda\leqslant\inf\limits_{D}I_\lambda$.

则对几乎所有的 $\lambda\in[1,2]$, 存在序列 $\{u_n\}$ 满足

$$\sup_n\|u_n\|<\infty,\quad I'_\lambda(u_n)\to0,\quad I_\lambda(u_n)\to c_\lambda,$$

其中 $c_\lambda=\inf\limits_{h\in\Gamma}\sup\limits_{u\in Q}I_\lambda(h(1,u))\in\left[\inf\limits_{D}I_\lambda,\sup\limits_{\overline{Q}}I\right]$.

2. 谱理论

下面研究算子 $L=\Delta^2+\delta^2 A+\alpha I_N$ 的谱, 其中 $L:l^2\to l^2$ 定义为

$$LU=\Delta^2 U_{n-1}+\delta^2 AU_n+\alpha U_n,\quad \text{任意}n\in\mathbf{Z},U\in l^2.$$

已知 A 的特征值为

$$\eta_k=4\sin^2\frac{k\pi}{2(N+1)},\quad k=1,2,\cdots,N,$$

其为 A 的全部谱, 见文献 [24]. 对任意 $U,V\in l^2$, 有

$$||-\Delta^2 U||_{l^2}\leqslant 4||U||_{l^2},\quad \sum_{n\in\mathbf{Z}}(-\Delta^2 U_{n-1},V_n)=\sum_{n\in\mathbf{Z}}(\Delta U_n,\Delta V_n),$$

即 $-\Delta^2$ 是 l^2 上的有界自伴线性算子, 谱 $\sigma(-\Delta^2)\subseteq[0,4]$. 进一步, 有 $\sigma(-\Delta^2)=[0,4]$, 见文献 [236]. 直接计算得, $-\Delta^2$ 在 l^2 上没有特征值. 因此,

$$\sigma(L)=\cup_{k=1}^N\{[-4,0]+\delta^2\eta_k+\alpha\}.$$

8.2.2 同宿轨的存在性

定理 8.2.3 假设如下条件成立:

(1) $\sup(\sigma(L)\cap(-\infty,0))<0<\inf(\sigma(L)\cap(0,\infty))$, $L=\Delta^2+\delta^2A+\alpha I_N$,$\sigma(L)$ 表示算子 L 的谱.

(2) 对任意 $n\in\mathbf{Z}$,$f(n,u)$ 是 u 的连续函数, 当 $|u|\to 0$ 时,$f(n,u)=o(|u|)$ 关于 $n\in\mathbf{Z}$ 一致.

(3) 存在常数 $b_1>0,p>2$, 使得对任意 $n\in\mathbf{Z},u\in\mathbf{R}$,$|f(n,u)|\leqslant b_1(1+|u|^{p-1})$ 恒成立.

(4) 对任意 $n\in\mathbf{Z},u\in\mathbf{R}$, 有 $F(n,u)\geqslant 0$, 且 $\lim\limits_{|u|\to\infty}(F(n,u)/|u|^2)=\infty$ 对 $n\in\mathbf{Z}$ 一致成立, 其中, $F(n,u)=\displaystyle\int_0^u f(n,s)\mathrm{d}s$.

(5) 存在常数 $b_2>0,q\in[p-1,2(p-1)]$, 使得 $\dfrac{1}{2}f(n,u)u-F(n,u)\geqslant b_2|u|^q$ 对 $n\in\mathbf{Z}$ 一致成立.

(6) 正实值序列 $\gamma=\{\gamma_n\}_{n\in\mathbf{Z}}$ 满足 $\displaystyle\sum_{n\in\mathbf{Z}}\gamma_n^2<\infty$.

则问题 (8-26) 或 (8-27) 至少存在一个非平凡同宿轨.

注 8.2.1 (1) 当

$$\delta^2>1\Big/\left(\sin^2\frac{2\pi}{2(N+1)}-\sin^2\frac{\pi}{2(N+1)}\right)$$

且

$$\alpha \in \left(-4\delta^2 \sin^2 \frac{2\pi}{2(N+1)} + 4, -4\delta^2 \sin^2 \frac{\pi}{2(N+1)}\right)$$

时, 定理 8.2.3 条件 (1) 成立. 事实上, 在此条件下, 谱区间 $S_1 = \{[-4,0] + \delta^2\eta_1 + \alpha\}$ 与 $S_2 = \{[-4,0] + \delta^2\eta_2 + \alpha\}$ 满足

$$S_1 \cap S_2 = \varnothing, \quad S_1 \subset (-\infty, 0), \quad S_2 \subset (0, \infty).$$

(2) 令 $f_1(n,u) = u\ln(1+|u|)$, $F_2(n,u) = |u|^p + (p-2)|u|^{p-\varepsilon}\sin^2(|u|^\varepsilon/\varepsilon) + |u|^q$, 其中 $p>2, 0<\varepsilon<p-2, q\in(\max\{2,p-1\},p]$. 则不难验证 $f_1(n,u)$ 与 $F_2(n,u)$ 满足定理 8.2.3 条件 (2)~(5), 但不满足 Ambrosetti-Rabinowitz 超线性条件.

(3) 定理 8.2.3 条件 (6) 易满足, 例如, 令

$$\gamma_n = \begin{cases} \dfrac{1}{n^\alpha}, & n \neq 0, \\ 1, & n = 0, \end{cases}$$

则当 $\alpha > 1$ 时,$\{\gamma_n\}_{n\in\mathbf{Z}}$ 满足 (6).

变分框架 在空间 l^2 上, 定义泛函 I 如下:

$$I(U) = \frac{1}{2}\sum_{n\in\mathbf{Z}}(\Delta^2 U_{n-1}, U_n) + \frac{1}{2}\delta^2\langle AU, U\rangle_{l^2} + \frac{1}{2}\alpha\|U\|_{l^2}^2 - \sum_{n\in\mathbf{Z}}\gamma_n H(n, U_n), \quad (8\text{-}28)$$

则 $I\in C^1(l^2,\mathbf{R})$, 且对任意 $U,V\in l^2$, 有

$$\langle I'(U), V\rangle_{l^2} = \sum_{n\in\mathbf{Z}}(\Delta^2 U_{n-1} + \delta^2 AU_n + \alpha U_n - \gamma_n \nabla H(n,U_n), V_n), \quad (8\text{-}29)$$

其中 $C^1(l^2,\mathbf{R})$ 表示 l^2 上 Fréchet 可微且 Fréchet 导数连续泛函的全体.

(8-29) 表示方程 (8-27) 是泛函 I 的 Euler-Lagrange 方程. 因此, 为求方程 (8-27) 的一个非平凡同宿轨, 只需要在空间 l^2 上找泛函 I 的一个非零临界点. 下面利用环绕定理 8.2.2 证明此构造定理成立的条件.

注意到 L 是有界自伴算子, 由定理 8.2.3 假设 (1), 存在 l^2 的闭子空间 N 及常数 $\beta>0$, 使得如下成立 (参见文献 [10]):

(1) $L(N)\subset N$.

(2) $\langle LU,U\rangle_{l^2} \geqslant \beta\|U\|_{l^2}^2$, 任意$U\in N$.

(3) $\langle LU,U\rangle_{l^2} \leqslant -\beta\|U\|_{l^2}^2$, 任意$U\in N^\perp$.

令 $E^- = N^\perp, E^+ = N$, 则 $L(E^+) = E^+, L(E^-) = E^-, l^2 = E^+\oplus E^-$. 在本小节中, 对任意 $U\in l^2$, 用 U^+ 与 U^- 表示 l^2 中向量, 其中 $U = U^+ + U^-, U^+\in E^+, U^-\in E^-$.

显然,

$$\pm\left\langle LU^{\pm},U^{\pm}\right\rangle_{l^2}\geqslant\beta||U^{\pm}||_{l^2}^2,\quad\forall U^{\pm}\in E^{\pm},$$

因此,

$$\left\langle L(U^{+}+U^{-}),U^{+}-U^{-}\right\rangle_{l^2}\geqslant\beta||U^{+}+U^{-}||_{l^2}^2.$$

又因为 $||U^{+}+U^{-}||_{l^2}=||U^{+}-U^{-}||_{l^2}$, 因此 $||L(U^{+}+U^{-})||_{l^2}\geqslant\beta||U^{+}+U^{-}||_{l^2}$.

对任意 $U,V\in l^2,U=U^{+}+U^{-},V=V^{+}+V^{-}$, 定义 l^2 的等价内积 $\langle\cdot,\cdot\rangle$ 与范数 $||\cdot||$ 如下:

$$\langle U,V\rangle=\left\langle LU^{+},V^{+}\right\rangle_{l^2}-\left\langle LU^{-},V^{-}\right\rangle_{l^2},\quad ||U||=\langle U,U\rangle^{\frac{1}{2}}.$$

由此, (8-28) 定义的泛函 I 可写成如下形式:

$$I(U)=\frac{1}{2}(||U^{+}||^2-||U^{-}||^2)-\sum_{n\in\mathbf{Z}}\gamma_nH(n,U_n).$$

为利用环绕定理, 考虑泛函族

$$I_\lambda(U)=\frac{1}{2}||U^{+}||^2-\lambda\left(\frac{1}{2}||U^{-}||^2+\sum_{n\in\mathbf{Z}}\gamma_nH(n,U_n)\right).\tag{8-30}$$

则 $I_\lambda\in C^1(l^2,\mathbf{R})$, 对任意 $U,V\in l^2$, 有

$$\langle I_\lambda'(U),V\rangle=\left\langle U^{+},V^{+}\right\rangle-\lambda\left(\left\langle U^{-},V^{-}\right\rangle+\sum_{n\in\mathbf{Z}}\gamma_n(\nabla H(n,U_n),V_n)\right).\tag{8-31}$$

下面利用环绕定理研究泛函族 I_λ, 以此来证明定理 8.2.3. 首先, 在定理 8.2.3 条件 (4) 与 (6) 下, 环绕定理的条件 (1), (2) 成立, 为证明条件 (3) 也成立, 有如下引理 8.2.1.

引理 8.2.1 定理 8.2.3 假设条件 (1)~(6) 成立, 则对任意 $\lambda\in[1,2]$,I_λ 满足环绕定理 8.2.2 的条件 (3).

证明 显然, I_λ 把有界集映射到有界集.

注意到 $U^{(k)}=U^{(k)+}+U^{(k)-}\stackrel{|\cdot|_\omega}{\to}U=U^{+}+U^{-}$ 意味着 $U^{(k)+}$ 在 l^2 中强收敛到 U^{+},$U^{(k)-}$ 在 l^2 中弱收敛到 U^{-},$U^{(k)}$ 在 l^2 中弱收敛到 U. 因此,

$$\liminf_{k\to\infty}||U^{(k)-}||^2\geqslant||U^{-}||^2,\quad U_n^{(k)}\to U_n,\quad \text{任意}n\in\mathbf{Z}.$$

利用 Fatou 引理,

$$\liminf_{k\to\infty}\sum_{n\in\mathbf{Z}}\gamma_nH(n,U_n^{(k)})\geqslant\sum_{n\in\mathbf{Z}}\liminf_{k\to\infty}\gamma_nH(n,U_n^{(k)})=\sum_{n\in\mathbf{Z}}\gamma_nH(n,U_n).$$

因此,$\limsup\limits_{k\to\infty} I_\lambda(U^{(k)}) \leqslant I_\lambda(U)$, 即 I_λ 是 $|\cdot|_\omega$ 上半连续的.

设 $U^{(k)}$ 在 l^2 中弱收敛到 U, 则 $\{U^{(k)}\}$ 在 l^2 中有界且 $U_n^{(k)} \to U_n$, 任意 $n \in \mathbf{Z}$. 对 l^2 中具有紧支集的任意函数 W, 有

$$\sum_{n\in\mathbf{Z}} \gamma_n(\nabla H(n, U_n^{(k)}), W_n) \to \sum_{n\in\mathbf{Z}} \gamma_n(\nabla H(n, U_n), W_n), \quad k \to \infty.$$

考虑到函数列 $\{\gamma_n \nabla H(n, U_n^{(k)})\}_{n\in\mathbf{Z}}$ 在 l^2 中有界, 可以利用 $V \in l^2$ 替换 W, 因此,

$$\left\langle I_\lambda'(U^{(k)}), V \right\rangle \to \langle I_\lambda'(U), V\rangle, \quad 任意V \in l^2.$$

即 I_λ' 在 l^2 中弱序列连续.

为验证环绕定理 8.2.2 的条件 (4), 有如下引理 8.2.2.

引理 8.2.2 定理 8.2.3 假设条件 (1)~(6) 成立, 则以下结论成立:

(1) 存在与 $\lambda \in [1,2]$ 无关的正常数 ρ, 使得 $\kappa_\lambda := \inf\limits_{B_\rho E^+} I_\lambda > 0$, 其中 $B_\rho E^+ := \{U \in E^+ : ||U|| = \rho\}$. 进一步,$\kappa = \inf\limits_{\lambda\in[1,2]} \kappa_\lambda > 0$.

(2) 对固定的 $\overline{W} \in E^+, ||\overline{W}|| = 1$ 与任意 $\lambda \in [1,2]$, 存在 $R > \rho$, 使得 $\sup I_\lambda(\partial Q) \leqslant 0$, 其中 $Q := \{U := V + s\overline{W} : s \geqslant 0, V \in E^-, ||U|| < R\}$.

证明 (1) 由定理 8.2.3 条件 (2) 与 (3), 对任意 $\varepsilon > 0$, 存在 $c_\varepsilon > 0$, 使得

$$|f(n,u)| \leqslant \varepsilon|u| + c_\varepsilon|u|^{p-1}, \quad n \in \mathbf{Z}, u \in \mathbf{R}. \tag{8-32}$$

由定理 8.2.3 条件 (5) 与 (8-32), 得 $|F(n,u)| \leqslant \varepsilon|u|^2 + c_\varepsilon|u|^p$. 因此,

$$|H(n,V)| \leqslant \varepsilon|V|^2 + c_\varepsilon|V|^p, \quad n \in \mathbf{Z}, V \in \mathbf{R}^N, \tag{8-33}$$

其中 $p > 2$ 是 (3) 中的参数. 由嵌入公式与 (8-33), 对任意 $U \in E^+$ 与 $\lambda \in [1,2]$, 有

$$I_\lambda(U) \geqslant \frac{1}{2}||U||^2 - 2\overline{\gamma}\sum_{n\in\mathbf{Z}} \left(\varepsilon|U_n|^2 + c_\varepsilon|U_n|^p\right) \geqslant \frac{1}{2}||U||^2 - c\varepsilon||U||^2 - c_\varepsilon||U||^p,$$

其中 $\overline{\gamma} = \sup\limits_{n\in\mathbf{Z}} \gamma_n$,$c > 0$ 是与 ε, U, λ 无关的常数.

(2) 利用反证法证明, 假设存在 $U^{(k)} \in E^- \oplus \mathbf{R}^+\overline{W}$, 使得 $I_\lambda(U^{(k)}) > 0$, 任意 k 及当 $k \to \infty$ 时,$||U^{(k)}|| \to \infty$. 令

$$W^{(k)} = U^{(k)}/||U^{(k)}|| = s_k\overline{W} + W^{(k)-}.$$

由定理 8.2.3(4) 与 (6), 得

$$0 < \frac{I_\lambda(U^{(k)})}{||U^{(k)}||^2} = \frac{1}{2}\left(s_k^2 - \lambda||W^{(k)-}||^2\right) - \lambda\sum_{n\in\mathbf{Z}} \gamma_n \frac{H(n, U_n^{(k)})}{||U^{(k)}||^2} \leqslant \frac{1}{2}\left(s_k^2 - \lambda||W^{(k)-}||^2\right). \tag{8-34}$$

因此,

$$||W^{(k)-}||^2 \leqslant \lambda||W^{(k)-}||^2 < s_k^2 = 1 - ||W^{(k)-}||^2.$$

于是, $||W^{(k)-}|| \leqslant \dfrac{1}{\sqrt{2}}, \dfrac{1}{\sqrt{2}} \leqslant s_k \leqslant 1$. 选取子列, 使得 $s_k \to s \in [1/\sqrt{2}, 1]$,$W^{(k)}$ 在 l^2 中弱收敛到 W,$W_n^{(k)} \to W_n$, 任意 $n \in \mathbf{Z}$. 因此,$W = s\overline{W} + W^- \neq 0$. 存在 $n_0 \in \mathbf{Z}$ 与 $j \in [1, N]$, 使得 $W_{n_0}^j \neq 0$, 其中 $W_{n_0}^j$ 表示 W_{n_0} 的第 j 个分量. 于是, 当 $k \to \infty$ 时,

$$U_{n_0}^{(k)j} = W_{n_0}^{(k)j}||U^{(k)}|| \to \infty.$$

由定理 8.2.3 条件 (4) 与 $\gamma_n > 0$, 得到, 当 $k \to \infty$ 时,

$$\sum_{n\in\mathbf{Z}} \gamma_n \frac{H(n, U_n^{(k)})}{||U^{(k)}||^2} \geqslant \gamma_{n_0} \frac{F(n_0, U_{n_0}^{(k)j})}{(U_{n_0}^{(k)j})^2} \frac{(U_{n_0}^{(k)j})^2}{||U^{(k)}||^2} \to \infty,$$

与 (8-34) 矛盾. 证毕.

由定理 8.2.2、引理 8.2.1 与引理 8.2.2, 得到如下引理 8.2.3.

引理 8.2.3 假设条件定理 8.2.3(1)~(6) 成立, 则对几乎所有的 $\lambda \in [1, 2]$, 存在序列 $\{U^{(k)}\}$, 使得

$$\sup_k ||U^{(k)}|| < \infty, \quad I'_\lambda(U^{(k)}) \to 0, \quad I_\lambda(U^{(k)}) \to c_\lambda \in [\kappa, \sup_{\overline{Q}} I]$$

成立, 其中 Q 与 κ 在引理 8.2.2 中定义.

引理 8.2.4 在引理 8.2.3 的假设下, 对几乎所有的 $\lambda \in [1, 2]$, 存在 $U_\lambda(U_\lambda^+ \neq 0)$, 使得 $I'_\lambda(U_\lambda) = 0$, $I_\lambda(U_\lambda) \leqslant \sup\limits_{\overline{Q}} I$.

证明 设 $\{U^{(k)}{=}U^{(k)+}{+}U^{(k)-}\}$ 是由引理 8.2.3 得到的序列, 则存在子序列, 使得 $U^{(k)+}$ 在 l^2 中弱收敛到 U^+, $U^{(k)}$ 在 l^2 中弱收敛到 U,$U_n^{(k)} \to U_n$, 任意 $n \in \mathbf{Z}$ 且

$$U^{(k)+} \to U^+, \quad \text{在}l_\gamma^2\text{中}. \tag{8-35}$$

第一步: 证明在 l^2 中,$U^{(k)+} \to U^+$. 直接计算得

$$\begin{aligned} ||U^{(k)+} - U^+||^2 =& \left\langle I'_\lambda(U^{(k)}) - I'_\lambda(U), U^{(k)+} - U^+ \right\rangle \\ &+ \lambda \sum_{n\in\mathbf{Z}} \gamma_n(\nabla H(n, U_n^{(k)}) - \nabla H(n, U_n), U_n^{(k)+} - U_n^+). \end{aligned} \tag{8-36}$$

由 $U^{(k)+}$ 在 l^2 中弱收敛到 U^+, 得到 $\langle I'_\lambda(U), U^{(k)+} - U^+\rangle \to 0$. 由 Hölder 不等式,

$$\left\langle I'_\lambda(U^{(k)}), U^{(k)} - U \right\rangle \leqslant ||I'_\lambda(U^{(k)})||||U^{(k)} - U||$$

$$\leqslant \frac{1}{2}||U^{(k)} - U||^2 + \frac{1}{2}||I'_\lambda(U^{(k)})||^2.$$

由嵌入公式,(8-32),(8-35) 与 Hölder 不等式, 得

$$\begin{aligned}
&\sum_{n\in\mathbf{Z}} \gamma_n(\nabla H(n, U_n^{(k)}) - \nabla H(n, U_n), U_n^{(k)+} - U_n^+) \\
\leqslant& c\sum_{n\in\mathbf{Z}} \gamma_n(|U_n^{(k)}| + |U_n| + |U_n^{(k)}|^{p-1} + |U_n|^{p-1})|U_n^{(k)+} - U_n^+| \\
\leqslant& c(||U^{(k)}||_{l^2} + ||U||_{l^2} + ||U^{(k)}||_{l^{2(p-1)}}^{p-1} + ||U||_{l^{2(p-1)}}^{p-1})||U^{(k)+} - U^+||_{l^2_\gamma} \\
\leqslant& c(||U^{(k)}||_{l^2} + ||U||_{l^2} + ||U^{(k)}||_{l^2}^{p-1} + ||U||_{l^2}^{p-1})||U^{(k)+} - U^+||_{l^2_\gamma} \to 0.
\end{aligned}$$

把上式代入 (8-36), 得 $\lim\limits_{j\to\infty} ||U^{(k)+} - U^+|| = 0$.

第二步: 断言, 存在正常数 θ, 使得

$$\lim_{k\to\infty} ||U^{(k)+}|| \geqslant \theta. \tag{8-37}$$

事实上, 若 $\lim\limits_{k\to\infty} ||U^{(k)+}|| = 0$, 则 $2I_\lambda(U^{(k)}) \leqslant ||U^{(k)+}||^2 \to 0$, 与 $I_\lambda(U^{(k)}) \geqslant \kappa > 0$ 矛盾. 因此, (8-37) 成立.

由第一步与第二步, $U^+ \neq 0$. 因此, $U \neq 0$. 显然

$$\langle I'_\lambda(U), V\rangle = \lim_{k\to\infty} \left\langle I'_\lambda(U^{(k)}), V\right\rangle = 0, \quad 任意 V \in l^2.$$

利用 (5) 与 Fatou 引理, 得

$$\begin{aligned}
\sup_{\overline{Q}} I \geqslant& c_\lambda = \lim_{k\to\infty} \left(I_\lambda(U^{(k)}) - \frac{1}{2}\left\langle I'_\lambda(U^{(k)}), U^{(k)}\right\rangle\right) \\
&= \lim_{k\to\infty} \lambda \sum_{n\in\mathbf{Z}} \gamma_n \left(\frac{1}{2}(\nabla H(n, U_n^{(k)}), U_n^{(k)}) - H(n, U_n^{(k)})\right) \\
&\geqslant \lambda \sum_{n\in\mathbf{Z}} \gamma_n \left(\frac{1}{2}(\nabla H(n, U_n), U_n) - H(n, U_n)\right) = I_\lambda(U).
\end{aligned}$$

令 $U_\lambda = U$, 证毕.

引理 8.2.5　在引理 8.2.3 的假设下, 存在 $\lambda_k \to 1$ 与 $\{U^{(\lambda_k)}\}(U^{(\lambda_k)+} \neq 0)$, 使得

$$I'_{\lambda_k}(U^{(\lambda_k)}) = 0, \quad I_{\lambda_k}(U^{(\lambda_k)}) \leqslant \sup_{\overline{Q}} I.$$

进一步, $\{U^{(\lambda_k)}\}$ 有界.

证明 由引理 8.2.4, 存在 $\lambda_k \to 1$ 与 $\{U^{(\lambda_k)}\}(U^{(\lambda_k)+} \neq 0)$, 使得

$$I'_{\lambda_k}(U^{(\lambda_k)}) = 0, \quad I_{\lambda_k}(U^{(\lambda_k)}) \leqslant \sup_{\overline{Q}} I.$$

只需证 $\{U^{(\lambda_k)}\}$ 有界. 由定理 8.2.3 条件 (5),I_{λ_k} 与 I'_{λ_k} 的定义, 得

$$\begin{aligned}\sup_{\overline{Q}} I \geqslant & I_{\lambda_k}(U^{(\lambda_k)}) = \lambda_k \sum_{n\in\mathbf{Z}} \gamma_n \left(\frac{1}{2}(\nabla H(n, U_n^{(\lambda_k)}), U_n^{(\lambda_k)}) - H(n, U_n^{(\lambda_k)})\right) \\ \geqslant & c\lambda_k \sum_{n\in\mathbf{Z}} \gamma_n |U_n^{(\lambda_k)}|^q. \end{aligned} \tag{8-38}$$

由定理 8.2.3(3) 与 Hölder 不等式, 得

$$\begin{aligned}||U^{(\lambda_k)+}||^2 = & \lambda_k \sum_{n\in\mathbf{Z}} \gamma_n(\nabla H(n, U_n^{(\lambda_k)}), U_n^{(\lambda_k)+}) \\ \leqslant & c\sum_{n\in\mathbf{Z}} \gamma_n(|U_n^{(\lambda_k)+}| + |U_n^{(\lambda_k)}|^{p-1}|U_n^{(\lambda_k)+}|) \\ \leqslant & c\left(\sum_{n\in\mathbf{Z}} \gamma_n^2\right)^{\frac{1}{2}} \left(\sum_{n\in\mathbf{Z}} |U_n^{(\lambda_k)+}|^2\right)^{\frac{1}{2}} \\ & + c\left(\sum_{n\in\mathbf{Z}} \gamma_n^{\frac{q}{(p-1)}} |U_n^{(\lambda_k)}|^q\right)^{\frac{(p-1)}{q}} \left(\sum_{n\in\mathbf{Z}} |U_n^{(\lambda_k)+}|^{\frac{q}{(q-p+1)}}\right)^{\frac{(q-p+1)}{q}}.\end{aligned}$$

因为 $q/(p-1) \geqslant 1, q/(q-p+1) \geqslant 2$, 同时考虑到定理 8.2.3(6) 与 (8-38), 得到

$$||U^{(\lambda_k)+}||^2 \leqslant c||U^{(\lambda_k)+}||. \tag{8-39}$$

因此, $||U^{(\lambda_k)+}|| \leqslant c$. 又因为 $I_{\lambda_k}(U^{(\lambda_k)}) \geqslant 0$, 得 $||U^{(\lambda_k)-}|| \leqslant ||U^{(\lambda_k)+}||$, 证毕.

定理 8.2.3 的证明 设 $\{U^{(\lambda_k)}\}$ 是由引理 8.2.5 得到的序列. 注意到 $\{U^{(\lambda_k)}\}$ 有界, 并考虑到

$$\left\langle I'(U^{(\lambda_k)}), V\right\rangle = \left\langle I'_{\lambda_k}(U^{(\lambda_k)}), V\right\rangle + (\lambda_k - 1)\left(\left\langle U^{(\lambda_k)-}, V^-\right\rangle + \sum_{n\in\mathbf{Z}} \gamma_n(\nabla H(n, U_n^{(\lambda_k)}), V)\right)$$

对任意 $V \in l^2$ 成立, 且

$$I(U^{(\lambda_k)}) = I_{\lambda_k}(U^{(\lambda_k)}) + (\lambda_k - 1)\left(\frac{1}{2}||U^{(\lambda_k)-}||^2 + \sum_{n\in\mathbf{Z}} \gamma_n H(n, U_n^{(\lambda_k)})\right),$$

得到 $\lim\limits_{k\to\infty} I'(U^{(\lambda_k)}) = 0, \lim\limits_{k\to\infty} I(U^{(\lambda_k)}) \leqslant \sup\limits_{\overline{Q}} I$.

因为 $\{U^{(\lambda_k)}\}$ 有界, 选取子序列, 使得 $U^{(\lambda_k)}$ 在 l^2 中弱收敛到 U. 因此, 存在正常数 θ, 使得

$$\lim_{k\to\infty}||U^{(\lambda_k)}||\geqslant\theta. \tag{8-40}$$

事实上, 假设 $\lim\limits_{k\to\infty}||U^{(\lambda_k)}||=0$. 因为 $I'_{\lambda_k}(U^{(\lambda_k)})=0$, 由嵌入公式、(8-32) 与 Hölder 不等式, 得

$$\begin{aligned}||U^{(\lambda_k)+}||^2&=\lambda_k\sum_{n\in\mathbf{Z}}\gamma_n(\nabla H(n,U_n^{(\lambda_k)}),U_n^{(\lambda_k)+})\\&\leqslant c\sum_{n\in\mathbf{Z}}\gamma_n(\varepsilon|U_n^{(\lambda_k)}|+c_\varepsilon|U_n^{(\lambda_k)}|^{p-1})|U_n^{(\lambda_k)+}|\\&\leqslant c\varepsilon||U^{(\lambda_k)}||_{l^2}||U^{(\lambda_k)+}||_{l^2}+c_\varepsilon||U^{(\lambda_k)}||_{l^2}^{p-1}||U^{(\lambda_k)+}||_{l^2},\end{aligned} \tag{8-41}$$

其中,$\varepsilon>0$ 是与 k 无关的充分小的数, $c>0$ 是与 k,ε 无关的常数.

同理可得

$$||U^{(\lambda_k)-}||^2\leqslant c\varepsilon||U^{(\lambda_k)}||_{l^2}||U^{(\lambda_k)-}||_{l^2}+c_\varepsilon||U^{(\lambda_k)}||_{l^2}^{p-1}||U^{(\lambda_k)-}||_{l^2}. \tag{8-42}$$

由 (8-41) 与 (8-42), 得

$$||U^{(\lambda_k)}||^2\leqslant 2c\varepsilon||U^{(\lambda_k)}||\ ||U^{(\lambda_k)}||+2c_\varepsilon||U^{(\lambda_k)}||^{p-1}||U^{(\lambda_k)}||.$$

选择 $\varepsilon>0$ 充分小, 使得 $2c\varepsilon\leqslant 1/2$, 并注意到 $||U^{(\lambda_k)}||\neq 0$, 得存在常数 $c>0$, 使得 $||U^{(\lambda_k)}||\geqslant c$, 矛盾. 从而 (8-40) 成立.

考虑到 $||U^{(\lambda_k)+}||\geqslant||U^{(\lambda_k)-}||$, 得到 $\lim\limits_{k\to\infty}||U^{(\lambda_k)+}||\geqslant\theta/2$. 类似引理 8.2.4 第一步的证明, 可得 $U^{(\lambda_k)+}$ 在 l^2 中强收敛到 U^+, 因此 $U\neq 0$. 因为 $I'(U^{(\lambda_k)})\to 0$, 可得到 $I'(U)=0$. 证毕.

8.3　变号非线性项问题同宿轨的存在性

设 $\mathbf{Z}$ 为整数集, m 为正整数. 考虑高维二阶差分系统

$$\begin{cases}Lu_n-\omega_1u_n=H_u(n,u_n,v_n), & n\in\mathbf{Z}^m,\\ Lv_n-\omega_2v_n=H_v(n,u_n,v_n), & n\in\mathbf{Z}^m,\end{cases} \tag{8-43}$$

其中,$\omega_1,\omega_2\in\mathbf{R}$, $n=(n_1,n_2,\cdots,n_m)\in\mathbf{Z}^m$, $H_u=\dfrac{\partial H}{\partial u}$, $H_v=\dfrac{\partial H}{\partial v}$. 这里, L 是 Jacobi 算子, 定义为

$$Lu_n=a_{1(n_1,n_2,\cdots,n_m)}u_{(n_1+1,n_2,\cdots,n_m)}+a_{1(n_1-1,n_2,\cdots,n_m)}u_{(n_1-1,n_2,\cdots,n_m)}$$

$$
\begin{aligned}
&+a_{2(n_1,n_2,\cdots,n_m)}u_{(n_1,n_2+1,\cdots,n_m)}+a_{2(n_1,n_2-1,\cdots,n_m)}u_{(n_1,n_2-1,\cdots,n_m)}\\
&+\cdots\\
&+a_{m(n_1,n_2,\cdots,n_m)}u_{(n_1,n_2,\cdots,n_m+1)}+a_{m(n_1,n_2,\cdots,n_m-1)}u_{(n_1,n_2,\cdots,n_m-1)}\\
&+b_{(n_1,n_2,\cdots,n_m)}u_{(n_1,n_2,\cdots,n_m)},
\end{aligned}
$$

其中, $\{a_{in}\}(i=1,2,\cdots,m)$ 与 $\{b_n\}$ 是实值有界序列.

称系统 (8-43) 的一个解 $(u,v)=(\{u_n\},\{v_n\})$ 同宿到 0, 若

$$
\lim_{|n|\to\infty}u_n=0,\quad \lim_{|n|\to\infty}v_n=0,
$$

其中, $|n|=|n_1|+|n_2|+\cdots+|n_m|$ 是多重指标 n 的长度. 特别地, 若 $(u,v)\neq(0,0)$, 则 (u,v) 称为非平凡同宿轨. 本小节研究问题 (8-43) 的非平凡同宿轨的存在性.

8.3.1 空间理论

定义

$$
l^p=l^p(\mathbf{Z}^m)=\left\{u=\{u_n\}_{n\in\mathbf{Z}^m}:\|u\|_p=\left(\sum_{n\in\mathbf{Z}^m}|u_n|^p\right)^{\frac{1}{p}}<\infty\right\},\quad 1\leqslant p<\infty,
$$

$$
l^\infty=l^\infty(\mathbf{Z}^m)=\left\{u=\{u_n\}_{n\in\mathbf{Z}^m}:\|u\|_\infty=\sup_{n\in\mathbf{Z}^m}|u_n|<\infty\right\},
$$

则如下结论成立 [236]:

(1) 当 $1\leqslant p\leqslant q\leqslant\infty$ 时, $l^p\subseteq l^q$, 且存在常数 C, 使得对任意 $u\in l^p$, $\|u\|_q\leqslant C\|u\|_p$,

(2) l^2 是 Hilbert 空间, 对任意 $u,v\in l^2$, 内积定义为 $(u,v)_{l^2}=\sum\limits_{n\in\mathbf{Z}^m}u_nv_n$.

8.3.2 谱理论

Jacobi 算子 L 是 l^2 上的有界自伴算子, 故在空间 $l^2\times l^2$ 上考虑问题 (8-43), 则 $\lim\limits_{|n|\to\infty}u_n=0$, $\lim\limits_{|n|\to\infty}v_n=0$ 自动成立. 由文献 [236] 可知, 算子 L 的谱 $\sigma(L)$ 是闭的. 因此, $\mathbf{R}\backslash\sigma(L)$ 由有限个开区间构成, 其中两个是半无界的, 记为 $(-\infty,\beta)$ 与 (α,∞). 本小节, 在条件 $\omega_1,\omega_2\in(-\infty,\beta)$ 下, 求问题 (8-43) 的同宿轨. 对 $i=1,2$, 记 δ_i 为 ω_i 到 $\sigma(L)$ 的距离, 即

$$
\delta_i=\beta-\omega_i, \tag{8-44}
$$

则对任意 $u\in l^2$,

$$
((L-\omega_i)u,u)_{l^2}\geqslant\delta_i||u||_2^2. \tag{8-45}
$$

8.3.3 临界点引理

引理 8.3.1[239] 设 E 是一个 Banach 空间,$J \in C^1(E, \mathbf{R})$ 满足 PS 条件 (即具有性质 $\{J(u^{(j)})\}_{j\in\mathbf{N}}$ 有界且 $\lim\limits_{j\to\infty} J'(u^{(j)}) = 0$ 的任意序列 $\{u^{(j)}\}_{j\in\mathbf{N}} \subset E$ 在 E 中存在收敛子列). 若 J 下方有界, 则 $c = \inf\limits_{E} J$ 是 J 的一个临界值.

8.3.4 基本假设

对非线性项 $H(n, x, y)$ 做如下假设:

(1) 对任意 $n \in \mathbf{Z}^m$,$H(n, x, y)$ 是定义在 $\mathbf{Z}^m \times \mathbf{R} \times \mathbf{R}$ 上关于 x 与 y 的可微函数, 并且

$$H_x(n, 0, 0) = 0, \quad H_y(n, 0, 0) = 0, \quad H(n, 0, 0) = 0.$$

(2) 存在常数 $p_1, p_2 \in (1, 2)$ 与序列 $\hat{\eta}, \hat{\gamma}, \hat{\alpha}, \hat{\beta}$ 满足条件

$$\hat{\gamma} \in l^{\frac{2}{(2-p_1)}}, \quad \hat{\beta} \in l^{\frac{2}{(2-p_2)}}, \quad \bar{\eta} = \sup_n |\hat{\eta}_n| < \delta_1, \quad \bar{\alpha} = \sup_n |\hat{\alpha}_n| < \delta_2,$$

使得 $|H(n, x, y)| \leqslant \dfrac{|\hat{\eta}_n|}{2}|x|^2 + \dfrac{|\hat{\gamma}_n|}{p_1}|x|^{p_1} + \dfrac{|\hat{\alpha}_n|}{2}|y|^2 + \dfrac{|\hat{\beta}_n|}{p_2}|y|^{p_2}$ 成立, 其中,δ_1 与 δ_2 由 (8-44) 式定义.

(3) 存在常数 $p_3, p_4 \in (1, 2)$ 与序列 $\eta, \gamma, \alpha, \beta$ 满足条件

$$\gamma \in l^{\frac{2}{(2-p_3)}}, \quad \beta \in l^{\frac{2}{(2-p_4)}}, \quad \lim_{|n|\to\infty} \eta_n = 0, \quad \lim_{|n|\to\infty} \alpha_n = 0,$$

使得

$$H_x(n, x, y) \leqslant |\eta_n||x| + |\gamma_n||x|^{p_3-1} + |\alpha_n||y| + |\beta_n||y|^{p_4-1},$$

$$H_y(n, x, y) \leqslant |\eta_n||x| + |\gamma_n||x|^{p_3-1} + |\alpha_n||y| + |\beta_n||y|^{p_4-1}$$

成立.

(4) 存在 $n_0 \in \mathbf{Z}^m$, 常数 $c_1 > 0$, $p_5 \in (1, 2)$, 使得对充分小的 $|x|$, 有

$$H(n_0, x, 0) \geqslant c_1|x|^{p_5},$$

或是存在 $n_1 \in \mathbf{Z}^m$, 常数 $c_2 > 0$, $p_6 \in (1, 2)$, 使得对充分小的 $|y|$, 有

$$H(n_1, 0, y) \geqslant c_2|y|^{p_6}.$$

注 8.3.1 由 8.3.4 小节条件 (1)~(4), 可知非线性项 $H(n, x, y)$ 在原点允许超过次线性增长, 在无穷远允许超过线性增长.

注 8.3.2 有许多函数满足 8.3.4 小节条件 (1)~(4), 例如, 设 $p, q \in (1, 2)$, 令

$$H(n, x, y) = \alpha_n xy + \beta_n \ln(1 + x^2 + y^2) + \theta_n |x|^p + \eta_n |y|^q,$$

其中,$\theta \in l^{2/(2-p)}, \eta \in l^{2/(2-q)}, ||\alpha||_\infty + ||\beta||_\infty < \frac{1}{2}\min\{\delta_1, \delta_2\}, \lim_{|n|\to\infty} \alpha_n = 0$, $\lim_{|n|\to\infty} \beta_n = 0$, $\sup_{n\in\mathbf{Z}^m} \theta_n > 0$ 或 $\sup_{n\in\mathbf{Z}^m} \eta_n > 0$. 容易验证, $H(n,x,y)$ 变号且满足 8.3.4 小节条件 (1)~(4).

8.3.5 主要结论

对应问题 (8-43) 的泛函 $I: l^2 \times l^2 \to \mathbf{R}$ 定义为

$$I(u,v) = \frac{1}{2}((L-\omega_1)u,u)_{l^2} + \frac{1}{2}((L-\omega_2)v,v)_{l^2} - \sum_{n\in\mathbf{Z}^m} H(n,u_n,v_n). \tag{8-46}$$

易验证 $I \in C^1(l^2 \times l^2, \mathbf{R})$, 并且对任意 $(\varphi,\psi) \in l^2 \times l^2$, 有

$$\begin{aligned}\langle I'(u,v),(\varphi,\psi)\rangle =& ((L-\omega_1)u,\varphi)_{l^2} + ((L-\omega_2)v,\psi)_{l^2} \\ &- \sum_{n\in\mathbf{Z}^m} (H_u(n,u_n,v_n)\varphi_n + H_v(n,u_n,v_n)\psi_n).\end{aligned} \tag{8-47}$$

因此, 泛函 I 的临界点是问题 (8-43) 的同宿轨.

引理 8.3.2 设 8.3.4 小节条件 (2) 成立, 则 I 是强制的, 即

$$\lim_{||u||_2+||v||_2\to\infty} I(u,v) = +\infty.$$

因此, I 下方有界.

证明 由 (8-45), 条件 (2) 与 Hölder 不等式, 得

$$\begin{aligned}I(u,v) =& \frac{1}{2}((L-\omega_1)u,u)_{l^2} + \frac{1}{2}((L-\omega_2)v,v)_{l^2} - \sum_{n\in\mathbf{Z}^m} H(n,u_n,v_n) \\ \geqslant& \frac{\delta_1}{2}||u||_2^2 + \frac{\delta_2}{2}||v||_2^2 \\ &- \sum_{n\in\mathbf{Z}^m}\left(\frac{|\hat{\eta}_n|}{2}|u_n|^2 + \frac{|\hat{\gamma}_n|}{p_1}|u_n|^{p_1} + \frac{|\hat{\alpha}_n|}{2}|v_n|^2 + \frac{|\hat{\beta}_n|}{p_2}|v_n|^{p_2}\right) \\ \geqslant& \frac{\delta_1}{2}||u||_2^2 + \frac{\delta_2}{2}||v||_2^2 - \frac{\bar{\eta}}{2}||u||_2^2 - \frac{\bar{\alpha}}{2}||v||_2^2 \\ &- c||\hat{\gamma}||_{\frac{2}{(2-p_1)}}||u||_2^{p_1} - c||\hat{\beta}||_{\frac{2}{(2-p_2)}}||v||_2^{p_2},\end{aligned}$$

其中,c 是与 u,v 无关的正常数. 由于 $\bar{\eta} < \delta_1, \bar{\alpha} < \delta_2, p_1 < 2, p_2 < 2$, 则

$$\lim_{||u||_2+||v||_2\to\infty} I(u,v) = +\infty.$$

引理 8.3.3 设 8.3.4 小节条件 (1) 与 (3) 成立, 则 I 满足 PS 条件.

证明　设 $l^2\times l^2$ 中函数列 $\{(u^{(k)},v^{(k)})\}_{k\in\mathbf{N}}$ 满足条件 $I(u^{(k)},v^{(k)})$ 有界且 $\lim\limits_{|k\to\infty}I'(u^{(k)},v^{(k)})=0$. 由引理 8.3.2, $\{(u^{(k)},v^{(k)})\}_{k\in\mathbf{N}}$ 是 $l^2\times l^2$ 中有界函数列. 故选取子列, 使得在 $l^2\times l^2$ 中,$(u^{(k)},v^{(k)})$ 弱收敛于 $(u^{(0)},v^{(0)})$; 对任意 $n\in\mathbf{Z}^m$,$(u_n^{(k)},v_n^{(k)})$ 收敛于 $(u_n^{(0)},v_n^{(0)})$.

由 8.3.4 小节条件 (3), 对任意 $\varepsilon>0$, 选取 $N\in\mathbf{Z}^m$, 使得当 $|n|>|N|$ 时, 有

$$|\eta_n|<\varepsilon,\quad |\alpha_n|<\varepsilon,\quad \left(\sum_{|n|>|N|}|\gamma_n|^{\frac{2}{(2-p_3)}}\right)^{\frac{(2-p_3)}{2}}<\varepsilon,\quad \left(\sum_{|n|>|N|}|\beta_n|^{\frac{2}{(2-p_4)}}\right)^{\frac{(2-p_4)}{2}}<\varepsilon. \tag{8-48}$$

由于 $H_u(n,u,v)$ 与 $H_v(n,u,v)$ 关于 u 与 v 是连续的, 故存在 $k_0\in\mathbf{N}$, 使得当 $k\geqslant k_0$ 时, 有

$$\sum_{|n|\leqslant|N|}\left(H_u(n,u_n^{(k)},v_n^{(k)})-H_u(n,u_n^{(0)},v_n^{(0)})\right)\left(u_n^{(k)}-u_n^{(0)}\right)<\varepsilon \tag{8-49}$$

与

$$\sum_{|n|\leqslant|N|}\left(H_v(n,u_n^{(k)},v_n^{(k)})-H_v(n,u_n^{(0)},v_n^{(0)})\right)\left(v_n^{(k)}-v_n^{(0)}\right)<\varepsilon \tag{8-50}$$

成立.

由 8.3.4 小节条件 (3), (8-48), Hölder 不等式与 Young 不等式, 得

$$\begin{aligned}
&\sum_{|n|>|N|}\left(H_u(n,u_n^{(k)},v_n^{(k)})-H_u(n,u_n^{(0)},v_n^{(0)})\right)\left(u_n^{(k)}-u_n^{(0)}\right)\\
\leqslant& c\sum_{|n|>|N|}(|\eta_n|(|u_n^{(k)}|^2+|u_n^{(0)}|^2)+|\alpha_n|(|u_n^{(k)}|^2+|u_n^{(0)}|^2+|v_n^{(k)}|^2+|v_n^{(0)}|^2))\\
&+c\sum_{|n|>|N|}(|\gamma_n|(|u_n^{(k)}|^{p_3}+|u_n^{(0)}|^{p_3})+|\beta_n|(|u_n^{(k)}|^{p_4}+|u_n^{(0)}|^{p_4}+|v_n^{(k)}|^{p_4}+|v_n^{(0)}|^{p_4}))\\
\leqslant& c\varepsilon(||u^{(k)}||_2^2+||u^{(0)}||_2^2+||v^{(k)}||_2^2+||v^{(0)}||_2^2)\\
&+c\varepsilon(||u^{(k)}||_2^{p_3}+||u^{(0)}||_2^{p_3}+||u^{(k)}||_2^{p_4}+||u^{(0)}||_2^{p_4}+||v^{(k)}||_2^{p_4}+||v^{(0)}||_2^{p_4}),
\end{aligned} \tag{8-51}$$

其中, c 是与 u,v 无关的正常数. 由于 ε 任意小, 由 (8-49) 与 (8-51) 式可知, 当 $k\to\infty$ 时, 有

$$\sum_{n\in\mathbf{Z}^m}\left(H_u(n,u_n^{(k)},v_n^{(k)})-H_u(n,u_n^{(0)},v_n^{(0)})\right)\left(u_n^{(k)}-u_n^{(0)}\right)\to 0.$$

类似地,

$$\sum_{n\in\mathbf{Z}^m}\left(H_v(n,u_n^{(k)},v_n^{(k)})-H_v(n,u_n^{(0)},v_n^{(0)})\right)\left(v_n^{(k)}-v_n^{(0)}\right)\to 0,\quad k\to\infty.$$

直接计算得

$$
\begin{aligned}
&\left\langle I'(u^{(k)},v^{(k)})-I'(u^{(0)},v^{(0)}),(u_n^{(k)}-u_n^{(0)},v_n^{(k)}-v_n^{(0)})\right\rangle\\
=&\Big((L-\omega_1)(u^{(k)}-u^{(0)}),(u^{(k)}-u^{(0)})\Big)_{l^2}\\
&+\Big((L-\omega_2)(v^{(k)}-v^{(0)}),(v^{(k)}-v^{(0)})\Big)_{l^2}\\
&-\sum_{n\in\mathbf{Z}^m}\Big(H_u(n,u_n^{(k)},v_n^{(k)})-H_u(n,u_n^{(0)},v_n^{(0)})\Big)\Big(u_n^{(k)}-u_n^{(0)}\Big)\\
&-\sum_{n\in\mathbf{Z}^m}\Big(H_v(n,u_n^{(k)},v_n^{(k)})-H_v(n,u_n^{(0)},v_n^{(0)})\Big)\Big(v_n^{(k)}-v_n^{(0)}\Big).
\end{aligned}
$$

考虑到

$$
\Big((L-\omega_1)(u^{(k)}-u^{(0)}),(u^{(k)}-u^{(0)})\Big)_{l^2}\geqslant\delta_1||u^{(k)}-u^{(0)}||_2^2,
$$

$$
\Big((L-\omega_2)(v^{(k)}-v^{(0)}),(v^{(k)}-v^{(0)})\Big)_{l^2}\geqslant\delta_2||v^{(k)}-v^{(0)}||_2^2.
$$

且当 $k\to\infty$ 时,

$$
\left\langle I'(u^{(k)},v^{(k)})-I'(u^{(0)},v^{(0)}),(u_n^{(k)}-u_n^{(0)},v_n^{(k)}-v_n^{(0)})\right\rangle\to 0.
$$

故当 $k\to\infty$ 时,$(u^{(k)},v^{(k)})$ 在 $l^2\times l^2$ 中强收敛于 $(u^{(0)},v^{(0)})$.

定理 8.3.1 设 8.3.4 小节条件 (1)~(4) 成立, 则问题 (8-43) 至少存在一个非平凡同宿轨.

证明 由引理 8.3.1~ 引理 8.3.3, $e=\inf_{l^2\times l^2}I(u,v)$ 是 I 的一个临界值. 故存在 $(u^*,v^*)\in l^2\times l^2$, 使得 $I(u^*,v^*)=e$ 且 $I'(u^*,v^*)=0$. 令

$$
\hat{u}_n=\begin{cases}1, & n=n_0,\\ 0, & n\neq n_0,\end{cases}
$$

由 8.3.4 小节条件 (1) 与 (4), 对充分小的 $\tau>0$, 有

$$
\begin{aligned}
I(\tau\hat{u},0)=&\frac{1}{2}((L-\omega_1)\tau\hat{u},\tau\hat{u})_{l^2}-H(n_0,\tau,0)\\
\leqslant&\frac{\tau^2}{2((L-\omega_1)\hat{u},\hat{u})_{l^2}}-c_1\tau^{p_5}<0.
\end{aligned}
$$

因此, $e<0$. 因为 $I(0,0)=0$, 故 (u^*,v^*) 是非平凡解.

第 9 章　离散系统的 Turing 不稳定

斑图 (pattern) 是在空间或时间上具有某种规律性的非均匀宏观结构, 它普遍存在于自然界. 理解斑图形成的原因及机制, 对于揭示自然界形成之谜具有重大意义. 斑图动力学就是以斑图的形成为研究对象的科学. 自 Turing 通过扩散方程组模拟了生物体表面斑纹出现的形成机理以来 [243], Turing 斑图动力学已经得到了广泛的应用, 如非线性光学、生态学、大气物理、疾病控制、化学动力学和传染病扩散等.

研究 Turing 斑图动力学的方法有实验验证、理论分析和数值模拟. 以两种化学物质参加反应为例: 从微观角度来看, 两种物质的分子都像小球一样在介质中穿梭游戈, 而分子间一旦碰撞就可能发生化学反应, 物理学中分子的随机游戈被称作布朗运动, 在数学中可以用扩散方程来描述分子的分布密度函数, 而分子间的化学反应可以用一些反应函数来刻画. 如果用 $u(x,y,t)$ 和 $v(x,y,t)$ 来代表两种化学物质在平面点 (x,y) 处的分布密度函数, 那么相对应的反应扩散方程组为

$$\begin{cases} \dfrac{\partial u}{\partial t} = D_u \Delta u + f(u,v), \\ \dfrac{\partial v}{\partial t} = D_v \Delta v + g(u,v), \end{cases} \tag{9-1}$$

其中, D_u 和 D_v 分别是两种化学物质的扩散系数, $f(u,v)$ 和 $g(u,v)$ 是两个反应函数, Δ 是拉普拉斯算子. 利用上述方程在二维空间零通量的情况下可以模拟动物斑点形成的机理, 其思想是: 当扩散项短缺的时候系统是稳定的, 而附加扩散后会导致系统的不稳定. 这个过程及其所形成的图纹分别被称为 Turing 失稳 (Turing 分岔) 和 Turing 斑图. 图灵在他的文章中表达了斑图动力学的最重要的特征, 即由体系内部决定的、自发的对称性破缺引起的体系本身重新自组织, 形成比以前对称性弱的空间斑图 [243].

反应扩散系统的表达形式不仅仅局限于时间、空间变量都连续的偏微分方程组, 从数学上讲, 反应扩散方程或系统可以分为四类, 即时空连续系统、时间离散空间连续系统、时间连续空间离散系统和时空全离散系统. 其中, 时空连续系统称为连续系统, 时空离散系统成为离散系统, 而时间离散空间连续系统和时间连续空间离散系统称为半离散系统. 事实上从微观角度来看, 两种化学物质的分子都像小球一样在介质中穿梭游弋, 分子间发生碰撞, 也就是说具有离散空间位置的分子或者细胞之间通过扩散交换物质, 从而导致分子或者细胞浓度的变化, 但生命的成长或

者化学反应过程是连续的. 这种思想也体现在 Turing 的开创性的著作 “*Chemical basis of morphogensis*” 中 [243], 其中所给出的描述扩散系统就是离散空间连续时间系统, 或称为格微分系统. 无论是时空连续系统或时间连续空间离散系统, 在数值模拟时肯定要变成一个时空离散系统, 更重要的是很多情况下, 直接建立时空离散模型会更为合理, 而离散系统也会产生很多异于连续系统的动力学行为, 所以, 研究时空离散系统的动力学行为是必然的.

9.1　二维 Logistic 耦合映射格系统的 Turing 不稳定

考虑如下的二维离散系统:

$$u_{ij}^{t+1}=(1-\varepsilon)f(u_{ij}^t)+\frac{\varepsilon}{4}[f(u_{i+1,j}^t)+f(u_{i,j+1}^t)+f(u_{i-1,j}^t)f(u_{i,j-1}^t)], \tag{9-2}$$

或者

$$u_{ij}^{t+1}=f(u_{ij}^t)+\varepsilon\nabla^2 f(u_{ij}^t), \tag{9-3}$$

这里 $\nabla^2 f(u_{ij}^t)=f(u_{i+1,j}^t)+f(u_{i,j+1}^t)+f(u_{i-1,j}^t)+f(u_{i,j-1}^t)-4f(u_{ij}^t)$, $f(u)=\lambda u(1-u)$, $\lambda\in(0,4]$.

稳定的平衡态会在附加扩散后导致 Tuming 不稳定 (扩散驱动不稳定), 但不幸的是, 单一的反应扩散方程不会产生 Turing 不稳定. 而系统 (9-2) 或者 (9-3) 这样的附加扩散项的离散系统会产生 Turing 不稳定吗? 进一步, Turing 斑图能被获得吗?

为了回答这个问题, 需要给系统添加周期边界条件:

$$\begin{cases} u_{s,0}^t=u_{s,m}^t, u_{s,1}^t=u_{s,m+1}^t, \\ u_{0,k}^t=u_{m,k}^t, u_{1,k}^t=u_{m+1,k}^t, \end{cases} \quad k,s\in\{1,2,\cdots,m\}=[1,m], t\in\mathbf{Z}^+, m\in\mathbf{Z}^+. \tag{9-4}$$

为了讨论系统 (9-2) 和 (9-4) 的 Turing 不稳定, 令非线性参数 λ 满足条件 $1<\lambda<3$, 这样会使得 $u_{ij}^{t+1}=\lambda u_{ij}^t(1-u_{ij}^t)$ 正平衡点 (不动点) 存在并且渐近稳定. 下面先考虑特征方程:

$$\nabla^2 X^{ij}+\lambda X^{ij}=0, \tag{9-5}$$

附加周期边界条件:

$$\begin{cases} X^{i,0}=X^{i,m}, \quad X^{i,1}=X^{i,m+1}, \\ X^{0,j}=X^{m,j}, \quad X^{1,j}=X^{m+1,j}, \end{cases} \tag{9-6}$$

根据文献 [204], 特征值问题 (9-5), (9-6) 有如下特征值:

$$\lambda_{l,s} = 4\left(\sin^2\frac{(l-1)\pi}{m} + \sin^2\frac{(s-1)\pi}{m}\right) = k_{ls}^2, \quad l,s \in [1,m]. \tag{9-7}$$

其相应的特征函数记为 X_{lx}^{ij}.

方程 (9-3) 的线性化方程为

$$u_{ij}^{t+1} = (2-\lambda)(u_{ij}^t + \varepsilon\nabla^2 u_{ij}^t). \tag{9-8}$$

用特征值 $\lambda_{l,s}$ 相应的特征函数 X_{lx}^{ij} 对 (9-8) 作内积, 得

$$\sum_{i,j=1}^{m} X_{ls}^{ij} u_{ij}^{t+1} = (2-\lambda)\left\{\sum_{i,j=1}^{m} X_{ls}^{ij} u_{ij}^t + \varepsilon\sum_{i,j=1}^{m} X_{ls}^{ij}\nabla^2 u_{ij}^t\right\}. \tag{9-9}$$

令 $U^t = \sum\limits_{i,j=1}^{m} X_{ls}^{ij} u_{ij}^t$, 结合条件 (9-4), 可得

$$U^{t+1} = (2-\lambda)(1-\varepsilon k_{ls}^2)U^t. \tag{9-10}$$

因此, 有如下定理 9.1.1.

定理 9.1.1　如果 U^t 是 (9-10) 的解, 那么 $u_{ij}^t = U^t X_{ls}^{ij}$ 也是 (9-8) 和 (9-4) 的解; 系统 (9-10) 的不稳定蕴涵了系统 (9-3), (9-4) 的不稳定.

进而得到系统 (9-3), (9-4) 的 Turing 不稳定区域.

定理 9.1.2　系统 (9-3), (9-4) 产生 Turing 不稳定的条件为：存在 $l,s \in [1,m], \varepsilon > 0$ 使得

$$\varepsilon > \frac{\lambda-1}{4(\lambda-2)\left(\sin^2\frac{(l-1)\pi}{m} + \sin^2\frac{(s-1)\pi}{m}\right)}, \quad 2<\lambda<3, \tag{9-11}$$

或者

$$\varepsilon > \frac{3-\lambda}{4(2-\lambda)\left(\sin^2\frac{(l-1)\pi}{m} + \sin^2\frac{(s-1)\pi}{m}\right)}, \quad 1<\lambda<2. \tag{9-12}$$

在 Turing 不稳定区域, 选择合适的参数, 进行数值模拟, 就会得到不同形状的斑图 [244].

9.2 二维离散系统的 Turing 不稳定

考虑如下的二维离散系统:

$$\begin{cases} u_{ij}^{t+1} = f(u_{ij}^t, v_{ij}^t) + D_1\nabla^2 u_{ij}^t, \\ v_{ij}^{t+1} = g(u_{ij}^t, v_{ij}^t) + D_1\nabla^2 v_{ij}^t, \end{cases} \tag{9-13}$$

附加周期边界条件

$$\begin{cases} u_{i,0}^t = u_{i,m}^t, u_{i,1}^t = u_{i,m+1}^t, \\ u_{0,j}^t = u_{m,j}^t, u_{1,j}^t = u_{m+1,j}^t, \\ v_{i,0}^t = v_{i,m}^t, v_{i,1}^t = v_{i,m+1}^t, \\ v_{0,j}^t = v_{m,j}^t, v_{1,j}^t = v_{m+1,j}^t, \end{cases} \quad i,j \in \{1,2,\cdots,m\} = [1,m], t \in \mathbf{Z}^+, m \in \mathbf{Z}^+, \tag{9-14}$$

$$\nabla^2 u_{ij}^t = u_{i+1,j}^t + u_{i,j+1}^t + u_{i-1,j}^t + u_{i,j-1}^t - 4u_{ij}^t,$$

$$\nabla^2 v_{ij}^t = v_{i+1,j}^t + v_{i,j+1}^t + v_{i-1,j}^t + v_{i,j-1}^t - 4v_{ij}^t.$$

9.2.1 未附加扩散项时系统的稳定性

首先考虑如下系统稳定的条件:

$$\begin{cases} u_{t+1} = f(u_t, v_t), \\ v_{t+1} = g(u_t, v_t), \end{cases} \tag{9-15}$$

令 (u^*, v^*) 为 (9-15) 的稳态解 (不动点), 为方便起见, 仍记 $u_t = u_t - u^*, v_t = v_t - v^*$, 则 (9-15) 的线性方程为

$$\begin{cases} u_{t+1} = f_u u_t + f_v v_t, \\ v_{t+1} = g_u u_t + g_v v_t, \end{cases} \tag{9-16}$$

相应的 Jacobi 矩阵为

$$J = \begin{bmatrix} f_u & f_v \\ g_u & g_v \end{bmatrix}_{(u^*,v^*)}. \tag{9-17}$$

得到如下形式的特征方程:

$$\lambda^2 + b\lambda + c = 0, \tag{9-18}$$

这里 $b = -(f_u + g_v), c = f_u g_v - f_v g_u$.

记 $\lambda_{1,2}$ 为 (9-18) 的两个根, 很容易得到定理 9.2.1.

定理 9.2.1　系统 (9-15) 在平衡点 (u^*, v^*) 处局部渐进稳定, 当如下条件成立:

$$f_{u^*}g_{v^*} - g_{u^*}f_{v^*} > -(f_{u^*} + g_{v^*}) - 1, \tag{9-19}$$

$$f_{u^*}g_{v^*} - g_{u^*}f_{v^*} > (f_{u^*} + g_{v^*}) - 1, \tag{9-20}$$

$$f_{u^*}g_{v^*} - g_{u^*}f_{v^*} < 1. \tag{9-21}$$

9.2.2　离散反应扩散系统的 Turing 不稳定

为了讨论系统 (9-13), (9-14) 的 Turing 不稳定, 仍需先考虑特征方程

$$\nabla^2 X^{ij} + \lambda X^{ij} = 0, \tag{9-22}$$

附加周期边界条件:

$$\begin{cases} X^{i,0} = X^{i,m}, \quad X^{i,1} = X^{i,m+1}, \\ X^{0,j} = X^{m,j}, \quad X^{1,j} = X^{m+1,j}. \end{cases} \tag{9-23}$$

特征值问题 (9-22), (9-23) 有如下特征值:

$$\lambda_{l,s} = 4\left(\sin^2 \frac{(l-1)\pi}{m} + \sin^2 \frac{(s-1)\pi}{m}\right) = k_{ls}^2, \quad l, s \in [1, m]. \tag{9-24}$$

其相应的特征函数记为 X_{lx}^{ij}. 方程 (9-13) 的线性方程为

$$\begin{cases} u_{ij}^{t+1} = f_{u^*}u_{ij}^t + f_{v^*}v_{ij}^t + D_1\nabla^2 u_{ij}^t, \\ v_{ij}^{t+1} = g_{u^*}u_{ij}^t + g_{v^*}v_{ij}^t + D_2\nabla^2 v_{ij}^t. \end{cases} \tag{9-25}$$

用特征值 $\lambda_{l,s}$ 相应的特征函数 X_{lx}^{ij} 对 (9-25) 作内积, 得到

$$\begin{cases} \sum\limits_{i,j=1}^{m} X_{ls}^{ij}u_{ij}^{t+1} = f_{u^*}\sum\limits_{i,j=1}^{m} X_{ls}^{ij}u_{ij}^t + f_{v^*}\sum\limits_{i,j=1}^{m} X_{ls}^{ij}v_{ij}^t + D_1\sum\limits_{i,j=1}^{m} X_{ls}^{ij}\nabla^2 u_{ij}^t, \\ \sum\limits_{i,j=1}^{m} X_{ls}^{ij}v_{ij}^{t+1} = g_{u^*}\sum\limits_{i,j=1}^{m} X_{ls}^{ij}u_{ij}^t + g_{v^*}\sum\limits_{i,j=1}^{m} X_{ls}^{ij}v_{ij}^t + D_2\sum\limits_{i,j=1}^{m} X_{ls}^{ij}\nabla^2 v_{ij}^t. \end{cases} \tag{9-26}$$

令 $U^t = \sum\limits_{i,j=1}^{m} X_{ls}^{ij}u_{ij}^t, V^t = \sum\limits_{i,j=1}^{m} X_{ls}^{ij}v_{ij}^t$, 结合条件 (9-14), 可得

$$\begin{cases} U^{t+1} = (f_{u^*} - D_1k_{ls}^2)U^t + f_{v^*}V^t, \\ V^{t+1} = g_{u^*}U^t + (g_{v^*} - D_2k_{ls}^2)V^t. \end{cases} \tag{9-27}$$

显然, $(u_{ij}^t = U^t X_{ls}^{ij}, v_{ij}^t = V^t X_{ls}^{ij})$ 是系统 (9-25) 结合边界条件 (9-14) 的解. 因此, 有如下定理 9.2.2.

定理 9.2.2 如果 (u_{ij}^t, v_{ij}^t) 是 (9-13), (9-14) 的解, 那么

$$\left(U^t = \sum_{i,j=1}^{m} X_{ls}^{ij} u_{ij}^t, V^t = \sum_{i,j=1}^{m} X_{ls}^{ij} v_{ij}^t\right)$$

也是 (9-27) 的解; 对某些 k_{ls}^2, 如果 (U^t, V^t) 是 (9-27) 的解, 那么

$$\left(u_{ij}^t = U^t X_{ls}^{ij}, v_{ij}^t = V^t X_{ls}^{ij}\right)$$

也是 (9-25) 的解. 系统 (9-27) 的不稳定蕴涵了系统 (9-13), (9-14) 的不稳定.

进而得到系统 (9-13), (9-14) 的 Turing 不稳定的条件.

定理 9.2.3 如果存在正数 D_1, D_2 和特征值 k_{ls}^2 使得下列条件之一成立:

$$h(k_{ls}^2) < (k_{ls}^2(D_1 + D_2) - (f_{u^*} + g_{v^*})) - 1, \tag{9-28}$$

$$h(k_{ls}^2) < -(k_{ls}^2(D_1 + D_2) - (f_{u^*} + g_{v^*})) - 1, \tag{9-29}$$

$$h(k_{ls}^2) > 1, \tag{9-30}$$

则系统 (9-13), (9-14) 在 (u^*, v^*) 处是不稳定的. 这里

$$h(k_{ls}^2) = D_1 D_2 k_{ls}^4 - (D_1 g_{v^*} + D_2 f_{u^*}) k_{ls}^2 + (f_{u^*} g_{v^*} - f_{v^*} g_{u^*}).$$

定理 9.2.1 和定理 9.2.3 蕴涵了系统 (9-13),(9-14) 会产生 Turing 不稳定.

9.2.3 离散竞争系统的 Turing 不稳定

最早, Hassell 等在文献 [245] 讨论了寄生虫与寄主之间的关系时首次研究了全离散系统的 Turing 不稳定, 随之, 很多学者给出了一些相应的研究. 作为一个例子, 本小节针对传统的 Lotka-Volterra 竞争系统通过文献 [246] 的方式获得的离散形式, 进行 Turing 不稳定分析及数值模拟获得了相应的 Turing 斑图. 但需要说明的是相应的连续系统并不能产生 Turing 不稳定 [247].

应用前面的理论结果, 考虑如下的二维离散竞争系统:

$$\begin{cases} u_{ij}^{t+1} = r u_{ij}^t (1 - u_{ij}^t - a v_{ij}^t) + D \nabla^2 u_{ij}^t, \\ v_{ij}^{t+1} = r v_{ij}^t (1 - a u_{ij}^t - v_{ij}^t) + D \nabla^2 v_{ij}^t, \end{cases} \tag{9-31}$$

附加周期边界条件:

$$\begin{cases} u_{i,0}^t = u_{i,m}^t, & u_{i,1}^t = u_{i,m+1}^t, \\ u_{0,j}^t = u_{m,j}^t, & u_{1,j}^t = u_{m+1,j}^t, \\ v_{i,0}^t = v_{i,m}^t, & v_{i,1}^t = v_{i,m+1}^t, \\ v_{0,j}^t = v_{m,j}^t, & v_{1,j}^t = v_{m+1,j}^t, \end{cases} \tag{9-32}$$

r, a 是正常数, $i, j \in \{1, 2, \cdots, m\} = [1, m], t \in \mathbf{Z}^+, m \in \mathbf{Z}^+$,

$$\nabla^2 u_{ij}^t = u_{i+1,j}^t + u_{i,j+1}^t + u_{i-1,j}^t + u_{i,j-1}^t - 4u_{ij}^t,$$

$$\nabla^2 v_{ij}^t = v_{i+1,j}^t + v_{i,j+1}^t + v_{i-1,j}^t + v_{i,j-1}^t - 4v_{ij}^t.$$

显然, 系统有如下 4 个稳态解 (不动点): $P_0 = (0,0), P_1 = \left(1 - \dfrac{1}{r}, 0\right), P_2 = \left(0, 1 - \dfrac{1}{r}\right)$, 非零平衡解 $P_c = (u^*, v^*)$, 这里 $u^* = v^* = \dfrac{r-1}{r(a+1)}$.

这里只考虑非零稳态解的 Turing 不稳定. 应用定理 9.2.1, 定义集合

$$S(P_c) = \{(r, a)\, |0 < a < 1, 1 < r < 3\}. \tag{9-33}$$

在此条件下, 系统 (9-27) 可退化为

$$\begin{cases} U^{t+1} = \tau(k_{ls}^2) U^t - dV^t, \\ V^{t+1} = -dU^t + \tau(k_{ls}^2) V^t, \end{cases} \tag{9-34}$$

这里 $\tau(k_{ls}^2) = 1 - \dfrac{r-1}{a+1} - Dk_{ls}^2$, $d = \dfrac{a(r-1)}{a+1}$.

应用定理 9.2.3, 可以得到离散竞争系统的 Turing 不稳定条件为 $Dk_{is}^2 > 3 - r$.

在 Turing 不稳定区域, 选择合适的参数, 进行数值模拟, 就会得到波状斑图 [248]. 其他的例子可参看文献 [249], [250].

注 9.2.1　本章主要讨论了耦合映射格系统和离散竞争系统产生 Turing 不稳定的条件, 对于半离散系统, 类似也可以得到, 可参考文献 [251], [252]. 当然离散系统的斑图动学所涉及的数学问题很丰富, 这里只是希望起到一个启发作用.

参考文献

[1] Fife P C. Mathematical Aspects of Reaction and Diffusion Systems[M]. New York: Springer-Verlag, 1979: 1–20.

[2] Murray J D. Mathematical Biology[M]. New York: Springer-Verlag, 1989: 1–25.

[3] Wu J H. Theory and Applications of Partial Functional Differential Equations[M]. New York: Springer-Verlag, 1996: 1–35.

[4] 叶其孝, 李正元. 反应扩散方程引论 [M]. 北京: 科学出版社, 1985: 1–15.

[5] Stakgold I. Green's Functions and Boundary Value Problems[M]. Hoboken: John Wiley & Sons, Inc., 1998: 109–135.

[6] Debnath L, Mikusiński P. Hilbert Spaces With Applications[M]. London: Academic press, 2005.

[7] Lasiecka I, Triggiani R. Control Theory for Partial Differential Equations: Continuous and Approximation Theories. I, Encyclopedia of Mathematics and Its Applications[M]. Cambridge: Cambridge University Press, 2000: 201–235.

[8] Lions J L. Optimal Control of Systems Governed by Partial Differential Equations, Die Grundlehren der Mathematischen Wissenschaften[M]. New York: Springer-Vergal, 1971: 156–181.

[9] Fursikov A V, Imanuvilov O Yu. Controllability of Evolution, Lecture Notes Series[M]. Seoul: Seoul National University, 1996: 126–155.

[10] Volpert A I. Traveling Wave Solutions of Parabolic Systems[M]. Provodence: Amer. Math. Soc., 1994: 25–156.

[11] 石海平. 非线性差分方程的同宿轨、周期解与边值问题 [D]. 长沙: 湖南大学, 2009.

[12] Bunimovich L A, Sinai Y G. Space-time chaos in couple map lattices[J]. Nonlinearity, 1999, 1: 491–518.

[13] Chow S N, Mallet-Paret J, Van Vleck E S. Dynamics of lattice differential equations[J]. Internat. J. Bifur. Chaos., 1996, 6: 1605–1621.

[14] Mallet-Paret J. Spatial patterns, spatial chaos and traveling waves in lattice differential equations[C]. Stochastic and Spatial Structures of Dynamical Systems, 1995: 105–129.

[15] Mallet-Paret J. The Fredholm alternative for functional-differential equations of mixed type[J]. J. Dynam. Differential Equations., 1999, 11: 1–47.

[16] Mallet-Paret J. The global structure of traveling waves in spatially discrete dynamical systems[J]. J. Dynam. Differential Equations., 1999, 11: 49–127.

[17] Li Y, McLaughlin D W. Homoclinic orbits and chaos in discretized perturbed NSL systems: Part I. Homoclinic orbits [J]. J. Nonlinear Sci., 1997, 7: 211–269.

[18] Li Y, Wiggins S. Homoclinic orbits and chaos in discretized perturbed NSL systems: Part II. symbolic dynamics[J]. J. Nonlinear Sci., 1997, 7: 315–370.

[19] Fort T. Finite Differences and Difference Equations in the Real Domain[M]. Oxford: Oxford University Press, 1948: 20–45.

[20] Hildebrand F B. Finite Difference Equations and Simulations[M]. Upper Saddle River: Prentice Hall, 1968: 25–46.

[21] Strikwerda J C. Finite Difference Schemes and Partial Differential Equations[M]. Pacific Grove: Wadsworth, 1989: 46–73.

[22] 胡健伟, 汤怀民. 微分方程数值方法 [M]. 北京: 科学出版社, 1999: 78–92.

[23] Zhou Y L. Applications of Discrete Functional Analysis to the Finite Difference Method[M]. International Academic Publishers, 1990: 25–46.

[24] Cheng S S. Partial Difference Equations[M]. New York: Taylor & Francis, 2003: 1–27.

[25] Agarwal R P. Difference Equations and Inequalities: Theory, Methods and Applications, Monographs Textbooks in Pure and Applied Mathematics[M]. New York: Marcel Dekker Inc., 2000: 89–101.

[26] Freedman H I. Deterministic Mathematical Models in Population Ecology[M]. New York: Marcel Dekker, 1980: 38–46.

[27] Gasull A, Kooij R E, Torregrosa J. Limit cycles in the Holling-Tanner model[J]. Publ. Mat., 1997, 41: 149–167.

[28] Goh B S. Management and Analysis of Biological Populations[M]. Development in Agricultural and Managed-Forest Ecology, Amsterdam: Elsevier, 1980: 166–185.

[29] Gopalsamy K. Stability and Oscillation in Delay Differential Equations of Population Dynamics[M]. Dordrecht: Kluwer Academic Publishers Group, 1992: 38–46.

[30] Kuang Y. Delay Differential Equations with Applications in Population Dynamics[M]. Boston: Academic Press, 1993: 145–201.

[31] 张广, 高英. 差分方程的振动理论 [M]. 北京: 高等教育出版社, 2001: 25–77.

[32] 王联, 王慕秋. 常差分方程 [M]. 乌鲁木齐: 新疆大学出版社, 1991: 46–61.

[33] May R M. Stability and Complexity in Model Ecosystems[M]. Princeton: Princeton University. Press, 1974: 77–86.

[34] Kelley W G, Peterson A C. Difference Equations: An Introduction with Applications[M]. New York: Academic Press, Inc., 1991: 86–101.

[35] Cheng S S, Lin S S. Existence and uniqueness theorems for nonlinear difference boundary value problems[J]. Utilitas Math., 1991, 39: 167–186.

[36] Lasota A. A discrete boundary value problem[J]. Annales Polonici Math., 1968, 20: 183–190.

[37] Atici F M. Existence of positive solutions of nonlinear discrete Sturm-Liouville problems[J]. Mathematical and Computer Modelling. 2000, 32: 599–607.

[38] Agarwal R P, O'Regan D. A fixed-point approach for nonlinear discrete boundary value problems[J]. Comput. Math. Applic., 1998, 36(10-12): 115–121.

[39] Agarwal R P, Wong P J Y. Advanced Topics in Difference Equations[M]. Dordrecht: Kluwer Academic Publishers, 1997: 86–101.

[40] Agarwal R P, O'Regan D. Singular discrete boundary value problems[J]. Appl. Math. Lett., 1999, 12(4): 127–131.

[41] Wong P J Y, Agarwal R P. On the eigenvalue of boundary value problems for higer order difference equations[J]. Rocky Mountain J. Math., 1998, 28(2): 767–791.

[42] Wong P J Y. Two-point right focal eigenvalue problems for difference equations[J]. Dynamic Systems and Appl., 1998, 7: 345–364.

[43] Agarwal R P, O'Regan D. Discrete conjugate boundary value problems[J]. Appl. Math. Lett., 2000, 13: 97–104.

[44] Cheng S S, Hsing F Y. Existence and localization theorems for a discrete nonlinear eigenvalue problem[J]. Mathematical and Computer Modelling, 2001, 34: 623–640.

[45] Anderson D, Avery R I, Peterson A. Three positive solutions to a discrete focal boundary value problems[J]. J. Comput. Appl. Math., 1998, 88: 49–57.

[46] Avery R. Three positive solutions of a discrete second order conjugate problem[J]. PanAmerican Math. J., 1998, 8: 79–96.

[47] Cheng S S, Lu T T, Su K Y, et al. Optimal mean displacements of a loaded string[J]. Struct. Multidisc. Optim., 2000, 20: 317–322.

[48] Zhang G, Yang Z L. Existence of 2^n nontrivial solutions for discrete two-point boundary value problems[J]. Nonlinear Analysis TMA, 2004, 59(7): 1181–1187.

[49] Zhang G. Existence of non-zero solutions for a nonlinear system with a parameter[J]. Nonlinear Analysis TMA, 2007, 66(6): 1410–1416.

[50] Zhang G, Cheng S S. Existence of solutions for a nonlinear system with a parameter[J]. J. Math. Anal. Appl., 2006, 314(1): 311–319.

[51] Agarwal R P. On fourth-order boundary value problems arising in beam analysis[J]. Differential Integral Equations, 1989, 2: 91–110.

[52] Coster C D, Fabry C, Munyamarere F. Nonresonance condition for fourth-order nonlinear boundary value problems[J]. Internat. J. Math. Math. Sci., 1994, 17: 725–740.

[53] Wong P J Y. Two-point right focal eigenvalue problems on time scales[J]. Appl. Math. Comput., 2005, 167(2): 1281–1303.

[54] Agarwal R P, O'Regan D. Discrete conjugate boundary value problems[J]. Appl. Math. Lett., 2000, 13: 97–104.

[55] Jiang D Q. Positive solutions of singular $(k,n-k)$ conjugate boundary value problems[J]. Acta Math. Sinica (Series A)., 2001, 44(3): 541–548.

[56] Marchuk G I. Methods of Numerical Mathematics[M]. 2nd ed. New-York: Springer-Verlag, 1982: 18–46.

[57] Ma R Y, Zhang J H, Fu M. The method of lower and upper solutions for fourth-order two-point boundary value problems[J]. J. Math. Anal. Appl., 1997, 215: 415–422.

[58] Cheng S S, Lu R F. Discrete Wirtinger's inequalities and conditions for partial difference equations[J]. Fasciculi Math., 1991, 23: 9–24.

[59] Pao C V. Block monotone iterative methods for numerical solutions of nonlinear elliptic equations[J]. Numer. Math., 1995, 72: 239–262.

[60] Zhang G. Existence of nontrivial solutions for discrete elliptic boundary value problems[J]. Numerical Methods for Partial Differential Equations, 2006, 22(6): 1479–1488.

[61] Castro A, Cossio J, Neuberger M. A sign-changing solution for a superlinear Dirichlet problem[J]. Rochy Mountain J. Math., 1997, 27(1): 10–53.

[62] Chang K C. An extension of Hess-Kato theorem to elliptic systems and its applications to multiple solution problems[J]. Acta Math. Sinica., 1999, 15(4): 439–451.

[63] Li Y Q, Liu Z L. Multiple sign-changing solutions for elliptic eigenvalue problem with a restriction[J]. Science in China (Series A), 2000, 30(11): 967–975.

[64] Okochi H. On the existence of antiperiodic solutions to nonlinear evolution equations with odd subdifferential operators[J]. J. Funct. Anal., 1990, 91: 246–258.

[65] Aizicovici S, Reich S. Antiperiodic solutions to a class of non-monotone evolution equations[J]. Discrete and Continuous Dynamical Systems, 1999, 5(1): 35–42.

[66] Franco D, Nieto J J, O'Regan D. Upper and lower solutions for first order problems with nonlinear boundary conditions[J]. Extracta Math., 2003, 18(2): 153–160.

[67] Jiang D, Chu J, Zhang M. Multiplicity of positive periodic solutions to superlinear repulsive singular equations[J]. J. Differential Equations, 2005, 211: 282–302.

[68] Wang Y M, Zhang G. Existence of nontrivial anti-periodic solutions for nonlinear second order difference equations[J]. Far East J. Math. Sciences., 2006, 32(2): 145–155.

[69] Erdös P, Renyi A. On random graph[J]. Pub. Math., 1959, 6: 290–297.

[70] Erdös P, Renyi A. On the evolution of random graph[J]. Pub. Math. Hungariam Acade. Sci., 1960, 5: 17–61.

[71] Watts D J, Strogatz S H. Collective dynamics of "small-world" networks[J]. Nature, 1998, 393: 440–442.

[72] Watts D J. Small Worlds[M]. Princeton: Princeton University Press, 1999: 55–72.

[73] Newman M E. Models of the small world[J]. J. Stat. Phys., 2000, 101: 819–841.

[74] Barabasi A L, Albert R. Emergence of scaling in random networks[J]. Science, 1999, 286: 509–512.

[75] Barabasi A L, Albert R, Jeong H. Mean-field theory for scale-free random networks[J]. Phys. A. 1999, 272: 173–187.

[76] Li X, Wang X, Chen G. Pinning a complex dynamical network to its equilibrium[J]. IEEE Transactions on Circuits and Systems-I: Regular Papers, 2004, 51(10): 2074–2087.

[77] Chang K C. Infinite Dimensional Morse Theory and Multiple Solutions Problems[M]. Boston: Birkhäuser, 1993: 55072.

[78] Kaplan J L, Yorke J A. Ordinary differential equations which yield periodic solution of delay differential equations[J]. J. Math. Anal. Appl., 1974, 48: 317–324.

[79] Liu J Q, Wang Z Q. Remarks on subharmonics with minimal periods of Hamiltonian systems[J]. Nonlinear Anal. TMA, 1993, 7: 803–821.

[80] Michalek R, Tarantello G. Subharmonic solutions with prescribed minimal period for nonautonomous Hamiltonian systems[J]. J. Differential Equations, 1988, 72: 28–55.

[81] Guo Z M, Yu J S. Existence of periodic solutions and subharmonic solutions on second order superlinear difference equations[J]. Science in China (Series A), 2003, 33(3): 226–235.

[82] 张恭庆. 临界点理论及其应用 [M]. 上海: 上海科学技术出版社, 1987: 34–46.

[83] Kelley W G, Peterson A C. Difference Equations, An Introduction with Applications[M]. Boston: Academic Press, Inc., 1991: 23–55.

[84] Lakshmikantham V, Trigiante D. Theory of Difference Equations[M]. Boston: Academic Press, Inc, 1988: 88–90.

[85] Jerri A J. Difference Equations with Discrete Transforms Method and Applications[M]. Dordrecht: Kluwer Academic Publishers, 1995: 76–85.

[86] Jacquez J A, Simon C P. Qualitative theory of compartmental systems with lags[J]. Math. Biosci., 2002, 180: 329–362.

[87] Chow S N, Mallet-Paret J, Van Vleck E S. Pattern formation and spatial chaos in spatially discrete evolution equations[J]. Random and Computational Dynamics, 1996, 4(2): 109-178.

[88] Hankerson D, Zinner B. Wave fronts for a cooperative triangonal system of differential equations[J]. J. Dynamics and Differential Equations, 1993, 5: 359–373.

[89] Il'in V A, Moiseev E I. Nonlocal boundary value problem of the second kind for a Sturm-Liouville operator[J]. Differential Equations, 1987, 23(8): 979–987.

[90] Feng W, Webb J R L. Solvability of a m-point boundary value problems with nonlinear growth[J]. J. Math. Anal. Appl., 1997, 212: 467–480.

[91] Feng W. On a m-point nonlinear boundary value problem[J]. Nonlinear Analysis TMA, 1997, 30(6): 5369–5374.

[92] Gupta C P. Solvability of a three-point nonlinear boundary value problem for a second order ordinary differential equation[J]. J. Math. Anal. Appl., 1992, 168: 540–551.

[93] Gupta C P. A sharper condition for the solvability of a three-point second order boundary value problem[J]. J. Math. Anal. Appl., 1997, 205: 579–586.

[94] Gupta C P. A generalized multi-point boundary value problem for second order ordinary differential equations[J]. Appl. Math. Computer., 1998, 89: 133–146.

[95] Ma R Y. Existence theorems for a second order m-point boundary value problem[J]. J. Math. Anal. Appl., 1997, 211: 545–555.

[96] Ma R Y. Positive solutions for second order three-point boundary value problems[J]. Applied Mathematics Letters, 2001, 14: 1–5.

[97] Ma R Y. Positive solutions of a nonlinear three-point boundary value problem[J]. Electronic Journal of Differential Equations, 1999, 34: 1–8.

[98] Zhang G, Medina R. Three-point boundary value problems for difference equations[J]. J. Comp. Math. Appl., 2004, 48(12): 1791-1799.

[99] 郭大钧. 非线性泛函分析 [M]. 济南: 山东科学技术出版社, 2001: 101–135.

[100] Krasnoselskii M A. Positive Solutions of Operator Equations[M]. Groningen: Noordhoff, 1964: 99–101.

[101] Guo D J, Lakshmikantham V. Nonlinear Problems in Abstract Cones[M]. London: Academic Press, Inc. 1988: 38–46.

[102] 钟承奎, 范先令, 陈文塬. 非线性泛函分析引论 [M]. 兰州: 兰州大学出版社, 1998: 46–72.

[103] 张恭庆, 林源渠. 泛函分析讲义 [M]. 北京: 北京大学出版社, 2000: 55–72.

[104] Deimling K. Nonlinear Functional Analysis[M]. Berlin: World Publishing Corporation, 1985: 48–53.

[105] Krein M G, Rutman M A. Linear operators leaving invariant a cone in a Banach space[J]. Transl. AMS, 1962, 10: 199–325.

[106] Krasnoselskii M A, Zabreiko P P. Geometric Methods of Nonlinear Analysis[M]. Berlin: Springer-Verlag, 1984: 86–99.

[107] Hartman P. Difference equations: Disconjugacy, principal solutions, Green's functions, complete monotonicity[J]. Transctions of the American Mathematical Society, 1978, 246: 1–30.

[108] Anderson D R. Discrete third-order three-point right-focal boundary value problems[J]. Comput. Math. Appl., 2003, 45: 861–871.

[109] Agawarl R P, Henderson J. Positive solutions and nonlinear eigenvalue problems for third-order difference equations[J]. Computers Math. Applic., 1998, 36(10-12): 10–12.

[110] Zhang B, Kong L, Sun Y. Existence of positive solutions for BVPs of fourth-order difference equations[J]. Appl. Math. Comput., 2002, 131: 584–591.

[111] Agarwal R P, Pang P Y H. On a generalized difference system[J]. Nonlinear Anal., 1997, 30: 365–376.

[112] Zhang R Y, Wang Z C, Chen Y. Periodic solutions of a single species discrete population model with periodic harvest/stock[J]. Comput. Math. Appl., 2000, 39: 125–133.

[113] Zhang G, Cheng S S. Periodic solutions of a discrete population model[J]. Functional Differential Equations, 2000: 7(3-4): 223–230.

[114] 高英, 张广, 葛渭高. 时滞差分方程周期正解的存在性 [J]. 系统科学与数学, 2003, 23(2): 155–162.

[115] Zhang G, Cheng S S. Positive periodic solutions for discrete population models[J]. Nonlinear Funct. Anal. & Appl., 2003, 8(3): 335–344.

[116] Li Y, Zhu L, Liu P. Positive periodic solutions of nonlinear functional difference equations depending on a parameter[J]. Comput. Math. Appl., 2004, 48: 1453–1459.

[117] Jiang G, Chen G, Tang W K. Stabilizing unstable equilibrium points of a class of chaotic systems using a state PI regulator[J]. IEEE Trans. Circuits Systems-I: Fundamental Theory and Appl., 2002, 49(12): 1820–1826.

[118] Hilscher R, Rehak P. Riccati inequality, disconjugacy, and reciprocity principle for linear Hamitonian dynamic systems[J]. Dynamic Systems Appl., 2003, 12: 171–189.

[119] Chen G, Zhou J, Liu Z. Global synchronization of coupled delayed neutral networks and applications to chaotic CNN models[J]. Inter. J. Bifurcation Chaos, 2004, 14(7): 2229–2240.

[120] Jiang G, Chen G, Tang W K. Stabilizing unstable equilibria of chaotic systems form a state observer approach[J]. IEEE Trans. Circuits Systems-II: Express Briefs, 2004, 51(6): 281–288.

[121] Li T Y, Yorke J A. Period three implies chaos[J]. American Math. Monthly, 1975, 82(10): 985–992.

[122] Marotto F R. Snap-back repellers imply chaos in $\mathbf{R}^n$[J]. J. Math. Anal. Appl., 1978, 63: 199–223.

[123] Chen G, Lu J. Bifurcation dynamics in discrete-time delayed-feedback control systems[J]. Inter. J. Bifurcation Chaos, 1999, 9(1): 287–293.

[124] Wang X F, Chen G. Chaotifying a stable map via smooth small-amplitude high-frequency feedback control[J]. Inter. J. Circuit Appl., 2000, 28: 305–312.

[125] Wang X F, Chen G. Chaotification via arbitrarily small feedback controls: Theory, method, and applications[J]. Inter. J. Bifurcation Chaos, 2000, 10(3): 549–570.

[126] 罗晓曙, 陈关荣, 汪秉宏, 等. 状态反馈和参数调整控制离散非线性系统的倍周期分岔和混沌 [J]. 物理学报, 2003, 54(4): 790–794.

[127] 陈菊芳, 程丽, 刘颖, 等. 延迟变量反馈法控制离散混沌系统的电路实验 [J]. 物理学报, 2003, 52(1): 18–24.

[128] Li C, Chen G. An improved version of the Marotto theorem[J]. Chaos, Solitons and Fractals, 2003, 18: 69–77.

[129] 杨凌, 刘曾荣, 茅坚民. 用参数调整控制超混沌 [J]. 应用数学与力学, 2003, 24(4): 351–356.

[130] Lou X S, Chen G, Wang B H, et al. Hybrid control of period-doubling bifurcation and chaos in discrete nonlinear dynamical systems[J]. Chaos, Solitons and Fractals, 2003, 18: 775–783.

[131] Li X, Chen G. Transition form regularity to Li-Yorke chaos in coupled logistic networks[J]. Physics Letters A, 2005, 338: 472–478.

[132] Shi Y, Chen G. Chaos of discrete dynamical systems in complete metric spaces[J]. Chaos, Solitons and Fractals, 2004, 22: 555–571.

[133] Shi Y, Chen G. Chaos of discrete dynamical systems in Banach spaces[J]. Sci. China, Ser. A, 2005, 48: 222–238.

[134] Householder A S. The Theory of Matrices in Numerical Analysis[M]. Blaisdell Publishing Company, 1964: 65–78.

[135] Gregoy R T, Karney D L. A Collection of Matrices for Testing Computational Algorithms[M]. Wiley Interscience, 1969: 76–82.

[136] Bainov D D, Simeonov P S. Stability Theory of Differential Equations with Impulsive Effect: Theory and Applications[M]. New York: John Wiley and Sons, 1989: 46–66.

[137] Lakshmikantham V, Bainov D D, Simeonov P S. Theory of Impulsive Differential Equations[M]. Singapore: World Scientific, 1989: 23–46.

[138] Yu J S. Stability for nonlinear delay differential equations of unstable type under impulsive perturbations[J]. Appl. Math. Lett., 2001, 14: 849–857.

[139] 房辉. 混合型脉冲微分方程周期解的存在性 [J]. 应用数学与力学, 2000, 21(3): 260–264.

[140] 陈兰荪. 脉冲微分方程与生命科学 [J]. 平顶山师专学报, 2002, 17(2): 1–8.

[141] 张立琴. 具有不依赖于状态脉冲的双曲型偏微分方程的振动准则 [J]. 数学学报, 2000, 43(1): 17–26.

[142] 邓立虎, 葛渭高. 脉冲时滞抛物型方程解的振动准则 [J]. 数学学报, 2001, 44(3): 501–506.

[143] 燕居让. 脉冲时滞抛物型方程解的振动准则 [J]. 数学学报, 2004, 47(3): 579–586.

[144] Luo J W. Oscillation of hyperbolic partial differential equations with impulsive[J], J. Comput. Appl. Math., 2002, 133: 309–318.

[145] Yan J R. Oscillation properties of a second-order impulsive delay differential equation[J]. Comput. Math. Appl., 2004, 47: 253–258.

[146] 魏耿平, 邹中柱. 脉冲时滞差分方程振动性判据 [J]. 湖南师范大学自然科学学报, 1999, 22(2): 8–11.

[147] 魏耿平, 刘智钢. 脉冲时滞差分方程振动的充分条件 [J]. 郴洲师范高等专科学校学报, 1999, 63(2): 13–14.

[148] 魏耿平. 脉冲时滞差分方程的振动性 [J]. 数学研究, 2000, 33(1): 61–64.

[149] 魏耿平. 含变时滞脉冲差分方程解的振动性 [J]. 经济数学, 2000, 17(2): 75–78.

[150] 魏耿平. 脉冲时滞差分方程非振动解的存在性 [J]. 纯粹数学与应用数学, 2001, 17(1): 43–45.

[151] Gardner R. Existence and stability of traveling wave solutions of competition models: A degree theoretic approach[J]. J. Differential Equations, 1982, 44: 343–364.

[152] Gardner R. Existence of traveling wave solutions of predator-prey systems via the connection index[J]. SIAM J. Appl. Math., 1984, 44: 56–79.

[153] Gardner R. Review on traveling wave solutions of parabolic systems by A. I. Volpert, V. A. Volpert and V. A. Volpert[J]. Bull. Amer. Math. Soc., 1995, 32: 446–452.

[154] Volpert A I. Traveling Wave Solutions of Parabolic Systems[M]. Translations of Math. Monographs Vol. 140, Providence: Amer. Math. Soc., 1994: 66–85.

[155] Hosono Y. Traveling wave solutions for some density dependent diffusion equations[J]. Japan J. Appl. Math., 1986, 3: 163–196.

[156] Hosono Y. Traveling waves for some biological systems with density dependent diffusion[J]. Japan J. Appl. Math., 1987, 4: 297–359.

[157] Wu Y P. Traveling waves for a class of cross-diffusion systems with small parameters[J]. J. Differential Equations, 1995, 123: 1–34.

[158] Wu Y P. Stability of traveling waves for a cross-diffusion model[J]. J. Math. Anal. Appl., 1997, 215: 388–414.

[159] Dunbar S. Traveling wave solutions of diffusion Lotka-Volterra equations[J]. J. Math. Biol., 1983, 17: 11–32.

[160] Dunbar S. Traveling wave solutions of diffusion Lotka-Volterra equations: A heteroclinic connection in $\mathbf{R}^4$[J]. Trans. Amer. Math. Soc., 1984, 286: 557–594.

[161] Dunbar S. Traveling wave solutions of diffusion predator-prey equations: Periodic orbits and periodic hertoclinic orbits[J]. SIAM J. Appl. Math., 1986, 46: 1057–1078.

[162] Alikakos N D, Bates P W, Chen X F. Periodic traveling waves and locating oscillating patterns in multidimensional domains[J]. Trans. Amer. Math. Soc., 1999, 351: 2777–2805.

[163] 夏铁成. 吴方法及其在偏微分方程中的应用 [D]. 大连: 大连理工大学, 2002.

[164] 黄建华. 连续与离散反应扩散方程组的行波解及整体吸引子 [D]. 武汉: 华中师范大学, 2002.

[165] Poincaré H, Magini R. Les méthodes nouvelles de la mécanique céleste[J]. Il Nuovo Cimento (1895-1900), 1899, 10(1): 128–130.

[166] Palmer K J. Shadowing in Dynamical Systems: Theory and Applications[M]. Berlin: Springer, 2000.

[167] Šil'nikov L P. Existence of a countable set of periodic motions in a neighborhood of a homoclinic curve[J]. Dokl. Akad. Nauk SSSR, 1967, 172: 298–301.

[168] Smale S. Differentiable dynamical systems[J]. Bull. Am. Math. Soc., 1967, 73: 747–817.

[169] MacKay R S, Aubry S. Proof of existence of breathers for time-reversible or Hamiltonian networks of weakly coupled oscillators[J]. Nonlinearity, 1994, 7(6): 1623–1643.

[170] Arioli G, Gazzola F. Periodic motions of an infinite lattice of particles with nearest neighbor interaction[J]. Nonlinear Analysis: Theory, Methods&Applications, 1996, 26(6): 1103–1114.

[171] Koukouloyannis V, Ichtiaroglou S. Existence and stability of breathers in lattices of weakly coupled two-dimensional near-integrable Hamiltonian oscillators[J]. Physica D: Nonlinear Phenomena, 2005, 201(1): 65–82.

[172] James G. Centre manifold reduction for quasilinear discrete systems[J]. Journal of Nonlinear Science, 2003, 13(1): 27–63.

[173] Pankov A, Rothos V. Periodic and decaying solutions in discrete nonlinear Schröinger with saturable nonlinearity[J]. Proceedings of the Royal Society A: Mathematical, Physical and Engineering Sciences, 2008, 464(2100): 3219–3236.

[174] Zhou Z, Yu J, Chen Y. Homoclinic solutions in periodic difference equations with saturable nonlinearity[J]. Science China Mathematics, 2011, 54(1): 83–93.

[175] Chen G, Ma S. Homoclinic orbits of superlinear Hamiltonian systems[J]. Proceedings of the American Mathematical Society, 2011, 139(11): 3973–3983.

[176] Chen G, Ma S. Discrete nonlinear Schröinger equations with superlinear nonlinearities[J]. Applied Mathematics and Computation, 2012, 218(9): 5496–5507.

[177] Cuevas J, Kevrekidis P G, Frantzeskakis D J, et al. Discrete solitons in nonlinear Schrödinger lattices with a power-law nonlinearity[J]. Physica D: Nonlinear Phenomena, 2009, 238(1): 67–76.

[178] Deng X Q, Cheng G. Homoclinic orbits for second order discrete Hamiltonian systems with potential changing sign[J]. Acta Appl. Math., 2008, 103: 301–314.

[179] Lin G H, Zhou Z. Homoclinic solutions of a class of nonperiodic discrete nonlinear systems in infinite higher dimensional lattices[J]. Abstr. Appl. Anal., 2014, Article ID 436529.

[180] Ma M, Guo Z M. Homoclinic orbits and subharmonics for nonlinear second order difference equations[J]. Nonlinear Anal., 2007, 67: 1737–1745.

[181] Ma M, Guo Z M. Homoclinic orbits for second order self-adjoint difference equations[J]. J. Math. Anal. Appl., 2006, 323(1): 513–521.

[182] Kuang J H, Guo Z M. Homoclinic solutions of a class of periodic difference equations with asymptotically linear nonlinearities[J]. Nonlinear Anal., 2013, 89: 208–218.

[183] Zhang X. Multibump solutions of a class of second-order discrete Hamiltonian systems[J]. Appl. Math. Comput., 2014, 236: 129–149.

[184] Zhou Z, Yu J S, Chen Y. Homoclinic solutions in periodic difference equations with saturable nonlinearity[J]. Sci. China Math., 2011, 54: 83–93.

[185] Deng X Q, Cheng G. Homoclinic orbits for second order discrete Hamiltonian systems with potential changing sign[J]. Acta Applicandae Mathematicae, 2008, 103(3): 301–314.

[186] Lin X Y, Tang X H. Homoclinic orbits for discrete Hamiltonian systems with subquadratic potential[J]. Advances in Difference Equations, 2013, (1): 1–16.

[187] Tang X H, Lin X. Existence and multiplicity of homoclinic solutions for second-order discrete Hamiltonian systems with subquadratic potential[J]. Journal of Difference Equations and Applications, 2011, 17(11): 1617–1634.

[188] Tang X H, Chen J. Infinitely many homoclinic orbits for a class of discrete Hamiltonian systems[J]. Advances in Difference Equations, 2013, (1): 1–12.

[189] Shi H P, Zhang Y B. Standing wave solutions for the discrete nonlinear Schrödinger equations with indefinite sign subquadratic potentials[J]. Appl. Math. Lett. 2016, 58: 95–102.

[190] Palis J. On Morse-Smale dynamical systems[J]. Topology, 1969, 8: 385–405.

[191] Yuri A, Kuznetsov. Elements of Applied Bifurcation Theory[M]. New York: Springer, 1998.

[192] Hertz F R, Hertz M A, Ures R. A survey on partially hyperbolic dynamics[J]. Mathematics, 2006.

[193] Gogolev A, Ontaneda P, Hertz F R. New partially hyperbolic dynamical systems[J]. ACTA Math., 2015, 215: 363–393.

[194] Sharkovsky A N, Kolyada S F, Sivak A G, et al. Dynamics of One-Dimensional Maps[M]. New York: Springer Science, 1997.

[195] Zhang W M, Zhang W N. On invariant manifolds and invariant foliations without a spectral gap[J]. Advances in Mathematics, 2016, 303: 549–610.

[196] Teschl G. Jacobi Operators and Completely Integrable Nonlinear Lattices[M]. Providence: Amer. Math. Soc., 2000.

[197] Leggett R W, Williams L R. Multiple positive fixed points of nonlinear operators on ordered Banach space[J]. Indiana Univ. Math. J., 1979, 28: 673–688.

[198] Yueh W C, Cheng S S. Explicit eigenvalues and inverses of tridiagonal Toeplitz matrices with four perturbed corners[J]. ANZIAM Journal, 2008, 49(3): 361–387.

[199] 程云鹏. 矩阵论 [M]. 兰州: 西北工业大学出版社, 2000: 32–55.

[200] Hale J K, Lunel S M V. Introduction to Functional Differential Equations[M]. New York: Springer-Verlag, 1993: 56–72.

[201] Zhou Z, Wang J, Jing Z, et al. Complex dynamical behaviors in discrete-time recurrent neural networks with asymmetric connection matrix[J]. International J. Bif. Chaos., 2006, 16(8): 2221–2233.

[202] Yuan H T, Zhang G, Zhao H L. Existence of positive solutions for a discrete three-point boundary value problem[J]. Discrete Dynamics in Nature and Society, 2007, Article ID 49293, 1–14.

[203] Zhang G, Yang Z L, Positive solutions of a general discrete boundary value problem[J]. J. Math. Anal. Appl., 2008, 339: 469–481.

[204] Bai L, Zhang G. Existence of nontrivial solutions for a nonlinear discrete elliptic equation with periodic boundary conditions[J]. Applied Mathematics and Computation, 2009, 210: 321–333.

[205] Li X F, Zhang G. Positive solutions of a general discrete Dirichlet boundary value problem [J]. Discrete Dynamics in Nature and Society, 2016, Article ID 7456937.

[206] Li X, Zhang G, Wang Y. Existence and uniqueness of positive solitons for a second-order difference equation [J]. Discrete Dynamics in Nature and Society, 2014, Article ID

503496.

[207] Lancaster P, Tismenetsky M. Theory of Matrices[M]. New York: Academic Press, 1985.

[208] Zhang G, Feng W. On the number of positive solutions of a nonlinear algebriac system[J]. Linear Algebraic and Applications, 2007, 422(2-3): 404–421.

[209] Clark D C. A variant of the Lusternik-Schniremann theory[J]. Indiana Univ. Math. J., 1972, 22(1): 65–74.

[210] Deimling K. Nonlinear Functional Analysis[M]. New York: Springer-Verlag, 1985.

[211] Feng W Y, Zhang G. Eigenvalue and spectral intervals for a nonlinear algebraic system[J]. Linear Algebra Appl., 2013, 439: 1–20.

[212] Sun H, Shi Y. Eigenvalues of second-order difference equations with coupled boundary conditions[J]. Linear Algebra and Its Applications, 2006, 414(1): 361–372.

[213] Bisci G M, Repovš D. Nonlinear algebraic systems with discontinuous terms[J]. J. Math. Anal. Appl., 2013, 398: 846–856.

[214] Candito P, Bisci G M. Existence of two solutions for a nonlinear second-order discrete boundary value problem[J]. Adv.Nonlinear Stud., 2011, 11: 443–453.

[215] Candito P, Bisci G M. Existence of solutions for a nonlinear algebraic system with a parameter[J]. Appl. Math. Comput., 2012, 218: 11700–11707.

[216] Marcu N, MolicaBisci G. Existence and multiplicity of solutions for nonlinear discrete inclusions[J]. Electron. J. Differential Equations., 2012, 2012: 1–13.

[217] Carbonell-Nicolau O. On the existence of pure-strategy perfect equilibrium in discontinuous games[J]. Games Econom. Behav., 2011, 71: 23–48.

[218] Chowdhury P R. Bertrand–Edgeworth equilibrium large markets with nonmanipulable residual demand[J]. Econom. Lett., 2003, 79: 371–375.

[219] Díaz C A, Campos F A, Villar J. Existence and uniqueness of conjectured supply function equilibria[J]. Electr. Power Energy Syst., 2014, 58: 266–273.

[220] Goulianas K, Margaris A, Adamopoulos M. Finding all real roots of 3×3 nonlinear algebraic systems[J]. Appl. Math. Comput., 2013, 219: 4444–4464.

[221] Du Y Q, Zhang G, Feng W. Existence of positive solutions for a class of nonlinear algebraic systems[J]. Math. Probl. Eng., (2016) 1–7.

[222] Zhang G, Ge S. Existence of positive solutions for a class of discrete Dirichlet boundary value problems[J]. Appl. Math. Lett., 2015, 48: 1–7.

[223] Gao T, Wang H, Wu M. Nonnegative solution of a class of systems of algebraic equations[J]. Dynam. Syst. Appl., 2014, 23: 211–220.

[224] Wang H Y, Wang M, Wang E. An application of the Krasnosel'skii theorem to systems of algebraic equations[J]. J. Appl. Math. Comput., 201, 238: 585–600.

[225] Feng W, Zhang G. New fixed point theorems on order Intervals and their applications[J]. Fixed Point Theory Appl., 2015, (1): 1–10.

[226] Galantai A, Jeney A. Quasi-newton abs methods for solving nonlinear algebraic systems of equations[J]. J. Optim. Theory Appl., 1996, 89(3): 561–573.

[227] Du Y Q, Feng W, Wang Y, et al. Positive solutions for a nonlinear algebraic system with nonnegative coefficient matrix[J]. Appl. Math. Lett., 2016, 64: 150–155.

[228] Cheng S S, Zhang G. Existence criteria for positive solutions of a nonlinear difference equality[J]. Ann. Polonici Math., 2000, 3: 197–220.

[229] Zhang G, Kang S G, Cheng S S. Periodic solutions for a couple pair of delay difference equations[J]. Advances in Difference Equations, 2005, 3: 215–226.

[230] Zhao H L, Zhang G, Cheng S S. Exact traveling wave solutions for discrete conservation laws[J]. Portugaliae Mathematica, 2005, 62(1): 89–108.

[231] Zhang G, Jiang D M, Cheng S S. 3-Periodic traveling wave solutions for a dynamical coupled map lattice[J]. Nonlinear Dynamics, 2007, 50(1-2): 235–247.

[232] Li M F, Zhang G, Li H F, et al. Periodic travelling wave solutions for a coupled map lattice[J]. Wseas Transactions on Mathematics, 2012, 11(1): 64–73.

[233] Li X, Zhang G. Existence of time homoclinic solutions for a class of discrete wave equations[J]. Advances in Difference Equations, 2015, (1): 358.

[234] Shi H P, Zhang Y B. Standing wave solutions for the discrete nonlinear Schrödinger equations with indefinite sign subquadratic potentials[J]. App. Math. Lett., 2016, 58: 95–102.

[235] Evans L C. Partial Differential Equations, vol. 2 of Graduate Studies in Mathematics[M]. Providence: Amer. Math. Soc., 1998.

[236] Kelley W, Peterson A. Difference Equations: An Introduction with Applications[M]. San Diego: Academic Press, 1991.

[237] Lin G H, Zhou Z. Homoclinic solutions of a class of nonperiodic discrete nonlinear systems in infinite higher dimensional lattices[J]. Abstr. Appl. Anal., 2014, Article ID 436529.

[238] Schechter M, Zou W. Weak linking theorems and Schröinger equations with critical Sobolev exponent[J]. ESAIM Control Optim. Calc. Var., 2003, 9: 601–619.

[239] Rabinowitz P H. Minimax methods in critical point theory with applications to differential equations[J]. Providence: Amer. Math. Soc., 1986.

[240] Ma R Y, Gao C H. Spectrum of discrete second-order difference operator with sign-changing weight and its applications[J]. Discrete Dynamics in Nature and Society, 2014, Article ID 590968.

[241] Ma R Y, Ma H L. Existence of sign-changing periodic solutions of second order difference equations[J]. Appl. Math. Comput., 2008, 203(2): 463–470.

[242] McKenna P J, Reichel W. Gidas–Ni–Nirenberg results for finite difference equations: Estimates of approximate symmetry[J]. J. Math. Anal. Appl. 2007, 334: 206–222.

[243] Turing A M. The chemical basis of morphogenesis[J]. Philosophical Transaction of Royal Society of London, 1952, 237B: 37–72.

[244] Xu L, Zhang G, Han B, et al. Turing instability for a two-dimensional Logistic coupled map lattice[J]. Phys. Lett. A., 2010, 374: 3447–3450.

[245] Hassell M P, Comins H N, May R M. Spatial structure and chaos in insect population dynamics[J]. Nature, 1991, 353(19): 255–258.

[246] Liu P Z, Elaydi S N. Discrete competitive and cooperative models of Lotka-Volterra type[J]. Journal of Computational Analysis and Applications, 2001, 3: 53–72.

[247] Han Y T, Zhang G, Xu L,et al. Instability and wave patterns for a symmetric discrete competitive Lotka-Volterra system[J]. Wseas Transactions on Mathematics, 2011, 10: 181–189.

[248] Li M F, Han B, Xu L, et al. Spiral patterns near Turing instability in a discrete reaction diffusion system[J]. Chaos, Solitons & Fractals, 2013, 49: 1–6.

[249] Xu L, Zou L J, Chang Z X, et al. Bifurcation in a discrete competition system[J]. Discrete Dynamics in Nature and Society, 2014, Article ID 193143.

[250] Xu L, Zhang G, Ren J F. Turing instability for a two dimensional semi-discrete oregonator model[J]. Wseas Transactions on Mathematics, 2011, 10: 201–209.

[251] Xu L, Zhao L J, Chang Z X, et al. Turing instability in a semidiscrete brusslator model[J]. Modern Physics Letters B, 2013, 27(1): 1350006–1–9.

[252] Mai F X, Qin L J, Zhang G. Turing instability for a semi-discrete Gierer-Meinhardt system[J]. Physica A., 2012, 319: 2014–2022.

索　引